よりよい
Webサイトのための、
確かな骨格づくり

武器に
なる
HTML

柴田宏仙 Shibata Hironori

技術評論社

はじめに

はじめまして。柴田宏仙です。

私はフリーランスで、Webサイトの制作をしたり、オンラインサロンShibajukuの運営をしたり、専門学校でWebデザインの非常勤講師をしたり、CreatorQuestというWeb制作の学習コンテンツを公開したりしています。

この度、技術評論社の藤田さんにお声がけいただきHTMLの書籍を執筆させていただくことになりました。藤田さん、ありがとうございます。

さて、一般的なWebサイト制作の入門書では、HTMLとCSSを一緒に学ぶことが多いと思います。その理由の1つとして、HTMLだけではデザイン性の高いWebサイトを構築することができないということが挙げられるかと思います。デザイン性の高いWebサイトを構築しようと思えば、少なくともHTMLに加えてCSSが必要になるためです。そのため、多くの書籍ではHTMLとCSSを一緒に学べるスタイルを採用していることが多いです。

しかし、本書ではCSSには簡単に触れるだけにとどめ、基本的にはHTMLだけにフォーカスした内容となっています。なぜなら、HTMLとCSSを分けて学ぶことにより、それぞれの言語への理解が深まり、ゼロから自信を持ってHTMLを書けるようになっていくための基礎を得られると考えているからです。確かに、HTMLを学ぶだけでは、まだ華やかな見た目のページは作れないかもしれません。しかし、各要素を深く学ぶことにより、1人でも多くのユーザに、Webページの情報を正しく伝達できるようなサポートが可能になると思います。今、皆さんがお持ちの入門書やオンライン学習サイトで学んだ知識とセットでこの本を読んでいただくことでも、HTMLをより深く理解してもらえるんじゃないかと思います。

この本の内容がみなさまの武器の1つになれることを願います。

本書の進め方

INTRODUCTION

INTRODUCTIONでは、HTMLの学習を始める前に、Webページを構築する上で必要となる基本的な知識を学習します。また、テキストエディタやWebブラウザの準備など、実際にHTMLを書き始めるための学習環境を整えます。本書では、Visual Studio Codeを使用した開発環境の準備を解説しています。

CHAPTER1 〜 6

CHAPTER1からCHAPTER6の各セクションでは、サンプルサイトを例に、HTMLの要素や属性を解説しています。インプット・アウトプットを織り交ぜた3Step方式で、体系的に学習することができます。要素の意味や使い方を深く理解し、最終的にはWebサイトの性質にあったよりよいHTMLを、自分の力で書けるようになることを目標としています。

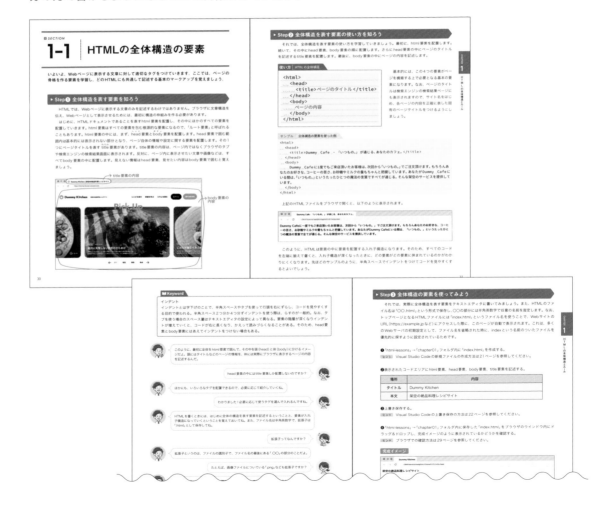

〈Step1〉学習内容を知る

　料理レシピサイトのサンプルを用いて、学習する要素がWebページのどこに使われているのかを知ることで、セクションのテーマと目的を把握します。

※要素名の由来として紹介している英単語、また要素や属性の読み方については、現在の仕様書に正式に定義されているものではなく、人により解釈が異なる場合があります。ご理解いただいた上で学習にお役立てください。

〈STEP2〉理解を深める

　サンプルコードを用いながら、要素の使い方や注意点を紹介しています。本書に記載するコードは、半角スペースを「␣」で表しています。また、「使い方」では追加解説部分とそのほかの部分によって、「サンプル」「解答例」では要素や属性などの分類によって色を分けています。詳細は以下のとおりです。

●「使い方」では……

```
使い方　width属性とheight属性の使い方
<img␣src="画像ファイルのパス"␣width="表示する幅(px)"␣height="表示する高さ(px)"␣alt="代替テキスト">
```

赤：追加で解説している部分　　　青：記述内容や使用場面によって変化する部分

●「サンプル」「解答例」では……

```
サンプル　　width属性とheight属性を使って画像を半分のサイズに縮小した例
<img␣src="images/coffee.jpg"␣width="240"␣height="160"␣alt="厳選したコーヒー豆を使った淹れたてのブレンドコーヒー">
```

青：要素名　　　オレンジ：属性名　　　緑：属性値　　　▨：解説部分

〈Step3〉実践する

　Step1とStep2での学習内容を基に、実際にコードを書いてみます。Step1で確認した料理レシピサイトのHTMLを書き、実際に画面に表示させることで、コーディング力を培います。間違えてもよいので、まずは解答例を見ずに挑戦しましょう。また、各チャプターの終わりにも、登場したすべての要素を復習できる練習問題を用意しています。理解度をチェックし、次に進みましょう。

●会話でおさらい

　そのセクションで覚えておいてほしいことや、注意点、初学者の方がつまずきやすいポイントなどを会話でおさらいしています。

僕たちが学習をサポートします。

がんばろう！

5

ダウンロード練習ファイルについて

　本書で使用する練習ファイルは、以下のURLのサポートサイトからダウンロードすることができます。練習ファイルは各章ごとに圧縮されていますので、ダウンロード後はデスクトップ画面にフォルダを展開してからお使いください。

https://gihyo.jp/book/2022/978-4-297-13132-6/support/

配布データの使い方

　練習ファイルは以下のようなフォルダ構成になっており、練習問題や解答例・サンプルのコードなどが格納されています。

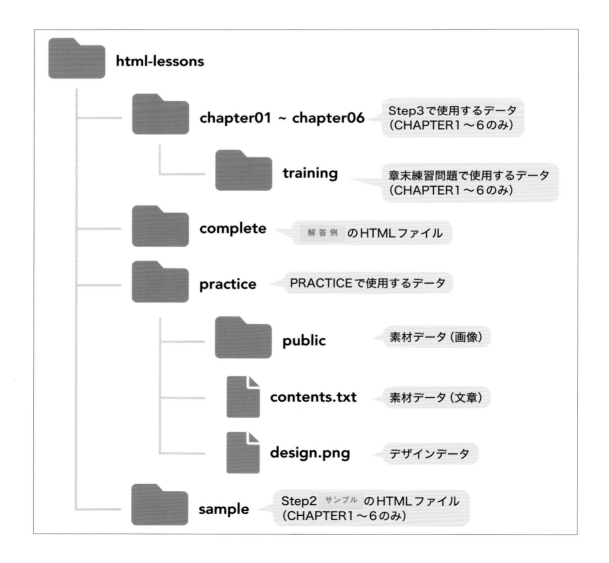

- html-lessons
  - chapter01 ~ chapter06 — Step3で使用するデータ（CHAPTER1〜6のみ）
    - training — 章末練習問題で使用するデータ（CHAPTER1〜6のみ）
  - complete — 解答例 のHTMLファイル
  - practice — PRACTICEで使用するデータ
    - public — 素材データ（画像）
    - contents.txt — 素材データ（文章）
    - design.png — デザインデータ
  - sample — Step2 サンプル のHTMLファイル（CHAPTER1〜6のみ）

ダウンロード手順について

　お使いのパソコンで練習ファイルをダウンロードしてください。なお、以下の操作を行うには、パソコンがインターネットに接続されている必要があります。

1 　Web ブラウザを起動し、左のページのサポートサイトの URL を入力し、 return （Windows の場合は Enter ）を押します。

2 　表示された画面をスクロールし、ダウンロードしたいファイルをクリックします。

3 ダウンロードが完了したら、右の矢印を
クリックし①、展開メニューから［開く］
（Windowsの場合は［ファイルを開く］）
をクリックします②。

4 ［ダウンロード］フォルダに自動で保存・
展開されます（Windowsの場合はフォ
ルダを選択し［すべて展開］をクリック）。
自動で表示されない場合はFinderから
（Windowsの場合はエクスプローラー
から）［ダウンロード］フォルダを開いて
ください。

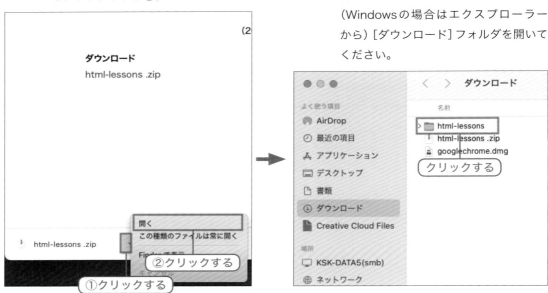

5 フォルダをドラッグ＆ドロップし、デスクトップへ移動します。

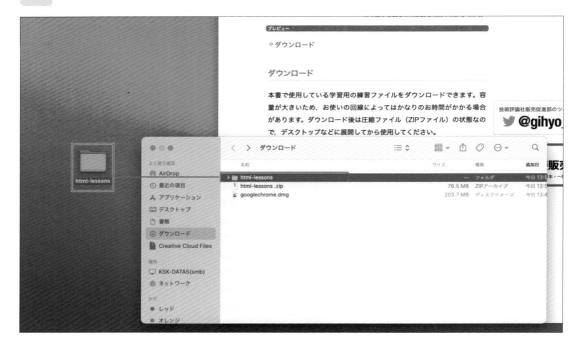

ファイルの探し方

　練習問題で使用するファイルは、指示にしたがって該当するファイルを開いてください。解答例・サンプルのデータの場所については、紙面の以下の部分に記されたファイルパスをご確認の上、該当するファイルをご利用ください。

●以下の「サンプル」の場合は……

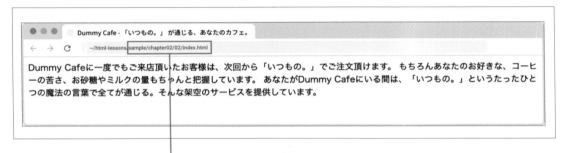

「sample」→「chapter02」→「02」フォルダ内の「index.html」

●以下の「解答例」の場合は……

「complete」→「chapter02」→「02」フォルダ内の「index.html」

※ダウンロードファイルのテキストや画像は本書の学習以外の目的では利用しないでください。

CONTENTS

CHAPTER 1　HTMLの全体構造と基本ルールを知ろう

CHAPTER 2　テキストやリストをマークアップしよう

CHAPTER 3　リンクやコンテンツを埋め込もう

CHAPTER 4　表とフォームを作ろう

CHAPTER 5　セクションとページ構造を整理しよう

CHAPTER
6
よりよいページにしよう

PRACTICE
ページをまるごとマークアップしよう！

付録

INTRODUCTION

0-1 | Webページが表示される仕組み

● Webページはコンピュータ言語で作られている

　普段、みなさんが見ているWebページは、HTMLやCSS、JavaScriptなどのコンピュータ言語を使って制作されています。文章や表などのデータは、HTMLという言語を使うことでWebページに表示することができます。そして、そのデータにCSSという言語を使って、レイアウトや装飾を工夫することで、いわば服を着せたりお化粧したりするように、華やかに見せることができます。さらに、JavaScriptというプログラミング言語を使って動きをつけることでWebページが完成します。つまり、現在主流のWebページは、どれか1つの言語で作られているわけではなく、HTMLやCSS、JavaScriptといったそれぞれ担当部門の異なる言語を、必要に応じて組み合わせることによって制作されています。

本書ではその中のHTMLにのみフォーカスして解説するよ。

● 世界中に公開するにはWebサーバが必要

　制作したWebページは、Webサーバと呼ばれるインターネット上のコンピュータに保存することで、世界中に公開することができます。ユーザがWebページを表示するには、ブラウザと呼ばれるWebページを閲覧するためのソフトを用いて、Webページの保存場所を表すアドレス（URL）を指定します。そして、指定された場所にあるWebページのデータがWebサーバからブラウザに送信されることで、Webページを閲覧できるようになります。

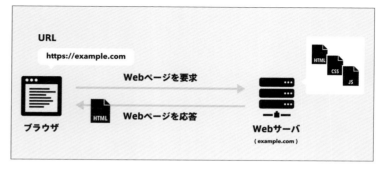

作ったページを公開するにはWebサーバに保存する必要があるんだね。

📖 Keyword

Webサーバ
Webページ (HTML、CSS、JavaScriptなどにより制作されたファイル) が保存されているインターネット上の倉庫のようなもの。ユーザが倉庫の場所(URL)を指定すると、保存されているWebページのデータがブラウザに届く。

● ブログやお問い合わせフォームなどのシステムには、ほかの言語も必要

　Webサイトによっては、HTMLやCSS、JavaScriptのみでは作れないものもあります。具体的には、ブログやSNSのような、ユーザが記事やメッセージを投稿するタイプのWebサイトなどが挙げられます。こういったWebサイトは、投稿された記事やメッセージをデータベースと呼ばれる場所に保存しておくことで、情報をいつでも閲覧できるようにしています。しかし、HTMLやCSSではデータベースとの相互のやりとりを行うことはできません。送信したデータをWebサーバ側で処理するためのPHPなどのプログラミング言語や、SQLといったデータベース言語などが必要になります。また、お問い合わせフォームなどの仕組みも同様で、HTMLで入力フォーム自体を作ることはできますが、送信されたデータをユーザやサイト管理者に届ける際は、PHPなどのWebサーバ側のプログラミング言語が必要になります。HTMLやCSS、JavaScriptは主にWebページの表示を担当する言語であり、メールの送信やデータベースを必要とするようなWebサイトを構築する際は、PHPやSQLなどと組み合わせる必要があることを覚えておきましょう。

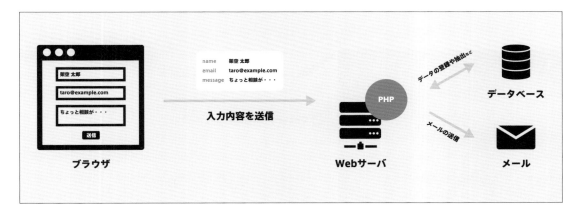

📖 Keyword

コンピュータ言語
コンピュータ上で用いられる言語の総称。コンピュータ言語の中には、HTMLのようなマークアップ言語やJavaScriptのようなプログラミング言語などがある。
プログラミング言語
コンピュータ言語の中でも、コンピュータに処理を伝えるプログラムを記述するための言語。Webサイトの制作では、JavaScriptやPHP、Rubyなどのプログラミング言語が用いられることが多い。

0-2 | HTMLとCSSと JavaScriptの立ち位置

● HTMLはWebページの主役

　HTMLとは、HyperText Markup Language（ハイパー テキスト マークアップ ランゲージ）の略で、Webページに表示する文章に意味や役割を持たせるための言語です。HyperText（ハイパーテキスト）とは「テキストを超える」という意味で、ほかの文書にジャンプできる仕組みを持っていることを表しています。この、ほかの文書にジャンプする仕組みのことをHyperlink（ハイパーリンク）といい、一般的には単に「リンク」と呼ばれることも多いです。

　Markup（マークアップ）は、Webページ上に表示する文章などに、タグと呼ばれる印をつけていくことを表しています。HTMLでは、タグを使ってページ上の文書に「見出し」や「箇条書き」や「表」などの文章構造を示していきます。こうした構造をきちんとマークアップすることで、どれが見出しでどれが箇条書きかなどが、コンピュータにも理解できるようになります。また、スクリーンリーダー（画面の情報を読み上げ、操作を助けるソフト）などの支援ソフトや、検索エンジンのような機械を介して閲覧するユーザに対しても、Webページの内容を正しく伝達するためのサポートができます。

　つまりHTMLとは、「ハイパーリンクという機能を持った、文書に構造を表すタグをつけていく言語」ということになります。

 HTMLを解釈して画面に表示

 HTMLをしっかりと書くことで、Webページに掲載する情報を1人でも多くのユーザに正しく伝達するサポートができるよ。

● CSSはデザイン担当

　CSSとは、Cascading Style Sheetsの略で、Webページの視覚的な表現や装飾を行うコンピュータ言語です。Cascadingとは、「階段のように連続した小さな滝」や「連鎖的」という意味で、上流から下流に向かってHTMLにスタイルを適用していくことを表しています。視覚的な表現はHTMLでは行わず、CSSを用いることで、レイアウトや装飾、簡易的なアニメーションなどのスタイルを指示していきます。HTMLでマークアップしただけのWebページであっても、CSSを利用することで下記のようなWebページにすることができます。

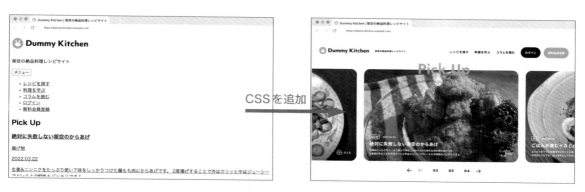

　レイアウトや装飾などの視覚的な表現はHTMLでは行わず、CSSでやろう！

● JavaScriptはアクション担当

　JavaScriptは、主にWebページに動きをつける目的で利用されるプログラミング言語です。最近のWebページでよく見かける、写真のスライドショーや、スクロールに合わせて文字や画像が変化する仕組みはJavaScriptによって制御されています。また、JavaScriptを使うことで、ゲームのようなページを作ることもできます。本来、JavaScriptはブラウザの中でしか使えないプログラミング言語でしたが、現在はブラウザ以外の場所でも実行できるツールが登場し、利用範囲が広がっています。本書ではJavaScriptの解説を行いませんが、現在のWebサイト制作には欠かせないプログラミング言語です。なお、よく似た名前の「Java」という言語がありますが、JavaScriptとは関係のない言語のため、JavaScriptを「Java」と略することは避けましょう。

　JavaScriptを使えば、Webページにさまざまな動きをつけることができるんだ。

0-3 | 開発環境の準備

● テキストエディタ

　HTMLやCSS、JavaScriptといった各言語は、テキストエディタと呼ばれるソフトを使って記述していきます。Windowsの場合は「メモ帳」というテキストエディタが、Macの場合は「テキストエディット」というテキストエディタが標準でインストールされています。これらのソフトでも開発は可能ですが、どちらもWebサイトの制作に特化したソフトではありません。基本的にはWebサイトの制作に特化したテキストエディタをインストールして利用することをおすすめします。2022年8月現在では、無料でダウンロード可能なVisual Studio Codeがおすすめです。

・Visual Studio Code (https://code.visualstudio.com/)

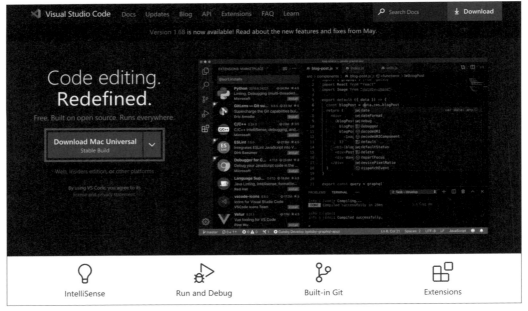

上記URLにアクセスし、「Download」をクリックしてダウンロードできます

Visual Studio Codeは、無料なのにも関わらず、かなり高機能なテキストエディタだよ。

● Visual Studio Code の初期設定と基本操作

・日本語にする

　Visual Studio Code は、インストールしたばかりの状態ではメニュー項目や説明文が英語表記になっています。以下の手順でVisual Studio Codeの拡張機能をダウンロードし、日本語表記に変更しましょう。

❶ Visual Studio Codeを起動し、左側に並んでいるアイコンから拡張機能 をクリックする。

❷ 検索窓が表示されたら、「Japanese」と入力する。すると、「Japanese Language Pack for Visual Studio Code」という拡張機能が表示される。

❸「Install」をクリックする。

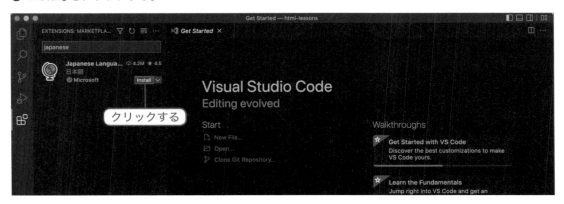

・ダウンロードファイルを開く

　ダウンロードファイルを開く方法は、以下のとおりです。

❶Visual Studio Code を起動する。

❷開いたウィンドウの中に、解凍したダウンロードフォルダをドラッグ＆ドロップする。

❸Visual Studio Code のサイドバーに、ダウンロードフォルダ内のフォルダ群が表示される。表示されない場合は、左側の縦に並んでいるアイコン群から、エクスプローラーアイコン をクリックする。

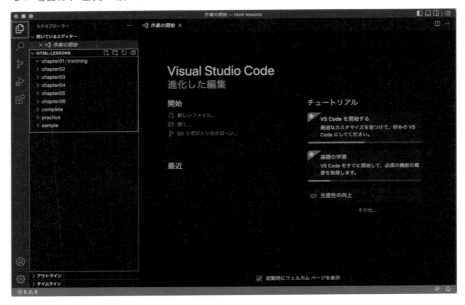

・新規ファイルの作成

　Visual Studio Codeで新規ファイルを作成する方法はいくつかありますが、以下の手順を推奨します。

❶新規ファイルを作成したいフォルダをクリックする。

❷Visual Studio Codeで開いているフォルダ名（教材データの場合は「HTML-LESSONS」）の横にある新規ファイル作成ボタン圏をクリックすると、新規ファイルが作成される。

❸作成されたファイルのファイル名を入力する。

❹入力可能なエディタエリアが表示される。ここにコードを入力していく。

・ファイルの保存方法

　Visual Studio Codeでファイルを保存する方法は以下のとおりです。

❶Visual Studio Codeの左上にある「ファイル」①から「保存」②をクリックするか、保存したいファイル上で　⌘　（Windowsの場合は　Ctrl　）を押しながら　S　を押す。

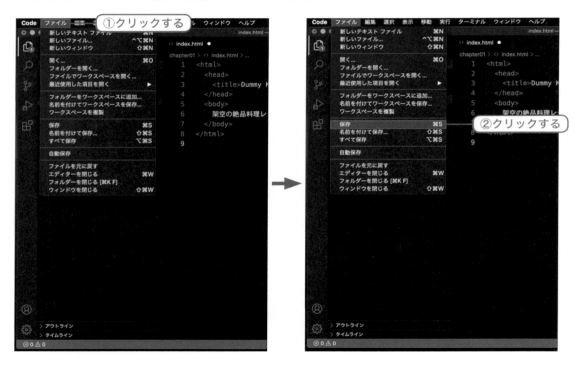

Visual Studio Codeは、自分好みに設定をしたり、拡張機能をダウンロードすることで、さらに便利に活用することができるよ。エディタの色の変更など、さまざまなカスタマイズができるので、お好みの使い方を探してみてね。

● Web ブラウザ

　制作したWebページは、Webブラウザを使用することで表示を確認します。Windowsには「Microsoft Edge」というブラウザが、Macには「Safari」というブラウザが標準でインストールされています。これらのブラウザでも問題なく表示確認を行えますが、以下のブラウザもよく利用されています。

・Google Chrome (https://www.google.com/intl/ja_jp/chrome/)

上記URLの「Chromeをダウンロード」からダウンロードできます

・Firefox (https://www.mozilla.org/ja/firefox/new/)

上記URLの「Firefoxをダウンロード」からダウンロードできます

　どのブラウザを使用しても問題ありませんが、ブラウザによって表示が異なることがあります。そのため最終的には、作ったWebページがどのブラウザでも問題なく表示されるかどうか、複数のブラウザを使って確認することが望ましいです。さまざまなブラウザをインストールしておくとよいでしょう。

とくにこだわりがなければ Google Chrome がおすすめだよ。

23

0-4 | タグの基礎知識

● 意味や役割にあったタグで挟む

　Webページには「見出し」や「段落」、「箇条書き」など、さまざまな文章構造が登場します。HTMLでは、「<」や「>」という記号を使った「タグ」と呼ばれる印をつけることで、これらの文章構造を明示化します。見出しを表すタグ、段落を表すタグなど、文章構造に応じたさまざまなタグがあり、多くのタグは始まりを表すタグ「<意味や役割>」と、終わりを表すタグ「</意味や役割>」で文章などの内容を挟むことによって、文章に対して、タグの示す意味や役割を与えます。

<意味や役割> 内容となる文章など </意味や役割>

始まりを表すタグ　　　　　　　　　　　　　　　　　　　終わりを表すタグ

● 終わりを表すタグには「/」をつける

　要素の範囲の終了を表すタグには、「</意味や役割>」のように、「<」の直後に「/（スラッシュ）」を記述します。

<意味や役割> 内容となる文章など </意味や役割>

始まりを表すタグ　　　　　　　　　　　　　　　　　　　終わりを表すタグ

● タグは英単語から来ている

　タグに含める「意味や役割」の部分には、あらかじめ用意されている約100種類ほどのキーワードの中から、内容に合わせて適切なものを選択し、記述します。たとえば、見出しは「heading」で、大見出しや、中見出し、小見出しといった見出しのレベルを、「1」、「2」、「3」のような数字で表します。見出しのレベルは6段階用意されており、数字が小さいほどレベルの高い見出しとなります。たとえば、大見出しが「heading1」、中見出しが「heading2」、小見出しが「heading3」のようになります。

　タグには英単語をそのまま記述するものもありますが、長いものは頭文字だけ、もしくは一部のみに省

略することがあります。たとえば、先ほど紹介した大見出しの「heading1」は「h1」に、段落の「paragraph」は「p」となります。この「h1」や「p」が、実際にHTMLで定義されている正式な形になります。

```
<h1> 大見出しの文章 </h1>
```
大見出し

```
<p> 段落の文章 </p>
```
段落

　HTMLの勉強とは、さまざまな意味や役割を持ったタグを知り、それらを適切に使えるようになることです。ただし、すべてのタグを暗記しておく必要はなく、よく使うタグを覚えておけば基本的なWebサイトを作ることは可能です。本書では、比較的よく使うタグを中心に紹介していきます。

タグの用語を覚えよう

　HTMLでは、「<」と「>」に挟まれている範囲を「タグ」といい、始まりを表すタグを「開始タグ」、終わりを表すタグを「終了タグ」といいます。なお、「<」「>」に挟まれる、意味や役割を表す文字、たとえば大見出しであれば「h1」、段落であれば「p」を「要素名」といいます。そして、開始タグから終了タグまでを含む全体を「要素」といいます。

要素

要素名　　　　　　　　　　　　　　　　　　要素名

```
<p> 段落の文章 </p>
```

タグ (開始タグ)　　コンテンツ (内容)　　タグ (終了タグ)

📝 Memo

HTMLは入れ子構造
一般的なWebページでは、文章構造に応じて、要素の中にまた別の意味や役割を持った要素を配置します。たとえば、段落という意味のp要素の中で、一部の文字を強調したいと思ったら、そのp要素の中に強調を表す要素を配置します。このように、HTMLでは要素が入れ子構造になっていきます。その際、要素の中に配置した要素を「子要素」、要素を内包している要素を「親要素」といいます。なお、入れ子構造が深くなると、「孫要素」や「子孫要素」「祖先要素」などという表現も登場しますので、これらの表現がどの要素を指しているかを判断する必要があります。

HTMLの要素は100種類以上あるけれど、全部を覚える必要はないからね。

25

誰もがアクセスできる Web メディアの特性

Web を発明したティム・バーナーズ＝リー氏は、こう言っています。

"The power of the Web is in its universality.
Access by everyone regardless of disability is an essential aspect."

出典：Accessibility - W3C（https://www.w3.org/standards/webdesign/accessibility）

訳：Web の力はその普遍性にある。障がいの有無に関わらず誰もがアクセスできることが重要な側面だ。

　Web には、テレビや新聞、雑誌やラジオのようなメディアにはない特性があります。その 1 つが、ユーザとまるで対話をするかのように、双方向に情報を伝達できるリンク機能です。また、利用するあらゆる人が同じように情報を受け取ることができる特性も併せ持ちます。

　たとえば、目の不自由なユーザにはスクリーンリーダーなどの支援ソフトを介し、HTML の内容を耳に伝えることができます。また、点字ディスプレイという機器を介し、HTML の内容を指に伝えることもできます。Web は、ほかのメディアに比べて障がいの有無や環境に関係なく情報を伝達することができるメディアなのです。

　このように、Web サイトの情報や機能を誰もが利用できるように配慮することを「Web アクセシビリティ」といいます。Web サイトを構築する時は、この素敵な特性を妨げることのないように、1 人でも多くの人が利用できるように意識することが大切です。どれほどビジュアルの優れた Web サイトだったとしても、そもそも利用することができなければ、ユーザにとっては意味を成しません。Web サイトの見た目ばかりにこだわりすぎて、HTML の順番がめちゃくちゃになってしまわないように、自分が書いた HTML を上から読んで、しっかりと意味の伝わるコーディングができているかを考えてみる。そういったところから始めるとよいかもしれません。

　なお、Web アクセシビリティについては、Web 技術の標準化団体である W3C から「Web Content Accessibility Guidelines（WCAG）」というガイドラインが勧告されています（下部参照）。また、日本にはこの WCAG を基に作られた「JIS X 8341-3」という Web アクセシビリティの規格があります。今の段階では難しい内容ばかりかと思いますが、HTML の勉強がひととおり終わったら、ぜひこのあたりにも目を通してもらえたらと思います。

参照

Web Content Accessibility Guidelines (WCAG) 2.1
https://www.w3.org/TR/WCAG21/

1

HTMLの全体構造と
基本ルールを知ろう

はじめに、HTMLを書く時にはほぼ必須となる要素を学習しましょう。全体構造を作る基本的な要素を知ることで、文書の始まりから終わりまでの範囲を示したり、ページに含まれる情報の種類を区分するなど、ページの骨格を表現することができるようになります。また、属性やカテゴリといったHTMLの基本事項も学習します。

● このチャプターのゴール

このチャプターでは、HTMLの基本的な要素を学習し、ブラウザ画面に文字を表示させられるようになりましょう。

▶ 完成イメージを確認

●●●　　　Dummy Creations | 架空サイトを作る架空のWeb制作会社
←　→　C　　　~/html-lessons/complete/chapter01/training/index.html

Dummy Creations 私たちは架空サイトを作ることに、命を燃やすプロ集団です。

▶ このチャプターで学習する要素

要素名	意味・役割
html	html文書を表す
head	ページ自体の情報である、メタデータの集合を表す
body	ページの内容を表す
title	ページのタイトルを表す
meta	ページに関する情報を表す

▶ ブラウザで表示を確認する

　このチャプターから、テキストエディタとブラウザを使って、実際にHTMLを書いたりブラウザ
で表示を確認したりします。INTRODUCTIONのSECTION0-3（18ページ）を参考に、開発環境を
用意し進めましょう。

　各セクション内の「Step2」に掲載されているサンプルコードは、ダウンロード練習ファイル
「html-lessons」→「sample」フォルダ内に用意しています。また、各セクションの「Step3」や章末
練習問題の解答例コードは「complete」フォルダの中に用意しているので、テキストエディタでの
コードの確認などにご活用ください。

　ダウンロード練習ファイルや、テキストエディタで書いたHTMLファイルをブラウザで確認する
際は、任意のブラウザを起動し、ブラウザのウィンドウ内にHTMLファイルをドラッグ＆ドロップ
することで表示できます。

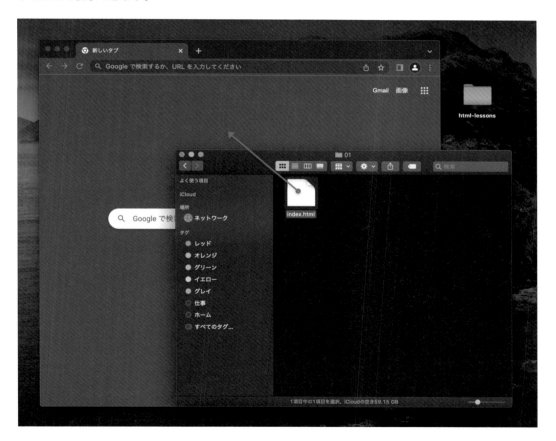

1-1 | HTMLの全体構造の要素

いよいよ、Webページに表示する文章に対して適切なタグをつけていきます。ここでは、ページの骨格を作る要素を学習し、どのHTMLにも共通して行う基本のマークアップを覚えましょう。

▶ Step❶ 全体構造を表す要素を知ろう

HTMLでは、Webページに表示する文章のみを記述するわけではありません。ブラウザに文章構造を伝え、Webページとして表示させるためには、最初に構造の枠組みを作る必要があります。

はじめに、HTMLドキュメントであることを表すhtml要素を配置し、その中にほかのすべての要素を配置していきます。html要素はすべての要素を包む根源的な要素になるので、「ルート要素」と呼ばれることもあります。html要素の中には、まず、head要素とbody要素を配置します。head要素で囲む範囲内は基本的には表示されない部分となり、ページ自体の情報や設定に関する要素を配置します。その1つにページタイトルを表す title要素があります。title要素の内容は、ページ内ではなくブラウザのタブや検索エンジンの検索結果画面に表示されます。反対に、ページ内に表示させたい文章や画像などは、すべてbody要素の中に配置します。見えない情報はhead要素、見せたい内容はbody要素で囲むと覚えましょう。

title要素の内容

body要素の内容

▶ Step❷ 全体構造を表す要素の使い方を知ろう

それでは、全体構造を表す要素の使い方を学習していきましょう。最初に、html要素を配置します。続いて、その中にhead要素、body要素の順に配置します。さらにhead要素の中にページのタイトルを記述するtitle要素を配置します。最後に、body要素の中にページの内容を記述します。

使い方 | HTMLの全体構造

```
<html>
  <head>
    <title>ページのタイトル</title>
  </head>
  <body>
    ページの内容
  </body>
</html>
```

基本的には、この4つの要素がページを構築する上で必要となる基本の要素になります。なお、ページのタイトルは検索エンジンの検索結果ページにも表示されますので、サイト名をはじめ、各ページの内容を正確に表した固有のページタイトルをつけるようにしましょう。

サンプル 全体構造の要素を使った例

```
<html>
  <head>
    <title>Dummy Cafe - 「いつもの。」が通じる、あなたのカフェ。</title>
  </head>
  <body>
    Dummy Cafeに一度でもご来店頂いたお客様は、次回から「いつもの。」でご注文頂けます。もちろんあなたのお好きな、コーヒーの苦さ、お砂糖やミルクの量もちゃんと把握しています。あなたがDummy Cafeにいる間は、「いつもの。」というたったひとつの魔法の言葉で全てが通じる。そんな架空のサービスを提供しています。
  </body>
</html>
```

上記のHTMLファイルをブラウザで開くと、以下のように表示されます。

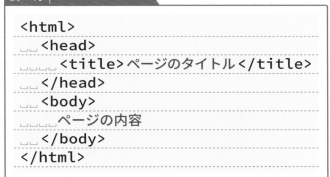

このように、HTMLは要素の中に要素を配置する入れ子構造になります。そのため、すべてのコードを左端に揃えて書くと、入れ子構造が深くなった時に、どの要素がどの要素に挟まれているのかがわかりにくくなります。先ほどのサンプルのように、半角スペースでインデントをつけてコードを見やすくするとよいでしょう。

このように、最初に全体をhtml要素で囲んで、その中を頭（head）と体（body）に分けるイメージだよ。頭にはタイトルなどのページの情報を、体には実際にブラウザに表示するページの内容を記述するんだ。

head要素の中にはtitle要素しか配置しないのですか？

ほかにも、いろいろなタグを配置できるので、必要に応じて紹介していくね。

わかりました！必要に応じて使うタグを選んで入れるんですね。

HTMLを書く時には、はじめに全体の構造を表す要素を記述するということと、要素が入れ子構造になっていくということを覚えておいてね。また、ファイル名は半角英数字で、拡張子は「.html」として保存してね。

拡張子ってなんですか？

拡張子というのはファイルの識別子で、ファイル名の最後にある「.○○」の部分のことだよ。

たとえば、画像ファイルについている「.png」なども拡張子ですか？

そうそう！コンピュータがどんな種類のファイルなのかを識別するために使うんだ。

なるほど。では、HTMLのファイル名の最後は「.html」で終わればよいということですね？

そう覚えておいていいよ。

▶ Step❸ 全体構造の要素を使ってみよう

　それでは、実際に全体構造を表す要素をテキストエディタに書いてみましょう。また、HTMLのファイル名は「○○.html」という形式で保存し、○○の部分には半角英数字（記号は「-（ハイフン）」と「_（アンダーバー）も使用可）で任意の名前を指定します。なお、トップページとなるHTMLファイルには「index.html」というファイル名を使うことで、WebサイトのURL（https://example.jpなど）にアクセスした際に、このページが自動で表示されます。これは、多くのWebサーバの初期設定として、ファイル名を省略された時に、indexという名前のついたファイルを優先的に探すように設定されているためです。

❶「html-lessons」→「chapter01」フォルダ内に「index.html」を作成する。

　ヒント　Visual Studio Codeの新規ファイルの作成方法は21ページを参照してください。

❷表示されたコードエリアにhtml要素、head要素、body要素、title要素を記述する。

場所	内容
タイトル	Dummy Kitchen
本文	架空の絶品料理レシピサイト

❸上書き保存する。

　ヒント　Visual Studio Codeの上書き保存の方法は22ページを参照してください。

❹「html-lessons」→「chapter01」フォルダ内に保存した「index.html」をブラウザのウィンドウ内にドラッグ＆ドロップし、完成イメージのように表示されているかどうかを確認する。

　ヒント　ブラウザでの確認方法は29ページを参照してください。

完成イメージ

Dummy Kitchen
~/html-lessons/complete/chapter01/01/index.html

架空の絶品料理レシピサイト

```
001  <html>
002    <head>
003      <title>Dummy Kitchen</title>
004    </head>
005    <body>
006      架空の絶品料理レシピサイト
007    </body>
008  </html>
```

 どう？完成イメージのように表示されたかな？

が、画面が真っ白です！

 画面が真っ白になるということは、どこかが間違っているね。どこかわかるかな？

あっ、「</title>」の「/」を書き忘れた！

 title要素の終了タグの「/」が抜けているから、まだ<title>タグが終わっていないと解釈されて真っ白になっていたんだね。今回は画面が真っ白になったから、記述が間違っていることがわかりやすかったけれど、記述が間違っていても、画面にきちんと表示されることも多いので、気をつけてね。

でも、一応表示されているなら問題ないですよね！

 いや。きちんと表示されていても、記述が間違っていたら正しい文法ではないので、ブラウザなどが内容を正しく解釈できないんだよ。ミスが無いか、きちんと確認しながら記述してね。

正しく伝わらないのですね。わかりました。

 ちなみに、初学者に多いミスは、終了タグ「/」のつけ忘れや、タグを全角で書いてしまう、スペルミス、上書き保存をしていないなどがあるよ。

覚えておきます。

1-2 | HTMLの属性

属性を指定することで、要素に設定や付加情報を追加することができます。ここでは、属性の種類と指定方法を学習しましょう。

▶ Step❶ 属性とは何かを知ろう

　　HTMLの各要素には、設定や付加情報をつけることができ、これを属性といいます。たとえば html 要素には、タグで挟まれた範囲がどの言語で書かれた文章なのかを示すために、lang という属性を指定することが推奨されています。この lang 属性を使って言語を指定することで、スクリーンリーダーなどがどの言語の発音で読むかを判断する手助けもできます。

```
                          言語は日本語
<html lang="ja">
  <head>
    <title>ページのタイトル</title>
  </head>
  <body>
    ページの内容
  </body>
</html>
```

　属性の指定は、開始タグの要素名の後ろに半角スペースを空けて、「属性名="属性値"」の書式で記述します。

使い方 | 属性の指定方法

```
            属性
       ┌ ‥‥‥‥‥‥‥‥‥ ┐
<要素名␣属性名="属性値">
 この要素の  この設定を   この値にする
```

　たとえば、html 要素に lang 属性を使って、このページの言語が日本語 (ja) であることを指定すると以下のようになります。

サンプル html 要素に lang 属性を指定した例

```
<html␣lang="ja">
```
html 要素の　言語の設定を　日本語にする

　属性値を囲む引用符は「"」(ダブルクオート) の代わりに、「'」(シングルクオート) を使っても構いませんが、「"」(ダブルクオート) を利用することが一般的です。なお、属性を複数指定する必要がある場合は、半角スペースで区切ることで、必要な数だけ順不同で指定することができます。

使い方 | 複数の属性を指定する方法

```
            属性1              属性2
       ┌ ‥‥‥‥‥‥ ┐     ┌ ‥‥‥‥‥‥ ┐
<要素名␣属性名1="属性値1"␣属性名2="属性値2">
 この要素の  この設定を  この値にする   この設定を   この値にする
```

　では、実際にどんな属性があるのか見ていきましょう。HTMLの属性には、どの要素にも指定することができるグローバル属性と、特定の要素にのみ指定できる属性の2種類があります。特定の要素にのみ指定できる属性に関しては、その要素を解説する際に併せて紹介しますので、このセクションでは、どの要素にも指定することができるグローバル属性について学習しましょう。

▶ グローバル属性とは？

　グローバル属性は、どの要素にも指定することができる属性です。先ほど html 要素に指定した lang 属性も、このグローバル属性の1つになります。次のページで主なグローバル属性を紹介しますが、現時点では「どの要素にも使える属性があるんだなぁ」ということだけ理解しておけば大丈夫です。さらっと目を通してみましょう。

●主なグローバル属性

属性名	説明
accesskey	要素にショートカットキーを割り当てる
class	要素に分類名（種類）を指定する
contenteditable	要素の内容が編集可能かどうかを指定する
data-*	要素にカスタムデータを指定する
dir	要素内のテキストの方向を指定する
id	要素に固有の名前を指定する
lang	要素内の言語を指定する ("ja"：日本語、"en"：英語　など)
spellcheck	要素内をスペルチェックするかどうかを指定する
style	要素にCSSを指定する
tabindex	要素を tab でフォーカスできるようにしたり、移動する順番を指定する
title	要素に補足情報を指定する
translate	ローカライズ時に要素を翻訳対象にするかどうかを指定する

※data-*属性の「*」にはdata-name、data-ageなど任意の文字列（大文字を含まない）を指定できます。

📝**Memo**

アクセシビリティに関わる属性
属性の中には、要素の状態や性質を表すことができるものもあります。たとえばボタンをクリックすると展開するメニューが、展開されているのか折りたたまれているのかをスクリーンリーダーに示すことができるaria-expanded属性や、どの要素をコントロールするかを示すaria-controls属性などです。また、スクリーンリーダーなどの支援ソフトを利用しているユーザには、role属性を用いることでHTMLの要素だけでは伝えきれない役割を伝えることができます。HTML、CSS、JavaScriptの勉強がひととおり終わった頃に、これらの属性が定義されているWAI-ARIAという仕様を勉強をすると理解が深まり、よりアクセシビリティに配慮したWebサイトを構築できるようになると思います。

こんなふうにHTMLにはいろいろな属性があるんだよ。

ちゃんと覚えられるかな……？

今は、属性を指定する方法と、使用頻度が高いlang属性、あとは、どの要素にも指定できるグローバル属性と、特定の要素にのみ指定できる属性があるということを覚えておいてね。

▶ Step ❸ lang属性を使ってみよう

それでは、実際にhtml要素にlang属性を指定してみましょう。

❶「html-lessons」→「chapter01」フォルダ内にある「index.html」を開く。
❷表示されたコードエリアにあるhtml要素に、以下の属性を指定する。

属性名	属性値
lang	ja

❸上書き保存する。
❹「html-lessons」→「chapter01」フォルダ内に保存した「index.html」をブラウザのウィンドウ内にドラッグ＆ドロップし、完成イメージのように表示されているかどうかを確認する。

完成イメージ

```
● ● ●      Dummy Kitchen
←  →  C      ~/html-lessons/complete/chapter01/02/index.html

架空の絶品料理レシピサイト



```

解答例   complete/chapter01/02/index.html

```
001  <html lang="ja">
002    <head>
003      <title>Dummy Kitchen</title>
004    </head>
005    <body>
006      架空の絶品料理レシピサイト
007    </body>
008  </html>
```

できたかな？

はい！しっかりと記述しましたが、特に見た目は変わらないですね。

そうだね。lang属性を書いたからといって、表示内容が変わるわけではないね。

でも、これでスクリーンリーダーがちゃんと日本語の発音で読み上げてくれるのですよね？

そうだね。あくまで、このlang属性の情報を利用するかどうかはソフトによるのだけれど、html要素には、lang属性を指定してそのページの言語を指定することが推奨されているよ。正しく情報を伝えるサポートにつながるので、html要素にはlang属性を指定するようにしようね。

はい！わかりました。

また、属性は要素名の後ろに半角スペースを開けて、属性名="属性値"の形式で指定することを覚えておいてね。

たくさんの属性があって、正直、全部は覚えられないと思うのですが……

そうだよね。今の時点ではこれらを見てもいつどこで使う属性なのかいまいちピンとこないと思うので、さらっと見るだけでいいよ。

よかった〜。わかりました！

37ページの表のうち、本書では、lang属性とid属性、title属性などが登場するよ。ちなみに、class属性はCSSと絡めて使うことが多いので、CSSを書く時に併せて勉強するのがおすすめだよ。

そうします！

1-3 | HTMLのバージョンとDOCTYPE

HTMLにはバージョンがあり、さまざまな機能やルールが更新されてきました。ここでは、これまでのバージョンの特徴や、現在の最新の仕様であるHTML Standardについて学習しましょう。

▶ Step❶ HTMLのバージョンを知ろう

HTMLは、1990年代から幾度もの改訂を経て進化してきました。その改訂の度に、新たな要素や属性が追加・廃止されながら、最新の仕様がバージョンとして公開されてきました。バージョンによって使える要素や属性、要素の配置ルールなどが異なります。以下が、主なHTMLのバージョンです。

●主なHTMLバージョン

バージョン	概要
HTML 4.01	1999年に勧告されたバージョン。1997年に勧告されたHTML4.0より、HTMLでの視覚的表現を目的とする要素や属性を非推奨とし、視覚的な表現を行うための要素や属性をCSSという言語に移行した。その後、HTML4.01にマイナーアップデートされた
XHTML 1.0	2000年に勧告されたバージョン。XMLという別の言語の仕様をベースに作られたHTML。HTMLとしての大きな変更はないが、タグは小文字で記述するなど、ルールがより厳格になった。XHTMLの「X」は「エクステンシブル」の略で、拡張可能の意味
HTML5	2014年に勧告されたバージョン。人間にも機械にも、より理解しやすい言語となり、Webアプリケーションを開発するためのさまざまな仕様が新たに盛り込まれている。2016年にはHTML5.1、2017年にはHTML5.2とマイナーアップデートされた
HTML Standard	2021年に勧告された最新のHTML（執筆時点）。これまでのHTMLはW3CというWeb技術の標準化団体が策定した仕様がバージョンとして勧告されてきたが、Apple、Mozilla、Operaというブラウザベンダーの開発者らによって発足したWHATWGという団体によって独自に策定されたHTMLが、2021年1月に公式かつ唯一のバージョンとしてW3Cより勧告された。このHTMLにはバージョンがなく、日々、仕様がアップデートされている

📖 Keyword

W3C (World Wide Web Consortium)
1994年に、Web技術の標準化を推進するために創設された団体。

WHATWG (Web Hypertext Application Technology Working Group)
Apple、Mozilla、Operaの開発者たちによって、2004年に結成された団体。現在のHTMLの仕様を策定している。

現在はHTML Standardが最新のHTMLになります（執筆時点）。これは「HTML Living Standard」とも呼ばれ、従来のようにHTMLをバージョンごとに発表するのではなく、日々、仕様をアップデートし、常に最新の仕様として公開されています。本書もこのHTML Standardの仕様に基づいて執筆していますが、HTML Standardの仕様は常にアップデートされているため、時間の経過とともに執筆時点と仕様が異なる部分が出てくることが考えられます。そのため、日頃から自身でも最新のHTML Standardを確認するのがよいでしょう。仕様書は英語で書かれていたり、専門用語が登場したりするので、HTMLの勉強を始めたばかりの人にはハードルが高いかもしれませんが、和訳しながら読み進めてみてください。

参考 HTML Standard
https://html.spec.whatwg.org/

▶ DOCTYPE宣言の目的

　なぜ、ここでHTMLのバージョンの話をしているかというと、HTMLはこれらのバージョンによって利用できる要素や属性、記述のルールなどが異なるからです。これから新しく作るWebページであれば、HTML Standardの仕様に基づいて書けば問題ないのですが、もしそれ以前のバージョンで作られたWebページを修正することになった場合は注意が必要です。なぜなら、どのバージョンにも、段落を表すp要素や大見出しを表すh1要素などの基本的な要素は同じように存在しているため、一見どのバージョンに基づいて記述されているのか判断できない可能性があるためです。

　そこで、DOCTYPE宣言が役立ちます。HTML5よりも前のバージョンでは、今記述している（X）HTMLが、どのバージョンの仕様に基づいて記述しているのかを、HTMLファイルの冒頭で宣言していました。具体的には、バージョンごとにDTDと呼ばれるファイルがW3Cによって公開されており、そのファイルには、そのバージョンで使用できる要素や属性の情報、どこに配置できるのかなどの情報が定義されています。このDTDをHTMLファイルの冒頭に指定することで、どのバージョンの仕様に基づいて記述されたHTMLなのかを示すことができるのです。これを、DOCTYPE宣言（文書型宣言）といいます。

　ですが、HTML5よりも後のバージョンにはDTDがありません。したがって理屈上は、HTML5以降ではDOCTYPE宣言は不要です。ただし、ほとんどのブラウザは、DOCTYPE宣言をブラウザの表示モードを切り替える用途に使っており、DOCTYPE宣言があれば「標準準拠モード」というモードで表示し、DOCTYPE宣言がなければ「互換モード」というモードで表示します。互換モードの場合、仕様などに準拠していないWebページであると認識されてしまい、CSSが正しく解釈されずにレイアウトが崩れてしまう可能性があります。そのため、互換モードで表示させないために、HTML5以降でも必要最低限のDOCTYPEの記述を行います。

📖 Keyword

DTD（Document Type Definition：文書型定義）
HTMLのバージョンごとに、そのバージョンでどの要素や属性が使用できるのか、どこにどの順番で配置できるのか、などが定義されているファイル。

　DOCTYPEは、HTMLファイルの冒頭、html要素よりも前に記述します。また、DOCTYPEは大文字と小文字を区別しないため、すべて大文字、すべて小文字で記述しても問題ありません。

> **使い方** ｜ 標準モードで表示させるための最低限のDOCTYPE
>
> ```
> <!DOCTYPE␣html>
> ```

サンプル　大文字と小文字が混ざった例

```
<!DOCTYPE␣html>
<html␣lang="ja">
␣␣<head>
␣␣␣␣<title>Dummy␣Cafe␣-␣「いつもの。」が通じる、あなたのカフェ。</title>
␣␣</head>
␣␣<body>
␣␣␣␣Dummy␣Cafeに一度でもご来店頂いたお客様は、次回から「いつもの。」でご注文頂けます。もちろんあ
なたのお好きな、コーヒーの苦さ、お砂糖やミルクの量もちゃんと把握しています。あなたがDummy␣Cafeに
いる間は、「いつもの。」というたったひとつの魔法の言葉で全てが通じる。そんな架空のサービスを提供してい
ます。
␣␣</body>
</html>
```

サンプル　すべて小文字の例

```
<!doctype␣html>
<html␣lang="ja">
␣␣<head>
␣␣␣␣<title>Dummy␣Cafe␣-␣「いつもの。」が通じる、あなたのカフェ。</title>
␣␣</head>
␣␣<body>
␣␣␣␣Dummy␣Cafeに一度でもご来店頂いたお客様は、次回から「いつもの。」でご注文頂けます。もちろんあ
なたのお好きな、コーヒーの苦さ、お砂糖やミルクの量もちゃんと把握しています。あなたがDummy␣Cafeに
いる間は、「いつもの。」というたったひとつの魔法の言葉で全てが通じる。そんな架空のサービスを提供してい
ます。
␣␣</body>
</html>
```

HTMLにもバージョンがあったんですね。

そうなんだ。でも、HTML Standardになってからは随時仕様がアップデートされ続けているから、常に最新の状態に維持されているよ。

少し気になったのですけど、「主なHTMLバージョン」の中に、1回だけ「XHTML」というのがあるのですが……

W3Cは、HTMLからXMLという言語をベースにした新たなXHTMLというものを作り、その後、「XHTML2.0」を策定しようしていたんだけれど、結局うまくいかなかったんだ。

そうなんですか。

うん。W3CはXHTMLという方向性に向かっていたのだけれど、それとは別に、2004年にApple、Mozilla、Operaの開発者たちによって「WHATWG」という団体が作られて、HTMLの進化を再開することを目標に、独自の仕様が作られるようになったんだよ。しばらくはXHTMLとHTMLの開発が平行して行われていたのだけれど、やがてW3CもXHTMLの開発をやめて、HTMLを進化させていく方向をとったんだ。そして、HTML4.01から15年の歳月を経てHTML5が登場したという流れだね。

いろいろあったんですね。

でも、W3Cは仕様を完成させてバージョンごとに公開したいと考えていて、WHATWGはバージョンという区切りを作らずに、仕様を常に最新の状態に維持したかったんだ。そのため、2011年にちょっと目指している方向が違うよねとなって、W3CのHTMLの仕様と、WHATWGのHTMLの仕様の2つが共存することになったんだよ。

えっ。仕様が2つあったら、どちらに合わせればよいのか困りますよね。

そうだよね。でも、やっと2019年にWHATWGが策定してきたHTMLの仕様書を唯一とし、両者が協力していくということで合意したんだ。そして2021年にHTML5は廃止され、このWHATWGのHTMLが正式な仕様書として勧告されたんだよ。

なるほど……そんな背景があったんですね。

うん。なので、今は特にバージョン番号があるというわけではなく、常に最新の状態が公開されている感じなんだ。

これから新しく作るWebページであれば、HTML Standardにしたがえばよいのですね！

そういうことになるね。

▶ Step ❸ DOCTYPE を記述してみよう

それでは、実際にブラウザが互換モードで表示しないように、DOCTYPE を記述してみましょう。

❶「html-lessons」→「chapter01」フォルダ内にある「index.html」を開く。

❷表示されたコードエリアにあるhtml要素の上に、DOCTYPEを記述する。

❸上書き保存する。

❹「html-lessons」→「chapter01」フォルダ内に保存した「index.html」をブラウザのウィンドウ内にドラッグ＆ドロップし、完成イメージのように表示されているかどうかを確認する。

完成イメージ

解答例　complete/chapter01/03/index.html

```
001  <!DOCTYPE␣html>
002  <html␣lang="ja">
003  ␣␣<head>
004  ␣␣␣␣<title>Dummy␣Kitchen</title>
005  ␣␣</head>
006  ␣␣<body>
007  ␣␣␣␣架空の絶品料理レシピサイト
008  ␣␣</body>
009  </html>
```

 このように、HTMLファイルの冒頭にDOCTYPEを記述しましょう。

 これだけでいいんですか？

 これから新しくWebページを作る場合は、これだけで大丈夫だよ。以前のバージョンでのDOCTYPE宣言は、DTDの指定を記述していたのでとっても長かったんだけどね。

 ふーん（……また昔の話だ！）。

 ひょっとしたら、昔のWebサイトを修正する場面に遭遇してXHTML1.0などで作られたHTMLを見ることもあるかもしれないので、HTML5より前のDOCTYPE宣言の記述方法も載せておくね。

HTML5よりも前のDOCTYPE宣言

HTML5よりも前のHTMLやXHTMLでは、HTMLファイルの冒頭で、DTDを参照するDOCTYPE宣言（文書型宣言）を行っていました。HTML4.01やXHTML1.0には3種類のDTDがあり、その種類によってDOCTYPE宣言の記述内容も異なります。

● Strict

仕様に厳密なDTDであり、非推奨としている要素や属性を使用することができない。

サンプル　HTML4.01 Strictの文書型宣言

```
<!DOCTYPE HTML PUBLIC "-//W3C//DTD HTML 4.01//EN"
 "http://www.w3.org/TR/html4/strict.dtd">
```

サンプル　XHTML1.0 Strictの文書型宣言

```
<!DOCTYPE html PUBLIC "-//W3C//DTD XHTML 1.0 Strict//EN"
 "http://www.w3.org/TR/xhtml1/DTD/xhtml1-strict.dtd">
```

● Transitional

Strictの厳密さを緩めたDTDであり、非推奨とする要素や属性も使うことができる。

サンプル　HTML4.01 Transitionalの文書型宣言

```
<!DOCTYPE HTML PUBLIC "-//W3C//DTD HTML 4.01 Transitional//EN"
 "http://www.w3.org/TR/html4/loose.dtd">
```

サンプル　XHTML1.0 Transitionalの文書型宣言

```
<!DOCTYPE html PUBLIC "-//W3C//DTD XHTML 1.0 Transitional//EN"
 "http://www.w3.org/TR/xhtml1/DTD/xhtml1-transitional.dtd">
```

● Frameset

Transitionalで使用可能な要素や属性に加え、フレームという機能も使える。フレームとは、HTMLファイルの中に別のHTMLファイルを複数読み込み、画面を分割することができる機能。

サンプル　HTML4.01 Framesetの文書型宣言

```
<!DOCTYPE HTML PUBLIC "-//W3C//DTD HTML 4.01 Frameset//EN"
 "http://www.w3.org/TR/html4/frameset.dtd">
```

サンプル　XHTML1.0 Framesetの文書型宣言

```
<!DOCTYPE html PUBLIC "-//W3C//DTD XHTML 1.0 Frameset//EN"
 "http://www.w3.org/TR/xhtml1/DTD/xhtml1-frameset.dtd">
```

CHAPTER

1

HTMLの全体構造と基本ルールを知ろう

文字エンコーディングと
文字化け

文字化けしてしまった、漢字や記号だらけの Web ページを見たことがあるでしょうか？文字化けが起きる原因を知り、防げるようになりましょう。ここでは、meta 要素を使った適切な文字エンコーディングの指定について学習します。

▶ Step❶ 文字化けが起きる原因を知ろう

コンピュータは、1つ1つの文字を固有の番号で管理しています。この固有の番号は、簡単にいうと文字の出席番号のようなものです。実際にはこれほどシンプルではありませんが、たとえば1番が「あ」に、2番が「い」に、3番が「う」に対応するようなイメージで文字が管理されています。

1年1組	
1	**あ**
2	**い**
3	**う**

この、どの番号がどの文字になるのかを表す対応表（文字セット）には、さまざまな種類があります。たとえば、ひらがなやカタカナ、漢字を集めた日本語の文字セットや、ハングル文字や漢字を集めた韓国語の文字セット、世界中の文字を扱えるようにした「Unicode」という文字セットなどがあります。

テキストエディタやブラウザは、コンピュータが文字セットを扱いやすいように、データを変換しながら文字を保存したり表示したりしています。この変換方式を「文字エンコーディング」といい、いくつかの種類があります。

文字エンコーディング	説明
UTF-8	世界中の文字を扱えるようにした「Unicode」という文字セットに利用する
Shift_JIS	主に Windows で使用される。日本語用の文字セットに利用する
EUC-JP	主に UNIX という OS で使用される。日本語用の文字セットに利用する

Webでは、主にこれら3つの文字エンコーディングが利用されていますが、これから新しくHTMLファイルを作る場合は「UTF-8」である必要があります。そのほかの文字エンコーディングに関しては、古いHTML用だと考えてかまいません。

HTMLはテキストエディタなどで記述し、ブラウザで閲覧します。この時にもし、テキストエディタが使う文字エンコーディングと、ブラウザが使う文字エンコーディングが異なれば、テキストエディタとブラウザとで参照される文字セットの文字が異なるため、意図しない文字が表示されてしまいます。仮に「1年1組」という文字エンコーディングが参照する文字セットと、「1年2組」という文字エンコーディングが参照する文字セットが存在し、以下のような対応表だったとします。

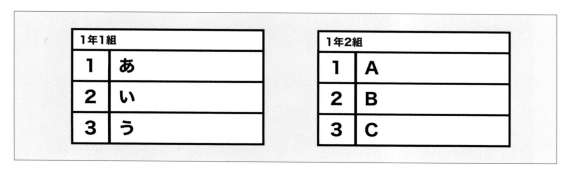

もし「1年1組」に設定されたテキストエディタで、「あ」「い」「う」と書いてHTMLファイルを保存すると、コンピュータには「1」「2」「3」という番号で保存されるイメージです。そして、そのHTMLファイルをもし「1年2組」に設定されたブラウザで開くと、「1年2組」が参照する文字セットの対応表を基に、「1」「2」「3」に対応する「A」「B」「C」が表示されてしまうのです。わかりやすく解説するためにかなり簡略化していますが、これが文字化けの原因です。

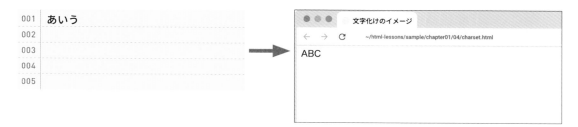

また、「UTF-8」や「Shift_JIS」などが「文字コード」と呼ばれることもありますが、本来「文字コード」という言葉は「文字に割り当てられた番号」を指すため、本書では「文字エンコーディング」という言葉で解説しました。会話の中では「文字コード」という言葉のほうが多く使われている印象があるため、もし「UTF-8」などの文字エンコーディングについて話す場合は「文字コード」を使ってもよいかもしれません。

📖 Keyword

文字コード
各文字に割り当てられた番号のこと。どの番号がどの文字に対応するかを表した対応表（文字セット）や、文字エンコーディングのことを指す場合もある。

　文字化けを防ぐには、テキストエディタの文字エンコーディングとブラウザの文字エンコーディングを揃える必要があります。Web開発に向いているテキストエディタの多くには、文字エンコーディングを設定する項目があります。たとえばVisual Studio Codeの場合は、ウィンドウの右下にあり、初期値は「UTF-8」になっています。

　テキストエディタで文字エンコーディングを設定した上で、使用する文字エンコーディングをブラウザに指示することで文字化けを防ぐことができます。一般的に、ブラウザに文字エンコーディングを指示するには、HTMLにmeta要素（メタ）を記述します。

> 文字化けって、ページが漢字とか記号で埋め尽くされて、正しく表示されてない状態のアレですよね。

> そうそう。文字化けが起きれば、どれだけよいことを書いてもユーザに伝わらないので、コードを書き始める前にテキストエディタの文字エンコーディングをちゃんと確認しようね。

> わかりました！コードを書く前に「UTF-8」になっているか確認します。

> あとは、次で学ぶmeta要素のcharset属性も、しっかり抑えておこうね。

▶ meta要素で文字エンコーディングを指定する

meta要素は、ページのさまざまな情報を設定することができる要素で、head要素内に配置します。

meta要素にはHTML5から^{キャラセット}charset属性という固有属性が登場し、属性値に文字エンコーディングを指定することで、ブラウザにHTMLファイルがどの文字エンコーディングで保存されたのかを教えることができます。

| 使い方 | meta要素を使って文字エンコーディングを指定する方法 |

```
<meta␣charset="文字エンコーディング">
```

※文字エンコーディングは大文字、小文字どちらで指定しても構いません。

| サンプル | meta要素を使って文字エンコーディングを指定した例 |

```
<!DOCTYPE␣html>
<html␣lang="ja">
␣␣<head>
␣␣␣␣<meta␣charset="UTF-8">
␣␣␣␣<title>Dummy␣Cafe␣-␣「いつもの。」が通じる、あなたのカフェ。</title>
␣␣</head>
␣␣<body>
␣␣␣␣Dummy␣Cafeに一度でもご来店頂いたお客様は、次回から「いつもの。」でご注文頂けます。もちろんあなたのお好きな、コーヒーの苦さ、お砂糖やミルクの量もちゃんと把握しています。あなたがDummy␣Cafeにいる間は、「いつもの。」というたったひとつの魔法の言葉で全てが通じる。そんな架空のサービスを提供しています。
␣␣</body>
</html>
```

なお、meta要素は今まで登場してきた要素とは異なり、終了タグを記述しません。今まで登場してきた要素は「ここからここまでが●●」というように範囲を指定して、そこに意味や役割を与えていました。しかしmeta要素は「ここで●●の設定する」という使い方になるため、範囲が無いのです。HTMLでは「ここで」や「ここに」といった範囲が無い要素には終了タグが必要ありません。このように終了タグの存在しない要素のことを「空要素」といいます。

📝 Memo

空要素の書き方は2種類ある

空要素には、2種類の書き方が存在します。かつて、XHTMLというバージョンのルール（XML構文）では、空

| 使い方 | XHTMLとの互換性を保つための空要素の書き方 |

```
<meta␣charset="文字エンコーディング"␣/>
```

要素の開始タグの1番最後に「/（スラッシュ）」を入れることで、終了を同時に表していました。現在でも、このXHTMLのルールで記述してもよいとされています。そのため、現在のHTMLでも空要素のタグの最後に「/（スラッシュ）」がついているHTMLドキュメントがあります。なお、本書では、空要素にスラッシュをつけない書き方で解説しています。

▶ Step❸ 文字エンコーディングを指定してみよう

それでは、実際にmeta要素を使って文字エンコーディングを指定してみましょう。

❶「html-lessons」→「chapter01」フォルダ内にある「index.html」を開く。

❷テキストエディタの文字エンコーディングが「UTF-8」になっていることを確認する。

❸head要素内の先頭に、meta要素を用いて文字エンコーディングを指定する。

設定する項目	設定する値
文字エンコーディング	UTF-8

❹上書き保存する。

❺「html-lessons」→「chapter01」フォルダ内に保存した「index.html」をブラウザのウィンドウ内にドラッグ＆ドロップし、完成イメージのように表示されているかどうかを確認する。

完成イメージ

解答例　complete/chapter01/04/index.html

```
001  <!DOCTYPE html>
002  <html lang="ja">
003    <head>
004      <meta charset="UTF-8">
005      <title>Dummy Kitchen</title>
006    </head>
007    <body>
008      架空の絶品料理レシピサイト
009    </body>
010  </html>
```

このmeta要素は、head要素の中ならどこに置いてもいいんですか？

meta要素自体は、head要素の中であれば、どこに置いてもいいけれど、文字エンコーディングの指定に関しては、HTMLファイルの先頭から1024バイト内に配置するというルールがあるんだ。だから、head要素内の先頭に配置するのがいいよ。

そうなんですね！

それから、新しくHTMLファイルを作る時はテキストエディタの文字エンコーディングが「UTF-8」になっているかを確認してから記述しようね。

はい！確認するようにします！

ここまでの内容は、どのHTMLファイルにも共通して使うことの多いHTMLの全体構造なので、雛形として覚えておいてね。

わかりました。

> 📝 **Memo**

HTMLの雛形

ここまでに紹介した要素は、ほとんどのHTMLファイルに共通して記述する、HTMLの全体構造の要素です。新しくHTMLファイルを作る時には、これらの要素をHTMLの雛形と考え、記述するとよいでしょう。

サンプル HTMLの全体構造の雛形

```
<!DOCTYPE␣html>
<html␣lang="ja">
␣␣<head>
␣␣␣␣<meta␣charset="UTF-8">
␣␣␣␣<title>ページのタイトル</title>
␣␣</head>
␣␣<body>
␣␣␣␣ページの内容
␣␣</body>
</html>
```

1-5 | 要素の配置ルールとカテゴリ

次のチャプターからは、いよいよ body 要素内で使う要素を学習します。その前に、要素の配置ルールについて理解しておきましょう。HTML の各要素は好きな場所に自由に配置できるわけではなく、配置できる場所と、できない場所があります。

▶ Step❶ 要素の配置ルールを知ろう

HTML の各要素には、配置ルールがあります。たとえば、html 要素の場合は、要素の中に head 要素と body 要素を配置できるというルールになっています。このように、HTML を記述する時は「○○要素の中に、△△要素を配置することができるか?」ということを常に意識する必要があります。配置ルールについては、仕様書の各要素のコンテンツ・モデルという項目を見ることで、その要素内に配置可能な要素を調べることができます。

コンテンツ・モデルには内包可能な要素が要素名で指定されている場合もありますが、多くの要素は内包することができる要素を多く持つため、HTML の各要素を分類するカテゴリ名で指定されています。つまり、コンテンツ・モデルに指定されたカテゴリに属している要素であれば、要素内に配置してもよい要素である、ということになります。

▶ 要素のカテゴリ

下記の図が、主にコンテンツ・モデルの指定に使われる7つのカテゴリです。HTML の 100 種類以上の要素が、これら7つのカテゴリに分類されています。多くの要素は複数のカテゴリに属していますが、どのカテゴリにも属さない要素もあります。現時点では、どの要素がどのカテゴリに属しているかを覚えておく必要はありません。本書で紹介する要素に関しては、その要素のコンテンツ・モデルも併せて紹介しますが、今の時点では、こんなカテゴリがあるということをさらっと知っておいてもらえれば大丈夫です。これから新しい要素を知っていく中で、学習してもらえたらと思います。

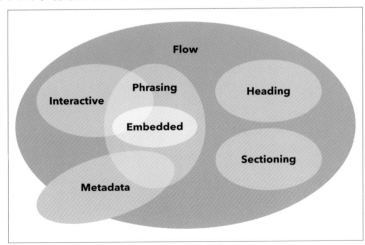

■ Metadata content（メタデータ・コンテンツ）

ページの情報を指定する要素などが分類されている。要素内容は、基本的には画面に表示されない。

```
base,link,meta,noscript,script,style,template,title
```

■ Flow content（フロー・コンテンツ）

body要素の中で使うほとんどの要素が分類されている。

```
a,abbr,address,area(map要素の子孫の場合),article,aside,audio,b,
bdi,bdo,blockquote,br,button,canvas,cite,code,data,datalist,
del,details,dfn,dialog,div,dl,em,embed,fieldset,figure,footer,
form,h1,h2,h3,h4,h5,h6,header,hgroup,hr,i,iframe,img,input,
ins,kbd,label,link(body要素内の利用が許可されている場合),main(階層的に正
しいmain要素であれば),map,mark,math,menu,meta(itemprop属性がある場合)
,meter,nav,noscript,object,ol,output,p,picture,pre,
progress,q,ruby,s,samp,script,section,select,slot,small,span,
strong,sub,sup,svg,table,template,textarea,time,u,ul,var,
video,wbr,自律型カスタム要素,テキスト
```

■ Sectioning content（セクショニング・コンテンツ）

章・節・項などのように話題の範囲を示す要素が分類されている。

```
article,aside,nav,section
```

■ Heading content（ヘディング・コンテンツ）

見出しを示す要素が分類されている。

```
h1,h2,h3,h4,h5,h6,hgroup(子孫にh1-h6要素がある場合)
```

■ Phrasing content（フレージング・コンテンツ）

主に段落内のテキストに意味や役割を与える要素が分類されている。

```
a,abbr,area(map要素の子孫の場合),audio,b,bdi,bdo,br,button,canvas
,cite,code,data,datalist,del,dfn,em,embed,i,iframe,img,input,
ins,kbd,label,link(body要素内の利用が許可されている場合),map,mark,
math,meta(itemprop属性がある場合),meter,noscript,object,output,
picture,progress,q,ruby,s,samp,script,select,slot,small,span,
```

```
strong,sub,sup,svg,template, textarea,time,u,var,video,wbr,
自律型カスタム要素 , テキスト
```

■ Embedded content（エンベッディッド・コンテンツ）

外部のファイルや、HTML 以外の言語で生成されたコンテンツを埋め込む要素が分類されている。

```
audio,canvas,embed,iframe,img,math,object,picture,svg,video
```

■ Interactive content（インタラクティブ・コンテンツ）

ユーザが何かしらの操作（クリックなど）をすることができる要素が分類されている。

```
a(href属性がある場合),audio(controls 属性がある場合),button,details,em
bed,iframe,img(usemap 属性がある場合),input(type 属性が hidden 状態でな
い場合),label,select,textarea,video(controls 属性がある場合)
```

このほかにも「パルパブル・コンテンツ」や「スクリプトサポーティング要素」などのカテゴリもありますが、まずは上記の 7 個のカテゴリを知っておけばよいでしょう。

▶ Step❷ 要素のコンテンツ・モデルの調べ方を知ろう

要素のコンテンツ・モデルを調べる 1 番確実な方法は、HTML の仕様書を確認することです。仕様書にアクセスすると、各要素への目次があります。そこから、調べたい要素の項目に移動しましょう。そこに「Content model（コンテンツ・モデル）」の項目があり、要素の中に配置可能な要素を確認することができます。たとえば p 要素の中に配置できる要素については、以下のページに記載されています。

参照

HTML Standard - 4.4.1 The p element

https://html.spec.whatwg.org/multipage/grouping-content.html#the-p-element

このページの「Content model」の箇所を見ると、p 要素のコンテンツ・モデルが「Phrasing content（フレージング・コンテンツ）」であることが確認できます。したがって、p 要素の中には「Phrasing content（フレージング・コンテンツ）」というカテゴリに分類されている a 要素や、em 要素などが配置可能で、「Phrasing content（フレージング・コンテンツ）」というカテゴリに分類されていない h1 要素などは配置できないということがわかります。

仕様書は英語で書かれているし、難しい言葉が登場しますね。

たしかに難しく感じるよね。その場合は「要素名 コンテンツモデル」などで調べてみたり、タグ辞典サイトを活用するのもよいかもね。ただ、現在のHTMLは日々仕様がアップデートされているので、その情報が最新かどうかは、よく確認するようにしようね。

わかりました！

▶ Step❸ 要素内に配置できる要素を調べてみよう

それでは、要素内に配置できる要素（コンテンツ・モデル）を実際に調べてみましょう。

❶下記のURLにアクセスし、HTMLの仕様書を開く。

https://html.spec.whatwg.org/multipage/

❷下記の要素のコンテンツ・モデルを調べる。

調べる要素	h1 要素

どう？調べられた？

はい。h1要素のコンテンツ・モデルは「Phrasing content（フレージング・コンテンツ）」でした。つまり「Phrasing content（フレージング・コンテンツ）」というカテゴリに属している要素であれば、h1要素内に配置してもよいということですね？

正解！

よかった！でもやっぱり仕様書って難しいな……

確かに最初のうちはそうかもしれないね。今は、知らない要素を使う必要が出てきたら、その都度調べるだけで十分だよ。

そうします。そもそもカテゴリが多すぎて覚えきれないし、そのカテゴリに属している要素は、もっと覚えられないです。

今は覚える必要はないよ。よく使う要素は使っていくうちに自然に覚えるものなので、暗記しようとしなくていいからね。

章末練習問題

CHAPTER 1 の理解度をチェック!

問 下記の問題を解いてこのチャプターの理解度をチェックしましょう。

1. 「html-lessons」→「chapter01」→「training」フォルダ内に下記のファイル名で新規ファイルを作成する。

ファイル名	index.html

2. HTMLファイルの冒頭にブラウザが互換モードで表示しないように、DOCTYPEを記述する。

3. HTMLの全体構造の要素（html要素、head要素、body要素、title要素）を記述する。

4. 適切な要素を用いて下記の文字エンコーディングを指定する。

文字エンコーディング	UTF-8

5. ページのタイトルを下記の文字列にする。

タイトルの文字列	Dummy Creations ｜ 架空サイトを作る架空のWeb制作会社

6. ページの本文を下記の文字列にする。

本文の文字列	Dummy Creations 私たちは架空サイトを作ることに、命を燃やすプロ集団です。

テキストエディタでコードを記述できたら、HTMLファイルを、ブラウザにドラッグ＆ドロップしてみよう!

はい！

完成イメージ

○○○ Dummy Creations | 架空サイトを作る架空のWeb制作会社

← → C ~/html-lessons/complete/chapter01/training/index.html

Dummy Creations 私たちは架空サイトを作ることに、命を燃やすプロ集団です。

解答例 complete/chapter01/training/index.html

```
001  <!DOCTYPE␣html>       ①
002  <html␣lang="ja">      ②
003  ␣␣<head>              ④
004  ␣␣␣␣<meta␣charset="UTF-8">   ⑥
005  ␣␣␣␣<title>Dummy␣Creations␣|␣架空サイトを作る架空のWeb制作会社</title>  ⑦
006  ␣␣</head>             ④
007  ␣␣<body>              ⑤
008  ␣␣␣␣Dummy␣Creations                          ⑧
009  ␣␣␣␣私たちは架空サイトを作ることに、命を燃やすプロ集団です。
010  ␣␣</body>             ⑤
011  </html>              ②
```
③

冒頭には、ブラウザが互換モードで表示しないように<!DOCTYPE html>を記述します①。DOCTYPEの下にhtml要素を配置し②、ほかのすべての要素はこのhtml要素の中に配置します③。html要素の中は、head要素④とbody要素⑤で構成しています。head要素の中にはmeta要素を使ってドキュメントの文字エンコーディングを指定し⑥、title要素を使ってページのタイトルを配置します⑦。ブラウザに表示する文章などのコンテンツは、すべてbody要素の中に配置します⑧。

うまくできました！

よかったね。この、基本的な記述は、どのHTMLファイルにも共通する雛型のようなものなので、忘れずに覚えておこうね。

はい！

それから、このあとの章末練習問題でも、問題のHTMLを書き終えたら、ブラウザでの表示を確認するようにしてね。

CodeHeroでタグを調べてみよう

　筆者が運営している「Shibajuku」には、プロジェクトの一環としてメンバーが制作した、HTML タグ辞典「CodeHero」というサイトがあります。「CodeHero」では、Shibajuku のメンバーが HTML の要素を勉強した際のアウトプットの場として、要素の解説記事を投稿しています。すべての要素のページがあるわけではありませんが、初学者目線の言葉で要素を解説していますので、こちらも併せてご活用いただけたらと思います。

リンク

CodeHero

https://codehero.shibajuku.net/

2

テキストやリストを
マークアップしよう

ここでは、HTML文書の見出しや段落をマークアップしたり、改行や強調をすることで文章に意味をつけ加える方法を学習しましょう。著作権表記のようなサイドコメントを表す要素や、文章内で「&」「< >」などの特殊な文字、時刻を表示したい時に必要な要素も学びます。また、箇条書きやリストの作り方も学びます。

● このチャプターのゴール

このチャプターからは、body要素の中で利用する要素を学習していきます。まずはWebページの中でよく利用するテキスト関連の要素や、リスト関連の要素を学習しましょう。

▶ 完成イメージを確認

Dummy Creations | 架空サイトを作る架空のWeb制作会社

~/html-lessons/complete/chapter02/training/index.html

Dummy Creations

私たちは*架空サイトを作る*ことに、命を燃やすプロ集団です。

制作実績

Dummy Kitchen様

架空の料理レシピサイトである、Dummy Kitchen様のWebサイトを制作させて頂きました。

担当

- ディレクション
- デザイン
- コーディング

Dummy Cafe様

架空のカフェ、Dummy Cafe様のWebサイトを制作させて頂きました。

担当

- ディレクション
- デザイン
- コーディング

会社情報

会社名
    架空会社 Dummy Creations
設立日
    2021年4月1日
代表
    架空 太郎
事業内容
    架空のWebサイト制作事業

© 2021 Dummy Creations

▶ このチャプターで学習する要素

要素名	意味・役割	カテゴリ	コンテンツ・モデル
h1~h6	見出しを表す	フロー・コンテンツ ヘディング・コンテンツ	フレージング・コンテンツ
P	段落を表す	フロー・コンテンツ	フレージング・コンテンツ
br	改行を表す	フロー・コンテンツ フレージング・コンテンツ	なし（空要素）
em	強調を表す	フロー・コンテンツ フレージング・コンテンツ	フレージング・コンテンツ
strong	重要性や深刻さ、緊急性を表す	フロー・コンテンツ フレージング・コンテンツ	フレージング・コンテンツ
small	著作権表記や免責などのサイドコメントを表す	フロー・コンテンツ フレージング・コンテンツ	フレージング・コンテンツ
time	日時を表す	フロー・コンテンツ フレージング・コンテンツ	datetime属性を指定した場合はフレージング・コンテンツ。そうでなければ、あらかじめ定められたフォートマットに沿った日時のテキスト
li	リスト項目を表す	なし	フロー・コンテンツ
ul	順不同リストを表す	フロー・コンテンツ	0個以上のli要素と スクリプトサポーティング要素
ol	番号順リストを表す	フロー・コンテンツ	0個以上のli要素と スクリプトサポーティング要素
dl	説明リストを表す	フロー・コンテンツ	以下のいずれか ・1つ以上のdt要素とそれに続く1つ以上のdd要素のグループ（任意でスクリプトサポーティング要素を含む）が0個以上 ・1つ以上のdiv要素（任意でスクリプトサポーティング要素を含む）
dt	説明リストの項目名を表す	なし	フロー・コンテンツ ただし、子孫にheader要素、footer要素、セクショニング・コンテンツの要素、ヘディング・コンテンツの要素は配置不可
dd	説明リストの説明や定義、または値を表す	なし	フロー・コンテンツ

2-1 | 見出しを表す

わかりやすいコンテンツを作るためには、見出しを使って話題を整理することが重要です。HTMLの見出しを表す要素と、その使い方を学習しましょう。

▶ Step❶ 見出しを表す要素を知ろう

Webページの見出しは、h1〜h6要素で表します。「h」はheading（ヘディング）という意味で、h1、h2、h3、h4、h5、h6の6つの要素を、話題の階層によって使い分けます。もっとも上位の階層の見出しがh1要素、もっとも下位の階層の見出しがh6要素になります。本書では、これらh1〜h6要素の総称として「hn要素」（n:numberの意味）と記述します。

📖 Keyword

h1〜h6要素

●意味・役割
headingの意味で、見出しを表す。

●カテゴリ
フロー・コンテンツ
ヘディング・コンテンツ

●コンテンツ・モデル（内包可能な要素）
フレージング・コンテンツ

●利用できる属性
グローバル属性

左ページのデザインで、「Dummy kitchen」のロゴ画像がhn要素でマークアップされていました。これも見出しの扱いになるのですか？

ロゴであれば、すべて見出しになるわけではないよ。ただ、Webサイトのトップページでは、一般的に、ページの冒頭に配置されているサイト名をh1要素でマークアップすることが多いよ。Step1の画像では、サイト名がロゴに含まれているよね。

単にロゴだからではなく、サイト名として使われているロゴだからh1にしていたんですね。

▶ Step❷ hn要素の使い方を知ろう

　hn要素は、見出しとなる箇所を`<hn>`と`</hn>`で挟みます。「大見出し」「中見出し」「小見出し」のように、話題の階層に合わせてh1〜h6要素を使い分けてマークアップします。

使い方 ｜ hn要素の使い方

```
<h1>1階層目の見出し</h1>
<h2>2階層目の見出し</h2>
<h3>3階層目の見出し</h3>
<h4>4階層目の見出し</h4>
<h5>5階層目の見出し</h5>
<h6>6階層目の見出し</h6>
```

　なお、hn要素のコンテンツ・モデルはフレージング・コンテンツです。hn要素の中にほかの要素を配置する場合は、その要素がフレージング・コンテンツというカテゴリに属しているかどうかを確認してください。

サンプル 階層構造を意識したhn要素の例

```
<body>
  <h1>コーヒーを選ぶ</h1>
  <p>お好きな飲み方やお好きなコーヒー豆から本日の最高の一杯をお選び下さい。</p>

  <h2>飲み方から選ぶ</h2>
  <p>コーヒーの抽出方法別にメニューをお選び頂けます。</p>

  <h3>エスプレッソ</h3>
  <p>圧力をかけてコーヒーを抽出する方法で濃厚な味わいです。</p>

  <h4>カフェラテ</h4>
  <p>エスプレッソのコーヒーにスチームで温めたミルクをたっぷり加えたコーヒーです。</p>

  <h4>カプチーノ</h4>
  <p>カフェラテよりもミルクの泡が多く味わいが濃いコーヒーです。</p>

    ... 省略

  <h3>ドリップ</h3>
    ... 省略

  <h2>コーヒー豆から選ぶ</h2>
    ... 省略
</body>
```

コーヒーを選ぶ

お好きな飲み方やお好きなコーヒー豆から本日の最高の一杯をお選び下さい。

飲み方から選ぶ

コーヒーの抽出方法別にメニューをお選び頂けます。

エスプレッソ

圧力をかけてコーヒーを抽出する方法で濃厚な味わいです。

カフェラテ

エスプレッソのコーヒーにスチームで温めたミルクをたっぷり加えたコーヒーです。

カプチーノ

カフェラテよりもミルクの泡が多く味わいが濃いコーヒーです。

... 省略

ドリップ

... 省略

コーヒー豆から選ぶ

... 省略

　上記のサンプルは、カフェのサイトの「コーヒーを選ぶ」というページを想定した例です。「コーヒーを選ぶ」という、ページのタイトルと同等の見出しをh1要素にし、そのサブセクションである「飲み方から選ぶ」や「コーヒー豆から選ぶ」という見出しをそれぞれh2要素にしています。そして、そのサブセクションの中は、コーヒーの抽出方法別に話題が分かれています。したがって「エスプレッソ」と「ドリップ」というコーヒーの抽出方法をそれぞれh3要素にし、さらにその中の各コーヒーのメニュー名をh4要素にしました。

　このように、話題の階層に合わせて見出しの数字を使い分けてタグをつけることで、視覚だけではなく機械を通して見ているユーザに対しても、次のページのような階層（アウトライン）になっていることを伝えることができます。

```
h1 コーヒーを選ぶ
    └─ h2 飲み方から選ぶ
          └─ h3 エスプレッソ
                └─ h4 カフェラテ
                └─ h4 カプチーノ
          └─ h3 ドリップ
    └─ h2 コーヒー豆から選ぶ
```

📝 **Memo**

文字サイズの変更はCSSで行う
h1～h6要素を使用すると、通常見出しのレベルに応じて文字サイズが大きくなります。しかし、hn要素は文字の大きさを変えるための要素ではありません。文字サイズの大きさを変える目的ではhn要素を使用してはいけません。Webサイト上の見た目を変更する場合は、CSSを使って定義します。

見出しの要素は、先ほどのサンプルのように話題の階層を意識してh1要素からh6要素までを使い分けるよ。

なるほど！話題の階層を意識するんですね。私はカプチーノが1番好きなので、カプチーノをh1要素にして、その次にカフェラテが好きなのでカフェラテをh2要素にしようとしていました。

君の好きなコーヒーランキングは知らないけれど、そんなふうにマークアップしたら話題の階層が正しく解釈されないよ。基本的には話題の階層に合わせて、見出しの数字をきちんと使い分けておいたほうがいいよ。

カプチーノおいしいのに！

話題の階層の話は少しややこしいのだけれど、SECTION5-2の「アウトラインを意識する」（330ページ）で、詳しく説明するね。

わかりました。

それでは、実際にhn要素を使ってみましょう。

❶「html-lessons」→「chapter02」フォルダ内にある「index.html」をテキストエディタで開く。

❷ファイルの中の文章をよく読み、見出しであると考えられる部分をhn要素としてマークアップする。

❸上書き保存する。

❹「html-lessons」→「chapter02」フォルダ内に保存した「index.html」をブラウザのウィンドウ内にドラッグ＆ドロップし、完成イメージのように表示されているかどうかを確認する。

完成イメージ

Dummy Kitchen | 架空の絶品料理レシピサイト

~/html-lessons/complete/chapter02/01/index.html

Dummy Kitchen

架空の絶品料理レシピサイト

Pick Up

絶対に失敗しない架空のからあげ

生姜&ニンニクをたっぷり使い下味をしっかりつけた鶏もも肉のからあげです。2度揚げすることで外はカリッと中はジューシーでビールとの相性もバッチリですよ。

ごはんが進むイカと大葉のバター醤油炒め

ぷりぷりのイカに大葉がアクセントになって、ごはんが何杯でも食べられる逸品です！お弁当に入れても、おつまみとしてもその役割を全うします。

新着の絶品架空レシピ

最近投稿された絶品レシピをご紹介。

名店の味を再現！自宅で作る究極のTKG

架空のたまごかけご飯専門店「だみぃ屋」さんのTKGを家庭で再現してみました。隠し味のごま油がワンランク上のTKGに仕上げてくれます。 当サイトのレシピは全て架空のレシピのため味の保証は致しません。 © 2022 Dummy Kitchen

```
007  <body>
008    <h1>Dummy␣Kitchen</h1>
009    架空の絶品料理レシピサイト
010
011    <h2>Pick␣Up</h2>
012
013    <h3>絶対に失敗しない架空のからあげ</h3>
014    生姜＆ニンニクをたっぷり使い下味をしっかりつけた鶏もも肉のからあげです。2度揚げすることで外
       はカリッと中はジューシーでビールとの相性もバッチリですよ。
015
016    <h3>ごはんが進むイカと大葉のバター醤油炒め</h3>
017    ぷりぷりのイカに大葉がアクセントになって、ごはんが何杯でも食べられる逸品です！お弁当に入れて
       も、おつまみとしてもその役割を全うします。
018
019    <h2>新着の絶品架空レシピ</h2>
020    最近投稿された絶品レシピをご紹介。
021
022    <h3>名店の味を再現！自宅で作る究極のTKG</h3>
023    架空のたまごかけご飯専門店「だみい屋」さんのTKGを家庭で再現してみました。隠し味のごま油がワン
       ランク上のTKGに仕上げてくれます。
024
025    当サイトのレシピは全て架空のレシピのため味の保証は致しません。
026
027    ©␣2022␣Dummy␣Kitchen
028  </body>
```

どうだった？

余裕でした。ただ「新着の絶品架空レシピ」の文字サイズが大きいなと思ったので、h4要素にしちゃいました。

それはよくないよ。

ええっ！なんでですか？

「新着の絶品架空レシピ」をh4要素にするのなら、その前にある「ごはんが進むイカと大葉のバター醤油炒め」というh3要素の見出しがついてる話題のサブセクションだということになってしまうよ。構造的にどうかな？

サブセクションではないです！

そう。ここは、「ごはんが進むイカと大葉のバター醤油炒め」のサブセクションでも、「Pick Up」のサブセクションでもなくて、「新着の絶品架空レシピ」という新しい話題だよね。そう考えると、h2要素のほうが適切だと思わない？

確かに……文字の大きさではなく、あくまで話題の階層を意識するためのhn要素なのですね。

そう！

じゃあ、「当サイトのレシピは全て架空のレシピのため味の保証は致しません。」や「© 2022 Dummy Kitchen」は、「名店の味を再現！自宅で作る究極のTKG」という見出しの下にあるから、このTKGのレシピに対する文章ということになるのですか？

そう捉えられてもおかしくないね。

えっ！それは困るなあ。

そうだよね。だからHTML5からは、話題の範囲を明示的に表す「セクショニング・コンテンツ」というカテゴリの要素が追加されたんだ。これを使えば話題の範囲をはっきりと表せるから、どこまでがその見出しの話題なのか、わかりやすく伝えられるよ。このセクショニング・コンテンツの要素は、SECTION5-1の「セクショニングに関する要素」（318ページ）で紹介するね。

わかりました！でも……

なに？

ど〜しても「新着の絶品架空レシピ」の文字のサイズが大きいのが気になるんですよね。なんとかして、もっと小さく表示させられませんか？

それはCSSの役割だよ。視覚的な表現はCSSでやろう。HTMLでは、あくまでも文章に意味や役割を持たせて、どんなユーザにも同じように情報を伝達するためにマークアップするんだよ。

◉ *SECTION*

2-2 | 段落を表す

テキスト関連の要素の中でもっとも使うであろう、段落を表す要素を学習しましょう。段落を表す要素は、論理的な段落だけではなく、構造的な文のまとまりにも使用することができます。

▶ Step❶ 段落を表す要素を知ろう

段落は、paragraph（パラグラフ）という意味の、p要素を使って表します。Webサイト上のほとんどの説明文や概要文は、このp要素でマークアップします。段落と聞くと長い文章をイメージするかもしれませんが、HTMLでは一言レベルの文章であっても、このp要素でマークアップして問題ありません。

Keyword

p要素

●意味
paragraph（パラグラフ）の意味で、段落を表す。

●カテゴリ
フロー・コンテンツ

●コンテンツ・モデル（内包可能な要素）
フレージング・コンテンツ

●利用できる属性
グローバル属性

たった一言の文章でも、p要素でマークアップできるのですね。

一般的な段落のイメージとは異なるよね。p要素は、もちろん文章の段落にも使えるし、単語レベルのものにも使えるよ。

さまざまな種類の文を囲める要素なんですね。

▶ Step❷ p要素の使い方を知ろう

p要素は、Webページ上の段落、概要文や説明文などを <p>〜</p> で挟みます。

使い方 ┊ p要素の使い方

```
<p> 説明文や概要文などの段落 </p>
```

なお、p要素のコンテンツ・モデルはフレージング・コンテンツのため、p要素の中にほかの要素を配置する場合は、その要素がフレージング・コンテンツというカテゴリに属しているかどうかを確認してください。

サンプル p要素の例

<p>Dummy␣Cafeに一度でもご来店頂いたお客様は、次回から「いつもの。」でご注文頂けます。もちろんあなたのお好きな、コーヒーの苦さ、お砂糖やミルクの量もちゃんと把握しています。あなたがDummy␣Cafeにいる間は、「いつもの。」というたったひとつの魔法の言葉で全てが通じる。そんな架空のサービスを提供しています。</p>

```
● ● ●      Dummy Cafe - 「いつもの。」 が通じる、あなたのカフェ。
←  →  C       ~/html-lessons/sample/chapter02/02/index.html

Dummy Cafeに一度でもご来店頂いたお客様は、次回から 「いつもの。」 でご注文頂けます。 もちろんあなたのお好きな、コーヒーの苦さ、お砂糖やミルクの量もちゃんと把握しています。 あなたがDummy Cafeにいる間は、 「いつもの。」 というたったひとつの魔法の言葉で全てが通じる。そんな架空のサービスを提供しています。
```

p要素は、Webページ上の段落ごとに使うよ。

やっぱり、段落っていうのがいまいちピンとこないなあ。

段落というと普通は文章の塊を想像するかもしれないけれど、HTMLでは、住所や著作権表記やボタン、時には画像なども、このp要素でマークアップできるよ。

なるほど。でも、なにかp要素を使う基準があるとわかりやすいのですが……

そうだね。判断は人それぞれになるけど、僕の場合は、見出しでもリストでも表でもない文章であり、ほかに適切な意味や役割を持つ要素が無い場合は、p要素でマークアップするかな。

自由度が高い要素ですね。

また、一般的なブラウザでp要素を表示すると、段落間（p要素の上下）にスペースがあくよ。確認してみてね。

> **📝 Memo**
>
> 段落と聞くと、長い文章を想定するかもしれませんが、HTMLのp要素は論理的な段落だけではなく、構造的な文のまとまりにも利用できます。したがって、ほかに適切な要素が無いような文のまとまりは、p要素でマークアップして問題ありません。
>
> サンプル　文のまとまりをp要素で表した例
> ```
> <p>名前:␣架空␣太郎</p>
> ```
>
> ただし、文に対して、p要素よりも適切な要素がある場合は、そちらを使いましょう。たとえば、下記のサンプルを見てください。
>
> サンプル　文のまとまりをp要素で表した例
> ```
> <p>Dummy␣Cafeの歴史</p>
> ```
>
> 上記は、ルール上は問題ありません。しかし、もしもこの文に対し、ページのタイトルのような役割を持たせたい場合は、下記のように、h1要素でマークアップするほうが適しているといえます。
>
> サンプル　文のまとまりをh1要素で表した例
> ```
> <h1>Dummy␣Cafeの歴史</h1>
> ```
>
> また、p要素の中に梱包できる要素は「フレージング・コンテンツ」になるので、p要素の中にh1要素を配置することはできません。注意しましょう。
>
> サンプル　p要素の中にh1要素を配置している間違った例
> ```
> <p><h1>Dummy␣Cafeの歴史</h1></p>
> ```
>
> p要素には、h1などの要素が後に続く場合、その手前で終了タグが記述されたものとして要素が閉じられる性質があります。そのため、p要素の中にh1要素を入れたとしても、ブラウザはp要素がh1要素を囲んでいるという解釈をしないのです。つまり、ブラウザは上記の例を以下のように解釈するため、p要素を記述する必要が無いのです。
>
> サンプル　上記の例のブラウザによる解釈
> ```
> <p></p>
> <h1>Dummy␣Cafeの歴史</h1>
> <p></p>
> ```

　それでは、実際にp要素を使ってみましょう。

❶「html-lessons」→「chapter02」フォルダ内にある「index.html」をテキストエディタで開く。

❷ファイルの中にある文章をよく読み、段落であると考えられる部分をp要素としてマークアップする。

❸上書き保存する。

❹「html-lessons」→「chapter02」フォルダ内に保存した「index.html」をブラウザのウィンドウ内にドラッグ＆ドロップし、完成イメージのように表示されているかどうかを確認する。

完成イメージ

Dummy Kitchen | 架空の絶品料理レシピサイト

~/html-lessons/complete/chapter02/02/index.html

Dummy Kitchen

架空の絶品料理レシピサイト

Pick Up

絶対に失敗しない架空のからあげ

生姜&ニンニクをたっぷり使い下味をしっかりつけた鶏もも肉のからあげです。2度揚げすることで外はカリッと中はジューシーでビールとの相性もバッチリですよ。

ごはんが進むイカと大葉のバター醤油炒め

ぷりぷりのイカに大葉がアクセントになって、ごはんが何杯でも食べられる逸品です！お弁当に入れても、おつまみとしてもその役割を全うします。

新着の絶品架空レシピ

最近投稿された絶品レシピをご紹介。

名店の味を再現！自宅で作る究極のTKG

架空のたまごかけご飯専門店「だみい屋」さんのTKGを家庭で再現してみました。隠し味のごま油がワンランク上のTKGに仕上げてくれます。

当サイトのレシピは全て架空のレシピのため味の保証は致しません。

© 2022 Dummy Kitchen

```
007 <body>
008 ␣␣<h1>Dummy␣Kitchen</h1>
009 ␣␣<p>架空の絶品料理レシピサイト</p>
010
011 ␣␣<h2>Pick␣Up</h2>
012
013 ␣␣<h3>絶対に失敗しない架空のからあげ</h3>
014 ␣␣<p>生姜＆ニンニクをたっぷり使い下味をしっかりつけた鶏もも肉のからあげです。2度揚げすること
    で外はカリッと中はジューシーでビールとの相性もバッチリですよ。</p>
015
016 ␣␣<h3>ごはんが進むイカと大葉のバター醤油炒め</h3>
017 ␣␣<p>ぷりぷりのイカに大葉がアクセントになって、ごはんが何杯でも食べられる逸品です！お弁当に入
    れても、おつまみとしてもその役割を全うします。</p>
018
019 ␣␣<h2>新着の絶品架空レシピ</h2>
020 ␣␣<p>最近投稿された絶品レシピをご紹介。</p>
021
022 ␣␣<h3>名店の味を再現！自宅で作る究極のTKG</h3>
023 ␣␣<p>架空のたまごかけご飯専門店「だみい屋」さんのTKGを家庭で再現してみました。隠し味のごま油
    がワンランク上のTKGに仕上げてくれます。</p>
024
025 ␣␣<p>当サイトのレシピは全て架空のレシピのため味の保証は致しません。</p>
026
027 ␣␣<p>©␣2022␣Dummy␣Kitchen</p>
028 </body>
```

どう？ちゃんとできたかな？

はい！

ちゃんとできていれば、各段落ごとに上下にスペースが空くはずだよ。

ほんとうだ！……ということは、スペースを空けたい箇所があったらp要素を使えばよいのです
か？

いや。p要素はあくまで段落であることを表す要素なので、スペースを空けるために使う要素で
はないよ。

そうなのですか。

文章と文章の間に視覚的なスペースを空けたい場合は、CSSを使って調整するよ。HTMLを使っ
てページの見た目を変えようとしない。これはいつも念頭に置いておいてね。

2-3 | 特殊な記述が必要な文字

タグに使う「<」や「>」のように、すでに役割を持っている記号をHTMLの中で使いたい時は、特殊な記述を用いて表示する必要があります。

▶ Step❶ 特殊な記述が必要な文字を知ろう

HTMLには、直接入力すると正しく表示されない可能性がある文字や記号があります。たとえば「<」や、「>」などです。これらの記号は、HTMLのタグに使う記号であるため、直接入力するとタグとして認識されてしまうことがあるのです。このように、HTMLの中で何らかの役割を持っている記号は、「文字参照」という特殊な記述を行うことで表示させることができます。

▶ Step❷ 文字参照の使い方を知ろう

　文字参照には「名前つき文字参照」と「数値文字参照」の2つの形式があり、どちらも「＆○○；」の書式で記述します。○○の部分には、「名前つき文字参照」の場合は表示させたい文字を参照するキーワードが、「数値文字参照」の場合は「＃」と数字（16進数表記の場合はアルファベットが入ることもある）が入ります。

使い方	文字参照の使い方

```
＆○○；
```

●よく利用される文字参照

表示させる文字	名前付き文字参照	数値文字参照
<	&lt;	&#60;
>	&gt;	&#62;
&	&amp;	&#38;
"	&quot;	&#34;

　上記は、HTMLの中で役割を持っている代表的な4つの記号になります。これらをHTML上で文字として表示したい場合は、文字参照に置き換える必要があります。

サンプル	名前つき文字参照を使った例

```
<p>極細挽き ＆gt； 細挽き ＆gt； 中細挽き ＆gt； 中挽き ＆gt； 粗挽きの順に苦味が強いです。</p>
```

● ● ●	コーヒー豆の挽き方による味の違い	コラム	Dummy Cafe
← → C	~/html-lessons/sample/chapter02/text/03/index01.html

極細挽き > 細挽き > 中細挽き > 中挽き > 粗挽き の順に苦味が強いです。

参照を使わずに、特殊な文字をそのまま記述するとどうなるんですか？

たとえば「<」や「>」は、文字列ではなくタグとして認識されてしまうかもしれないね。

また、「©」などの記号は、基本的に「UTF-8」の環境であればそのまま入力しても表示されますが、キーボードからの入力では変換の手間がかかります。こうした入力の面倒な記号や文字も、文字参照を使うことで簡単に表示できます。

表示文字	名前つき文字参照	数値文字参照
©	&copy;	&#169;
®	&reg;	&#174;
TM	&trade;	&#8482;

サンプル ©を名前つき文字参照で表示した例

```
<p>&copy;_2022_Dummy_Cafe</p>
```

```
Dummy Cafe - 「いつもの。」が通じる、あなたのカフェ。
← → C   ~/html-lessons/sample/chapter02/text/03/index02.html

© 2022 Dummy Cafe
```

このほかにもたくさんの文字参照がありますので、必要に応じて調べて利用してもらえればと思います。

参照 HTML Standard - 13.5 Named character references
https://html.spec.whatwg.org/multipage/named-characters.html

「名前つき文字参照」と「数値文字参照」は、どちらを利用してもいいんですか？

どちらを利用してもいいけれど、「名前つき文字参照」のほうが英単語の略になっているので覚えやすいよ。たとえば「>」は、大なりという意味の「greater than」の略で、「<」は、小なりという意味の「less than」の略なんだ。

どちらを使ったからといって、違いはないのですね？

一般的には「名前つき文字参照」が利用できる文字に関しては、「名前つき文字参照」を使う人のほうが多い印象だよ。

では、基本は「名前つき文字参照」を使うようにします。

それでは、実際に文字参照を使ってみましょう。

❶「html-lessons」→「chapter02」フォルダ内にある「index.html」をテキストエディタで開く。

❷ファイルの中にある「&」や「©」を文字参照に変更する。

❸上書き保存する。

❹「html-lessons」→「chapter02」フォルダ内に保存した「index.html」をブラウザのウィンドウ内にドラッグ＆ドロップし、完成イメージのように「&」や「©」が正しく表示されているかをどうかを確認する。

完成イメージ

● ● ●　　Dummy Kitchen | 架空の絶品料理レシピサイト

← → C　　~/html-lessons/complete/chapter02/03/index.html

Dummy Kitchen

架空の絶品料理レシピサイト

Pick Up

絶対に失敗しない架空のからあげ

生姜&ニンニクをたっぷり使い下味をしっかりつけた鶏もも肉のからあげです。2度揚げすることで外はカリッと中はジューシーでビールとの相性もバッチリですよ。

ごはんが進むイカと大葉のバター醤油炒め

ぷりぷりのイカに大葉がアクセントになって、ごはんが何杯でも食べられる逸品です！お弁当に入れても、おつまみとしてもその役割を全うします。

新着の絶品架空レシピ

最近投稿された絶品レシピをご紹介。

名店の味を再現！自宅で作る究極のTKG

架空のたまごかけご飯専門店「だみぃ屋」さんのTKGを家庭で再現してみました。隠し味のごま油がワンランク上のTKGに仕上げてくれます。

当サイトのレシピは全て架空のレシピのため味の保証は致しません。

© 2022 Dummy Kitchen

```
007 <body>
008 ␣␣<h1>Dummy␣Kitchen</h1>
009 ␣␣<p>架空の絶品料理レシピサイト</p>
010
011 ␣␣<h2>Pick␣Up</h2>
012
013 ␣␣<h3>絶対に失敗しない架空のからあげ</h3>
014 ␣␣<p>生姜&amp;ニンニクをたっぷり使い下味をしっかりつけた鶏もも肉のからあげです。2度揚げする
    ことで外はカリッと中はジューシーでビールとの相性もバッチリですよ。</p>
015
016 ␣␣<h3>ごはんが進むイカと大葉のバター醤油炒め</h3>
017 ␣␣<p>ぷりぷりのイカに大葉がアクセントになって、ごはんが何杯でも食べられる逸品です！お弁当に入
    れても、おつまみとしてもその役割を全うします。</p>
018
019 ␣␣<h2>新着の絶品架空レシピ</h2>
020 ␣␣<p>最近投稿された絶品レシピをご紹介。</p>
021
022 ␣␣<h3>名店の味を再現！自宅で作る究極のTKG</h3>
023 ␣␣<p>架空のたまごかけご飯専門店「だみい屋」さんのTKGを家庭で再現してみました。隠し味のごま油
    がワンランク上のTKGに仕上げてくれます。</p>
024
025 ␣␣<p>当サイトのレシピは全て架空のレシピのため味の保証は致しません。</p>
026
027 ␣␣<p>&copy;␣2022␣Dummy␣Kitchen</p>
028 </body>
```

どうだった？

しっかり文字参照できました。「<」や「>」はタグで使うため、参照が必要だということが理解できましたが、「&」や「"」なども文字参照したほうがいいんですか？

「&」は文字参照の書式の最初の文字としての役割を持っているし、「"」は属性の属性値を囲む時に使うよね。

あ、そっか！

「©」などは、UTF-8の環境では基本的にそのまま表示されるので、文字参照が必須ではないけれど、そのほかの環境の場合は文字化けする可能性もあるので、必要に応じて文字参照をするといいよ。

わかりました。

2-4 | 改行を表す

HTMLの文章は、テキストエディタ上で改行したとしても、ブラウザでは1行で表示されます。ブラウザでの表示にも改行を反映させるために、要素を使って改行を行う方法を学習しましょう。

▶ Step❶ 改行を表す要素を知ろう

HTMLは、テキストエディタ上でいくら改行をしても、ブラウザ表示には反映されず、半角1つ分のスペースとして表示されてしまいます。
タグを使うことで、ブラウザ表示にも反映される改行を行うことができます。brは、line break という意味で、改行を表します。主に住所や詩など、文を分割することが重要な意味を持つところに使います。

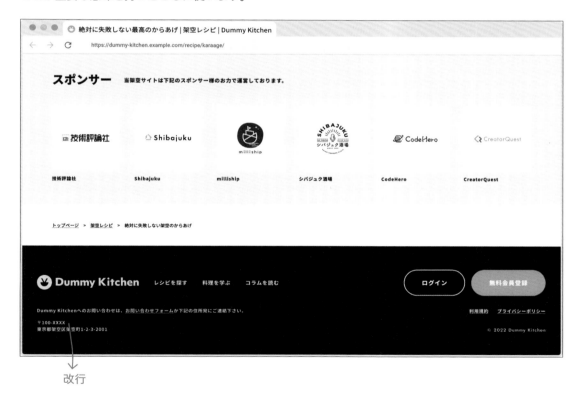

改行

br 要素

●意味

line break の意味で、改行を表す。

●カテゴリ

フロー・コンテンツ

フレージング・コンテンツ

●コンテンツ・モデル（内包可能な要素）

なし（空要素）

●利用できる属性

グローバル属性

▶ Step❷ br 要素の使い方を知ろう

　br 要素は、文の分割が重要なところに
 タグを配置することで改行できます。その部分で改行することを表す空要素のため、終了タグも必要ありません。また、br 要素のようなフレージング・コンテンツの要素は、基本的には p 要素などのように文のブロックごとに使う要素でなく、ブロックの中で使う要素になります。したがってこの br 要素は、p 要素などで囲まれた文のブロックの中に配置します。

使い方 | br 要素の使い方

```
<br>
```

サンプル | br 要素を使った例

```
<p>
␣␣〒100-XXXX<br>
␣␣東京都架空区架空町1-1-1
</p>
```

● ● ●　Dummy Cafe - 「いつもの。」が通じる、あなたのカフェ。

←　→　C　~/html-lessons/sample/chapter02/04/index.html

〒100-XXXX
東京都架空区架空町1-1-1

住所や詩などの改行の重要性はわかりますが、ブラウザからはみ出るくらい長い文章を書きたい時がありますよね？その場合、br 要素を使わないと改行されないのですか？

その場合は、ブラウザの幅に応じて自然に折り返されるので、大丈夫だよ。

Memo

スペースの追加はCSSで行う

br要素の目的は、あくまでも文章の分割が重要なところで改行を行うことです。段落の分割には、SECTION2-2の「段落を表す」（70ページ）で紹介した、p要素を使いましょう。また、スペースを空ける目的でbr要素を使うことも控えましょう。視覚的な表現が目的のスペースは、CSSで行います。下記は、br要素の誤った使い方です。

> サンプル　br要素のよろしくない使い方の例

```
<p>一つ目の段落の文章。</p>
<br>
<br>
<br>
<p>二つ目の段落の文章。</p>
```

これで、どこでも改行できますね。

確かにそうだね。でも、文の分割が必要がなかったり、スペースを空ける目的での連続したbr要素の使用は控えてね。

もし使ってしまったらどうなるんですか？

たとえば、本来ならp要素を使って段落を分けたほうがいい箇所で、p要素を使わずにbr要素を使って改行やスペースをコントロールしたとするよね。そうすると、スクリーンリーダーを利用した場合に、その箇所を1つのまとまりとして読み上げてしまう可能性があるよ。

そうなのですか？

うん。あとは、たとえば「珈琲牛乳」という文を、見た目の調整のために「珈琲
牛乳」などのように、br要素を使って調整したとするよね。そうすると、スクリーンリーダーによっては、「珈琲牛乳」というひと続きの文の意味に反して、br要素ごとに「珈琲」と「牛乳」と読み上げてしまうかもしれないんだよ。

なるほど。読み上げられた音声を聞いた人は、「珈琲」と「牛乳」という2つの飲み物の話かと、勘違いしてしまうかもしれないですね。

そうだね。したがって、文字の見た目の調整のための改行はbr要素ではなく、CSSで調整するようにしよう。

それでは、実際にbr要素を使ってみましょう。

❶「html-lessons」→「chapter02」フォルダ内にある「index.html」をテキストエディタで開く。

❷ファイルに下記の文字列を段落として追加する。

追加する場所	追加する文字列
著作権表記の前	Dummy Kitchenへのお問い合わせは、お問い合わせフォームか下記の住所宛にご連絡下さい。
上記の段落の後	〒100-XXXX 東京都架空区架空町1-2-3-2001

❸追加した架空の住所の郵便番号の後ろにbr要素を追加し、改行する。

❹上書き保存する。

❺「html-lessons」→「chapter02」フォルダ内に保存した「index.html」をブラウザのウィンドウ内にドラッグ＆ドロップし、完成イメージのように郵便番号の後ろで改行されているかどうかを確認する。

完成イメージ

● ● ●　　Dummy Kitchen | 架空の絶品料理レシピサイト

← → C　　~/html-lessons/complete/chapter02/04/index.html

Dummy Kitchen

架空の絶品料理レシピサイト

Pick Up

絶対に失敗しない架空のからあげ

生姜&ニンニクをたっぷり使い下味をしっかりつけた鶏もも肉のからあげです。2度揚げすることで外はカリッと中はジューシーでビールとの相性もバッチリですよ。

ごはんが進むイカと大葉のバター醤油炒め

ぷりぷりのイカに大葉がアクセントになって、ごはんが何杯でも食べられる逸品です！お弁当に入れても、おつまみとしてもその役割を全うします。

新着の絶品架空レシピ

最近投稿された絶品レシピをご紹介。

名店の味を再現！自宅で作る究極のTKG

架空のたまごかけご飯専門店「だみぃ屋」さんのTKGを家庭で再現してみました。隠し味のごま油がワンランク上のTKGに仕上げてくれます。

当サイトのレシピは全て架空のレシピのため味の保証は致しません。

Dummy Kitchenへのお問い合わせは、お問い合わせフォームか下記の住所宛にご連絡下さい。

〒100-XXXX
東京都架空区架空町1-2-3-2001

© 2022 Dummy Kitchen

```
007  <body>
008  ␣␣<h1>Dummy␣Kitchen</h1>
009  ␣␣<p>架空の絶品料理レシピサイト</p>
010
011  ␣␣<h2>Pick␣Up</h2>
012
013  ␣␣<h3>絶対に失敗しない架空のからあげ</h3>
014  ␣␣<p>生姜&amp;ニンニクをたっぷり使い下味をしっかりつけた鶏もも肉のからあげです。2度揚げする
     ことで外はカリッと中はジューシーでビールとの相性もバッチリですよ。</p>
015
016  ␣␣<h3>ごはんが進むイカと大葉のバター醤油炒め</h3>
017  ␣␣<p>ぷりぷりのイカに大葉がアクセントになって、ごはんが何杯でも食べられる逸品です！お弁当に入
     れても、おつまみとしてもその役割を全うします。</p>
018
019  ␣␣<h2>新着の絶品架空レシピ</h2>
020  ␣␣<p>最近投稿された絶品レシピをご紹介。</p>
021
022  ␣␣<h3>名店の味を再現！自宅で作る究極のTKG</h3>
023  ␣␣<p>架空のたまごかけご飯専門店「だみい屋」さんのTKGを家庭で再現してみました。隠し味のごま油
     がワンランク上のTKGに仕上げてくれます。</p>
024
025  ␣␣<p>当サイトのレシピは全て架空のレシピのため味の保証は致しません。</p>
026
027  ␣␣<p>Dummy␣Kitchenへのお問い合わせは、お問い合わせフォームか下記の住所宛にご連絡下さい。
     </p>
028
029  ␣␣<p>
030  ␣␣␣␣〒100-XXXX<br>
031  ␣␣␣␣東京都架空区架空町1-2-3-2001
032  ␣␣</p>
033
034  ␣␣<p>&copy;␣2022␣Dummy␣Kitchen</p>
035  </body>
```

br要素は段落の分割やスペースを空ける目的で使うのではなく、文の分割が重要な部分に使いましょう。行間や、次の段落までのスペースを空けることも、CSSを使うことで細かく調整できるからね。

HTMLの役割がわかってきました。まずは骨組みをしっかりと！ですね。

2-5 | 強調を表す

「今だけ送料無料」の「今だけ」のように、文の一部を強調したい場合があります。ここでは文の一部を強調し、ほかの文と明確な差をつける方法を学習しましょう。

▶ Step❶ 強調を表す要素

　　Webページの中で強調したいテキストがある場合は、em要素を使います。emは、emphasisの意味で、強調を表します。このem要素を使うと、その部分を強調し、文のほかの部分とは違うニュアンスを伝えることができます。なお、em要素のように、文中の一部の単語や文に使う要素は、フレージング・コンテンツというカテゴリに分類されています。

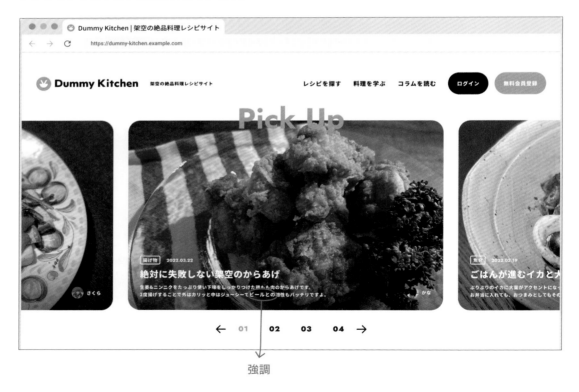

強調

Keyword

em 要素

●意味
エンファシス
emphasis の意味で、強調を表す。

●カテゴリ
フロー・コンテンツ
フレージング・コンテンツ

●コンテンツ・モデル（内包可能な要素）
フレージング・コンテンツ

●利用できる属性
グローバル属性

---

em 要素もフレージング・コンテンツの要素なんですね。

そうだね。なので、em 要素は p 要素などの中で使えるよ。また、em 要素のコンテンツ・モデルもフレージング・コンテンツなので、em 要素を入れ子にすることもできるんだ。

em 要素を入れ子にすると、どうなるのでしょうか？

より強い強調を表すことができるよ。詳しくはこのあと解説するね。

em要素は、段落などの文章の中で強調したいテキストを＜em＞～＜/em＞で囲みます。

使い方 | em要素の使い方

> **＜em＞強調したいテキスト＜/em＞**

なお、em要素を配置する場所によって文章のニュアンスが変わります。たとえば「＜em＞僕は＜/em＞HTMLを勉強している」の場合は、ほかの人は勉強していないかもしれないけれど「僕は」HTMLを勉強しているというニュアンスになり、「僕は＜em＞HTMLを＜/em＞勉強している」の場合は、CSSやJavaScriptなどのどれでもなく「HTML」を勉強しているというニュアンスになります。

たとえば以下の例では、二度や三度ではなく、たった「一度でも」ということや、実在するサービスではなく「架空の」サービスであることを強調しています。

サンプル em要素を使って「一度でも」や「架空の」を強調した例

＜p＞Dummy␣Cafeに＜em＞一度でも＜/em＞ご来店頂いたお客様は、次回から「いつもの。」でご注文頂けます。もちろんあなたのお好きな、コーヒーの苦さ、お砂糖やミルクの量もちゃんと把握しています。あなたがDummy␣Cafeにいる間は、「いつもの。」というたったひとつの魔法の言葉で全てが通じる。そんな＜em＞架空の＜/em＞サービスを提供しています。＜/p＞

Dummy Cafe - 「いつもの。」が通じる、あなたのカフェ。
~/html-lessons/sample/chapter02/05/index01.html

Dummy Cafeに *一度でも* ご来店頂いたお客様は、次回から「いつもの。」でご注文頂けます。もちろんあなたのお好きな、コーヒーの苦さ、お砂糖やミルクの量もちゃんと把握しています。 あなたがDummy Cafeにいる間は、「いつもの。」というたったひとつの魔法の言葉で全てが通じる。そんな *架空の* サービスを提供しています。

また、em要素は入れ子にすることができます。配置した数によって強調度が変わるため、さらに強い強調を表すことも可能です。以下の例では、「スペシャルブレンドコーヒー」は人気だけれど、「キミのブレンドコーヒー」はさらに人気だということをem要素を入れ子にして表しています。

サンプル em要素を入れ子にした例

＜p＞当店では、定番の＜em＞スペシャルブレンドコーヒー＜/em＞が人気です。ただ、＜em＞＜em＞キミのブレンドコーヒー＜/em＞はもっと人気＜/em＞があります。＜/p＞

メニュー | Dummy Cafe
~/html-lessons/sample/chapter02/05/index02.html

当店では、定番の *スペシャルブレンドコーヒー* が人気です。ただ、*キミのブレンドコーヒーはもっと人気* があります。

em要素を使う場所によって、文のニュアンスが変わるんですね！

そうだね。なので、使う時は慎重にね。

em要素を文全体に使うことはありますか？

あるよ。たとえば「`<p><em>`見た目はCSSでやるんだよ！`</em></p>`」にすることで、文全体にインパクトを与えて、必死に伝えようとしている雰囲気を出すことができるね。

な、なるほど。ちょっと怒りが入っているようにも見えますね……

「`<p><em>`だから！見た目は`<em>`CSSで`</em>`やるんだよ！`</em></p>`」のほうがより適切かもね。

より強調度が上がって、怒りが増しているような……？

あはは！それから、em要素を利用すると、環境によっては斜体で表示されるよ。ただし、em要素は文字を斜体にするための要素ではないので、単に斜体として表示したい場合は……

CSSですね！

そう！あと、人のセリフや動物の鳴き声など、文章の中でちょっと雰囲気を変えて伝えたい場面で斜体が使われるケースがあるのだけれど、その場合は、em要素ではなくi要素という要素が適切だよ。

そうなんだ！i要素という要素もあるのですね。

そう。本書では取り上げないけれど、i要素はitalicという言葉から来ているんだ。i要素を「`<i>`にゃーにゃー`</i>`」のように使えば、文章の雰囲気を変えることができるので、em要素と使い分けてね。

はい！

それから、em要素を入れ子にしてより強い強調を表したとしても、視覚的な変化は無いからね。

それでは、実際にem要素を使ってみましょう。

❶「html-lessons」→「chapter02」フォルダ内にある「index.html」をテキストエディタで開く。

❷ファイルの中にある下記の箇所を強調する。

強調する文字列
ビールとの
何杯でも
家庭で

❸「html-lessons」→「chapter02」フォルダ内に保存した「index.html」をブラウザのウィンドウ内にドラッグ＆ドロップし、完成イメージのように強調されているかどうかを確認する。

完成イメージ

```
● ● ●    Dummy Kitchen | 架空の絶品料理レシピサイト
←  →  C    ~/html-lessons/complete/chapter02/05/index.html
```

Dummy Kitchen

架空の絶品料理レシピサイト

Pick Up

絶対に失敗しない架空のからあげ

生姜&ニンニクをたっぷり使い下味をしっかりつけた鶏もも肉のからあげです。2度揚げすることで外はカリッと中はジューシーで *ビールとの* 相性もバッチリですよ。

ごはんが進むイカと大葉のバター醤油炒め

ぷりぷりのイカに大葉がアクセントになって、ごはんが *何杯でも* 食べられる逸品です！お弁当に入れても、おつまみとしてもその役割を全うします。

新着の絶品架空レシピ

最近投稿された絶品レシピをご紹介。

名店の味を再現！自宅で作る究極のTKG

架空のたまごかけご飯専門店「だみぃ屋」さんのTKGを *家庭で* 再現してみてました。隠し味のごま油がワンランク上のTKGに仕上げてくれます。

当サイトのレシピは全て架空のレシピのため味の保証は致しません。

Dummy Kitchenへのお問い合わせは、お問い合わせフォームか下記の住所宛にご連絡下さい。

〒100-XXXX
東京都架空区架空町1-2-3-2001

© 2022 Dummy Kitchen

```
007  <body>
008  ␣␣<h1>Dummy␣Kitchen</h1>
009  ␣␣<p>架空の絶品料理レシピサイト</p>
010
011  ␣␣<h2>Pick␣Up</h2>
012
013  ␣␣<h3>絶対に失敗しない架空のからあげ</h3>
014  ␣␣<p>生姜&amp;ニンニクをたっぷり使い下味をしっかりつけた鶏もも肉のからあげです。2度揚げする
     ことで外はカリッと中はジューシーで<em>ビールとの</em>相性もバッチリですよ。</p>
015
016  ␣␣<h3>ごはんが進むイカと大葉のバター醤油炒め</h3>
017  ␣␣<p>ぷりぷりのイカに大葉がアクセントになって、ごはんが<em>何杯でも</em>食べられる逸品で
     す！␣お弁当に入れても、おつまみとしてもその役割を全うします。</p>
018
019  ␣␣<h2>新着の絶品架空レシピ</h2>
020  ␣␣<p>最近投稿された絶品レシピをご紹介。</p>
021
022  ␣␣<h3>名店の味を再現！自宅で作る究極のTKG</h3>
023  ␣␣<p>架空のたまごかけご飯専門店「だみい屋」さんのTKGを<em>家庭で</em>再現してみました。隠
     し味のごま油がワンランク上のTKGに仕上げてくれます。</p>
024
025  ␣␣<p>当サイトのレシピは全て架空のレシピのため味の保証は致しません。</p>
026
027  ␣␣<p>Dummy␣Kitchenへのお問い合わせは、お問い合わせフォームか下記の住所宛にご連絡下さい。
     </p>
028
029  ␣␣<p>
030  ␣␣␣␣〒100-XXXX<br>
031  ␣␣␣␣東京都架空区架空町1-2-3-2001
032  ␣␣</p>
033
034  ␣␣<p>&copy;␣2022␣Dummy␣Kitchen</p>
035  </body>
```

よし、しっかりと書けていたら、最初の箇所は、ほかの飲み物ではなく「ビールとの」相性がいい
というニュアンスになるし、2つ目の箇所は、ごはんを1杯や、2杯じゃなく「何杯でも」いけちゃ
うってニュアンスになるし、最後の箇所は、お店じゃなく「家庭で」作れるというニュアンスにな
るね。

伝えたい内容に合わせて強調できました。

このように、em要素を使う箇所によって文章の意味が大きく変わるから、文章をよく読んで、
どこに配置すれば意図した意味になるかを考えて使ってね。

◢ SECTION

2-6 | 重要性を表す

たとえば「まぜるな危険」のように、重要であったり、緊急性の高いメッセージを示したいことがあります。ここでは、重要性を表す要素について学習しましょう。

▶ Step① 重要性を表す要素を知ろう

　Webページの中で重要性や緊急性を表すメッセージには、strong^{ストロング}要素を使います。strong要素はHTML5よりも前においては、「より強い強調」という意味でしたが、HTML5から「重要性」を表す要素として改定されました。

strong 要素

●意味
重要性や深刻さ、緊急性を表す。

●カテゴリ
フロー・コンテンツ
フレージング・コンテンツ

●コンテンツ・モデル（内包可能な要素）
フレージング・コンテンツ

●利用できる属性
グローバル属性

▶ Step❷ strong 要素の使い方を知ろう

strong 要素は、見出しや段落の中で、警告や注意など、ほかの部分よりも優先的に見てほしい箇所を 〜 で挟みます。

使い方 | strong 要素の使い方

重要性や深刻性、緊急性を表すテキスト

サンプル strong 要素を使った例

`<p>` 当店のコーヒーは非常においしく1日に何杯も飲みたくなりますが、`<strong>`カフェインの過剰摂取は健康被害をもたらすことがあります。`</strong></p>`

● ● ●　Dummy Cafe -「いつもの。」が通じる、あなたのカフェ。

← → C　　~/html-lessons/sample/chapter02/06/index01.html

当店のコーヒーは非常においしく1日に何杯も飲みたくなりますが、**カフェインの過剰摂取は健康被害をもたらすことがあります。**

あれ？ em 要素を使った強調とは違うんですか？

うん。strong 要素を使う時のポイントは、文の重要度の高さだよ。strong 要素は、「`<p><strong>`警告。`</strong>`お店の入り口に自転車を停めないで下さい`</p>`」のように、警告や注意する時に使ったり、ほかの部分と比較して優先的に見てほしい箇所を示したりするために使われるよ。

なるほど！

```
<h2>Step1: ␣<strong>お湯を沸かす</strong></h2>
<p>まずはお湯を沸かします。お湯の温度は93°前後がお勧めです。</p>
```

●●●　　自宅でおいしいコーヒーを入れる方法 | ブログ | Dummy Cafe

← → C　~/html-lessons/sample/chapter02/06/index02.html

Step1: お湯を沸かす

まずはお湯を沸かします。お湯の温度は93°前後がお勧めです。

　　また、strong要素はstrong要素を入れ子にした数によって重要度を高めることができます。ただし、em要素のように文のニュアンスを変えることはできません。

このように、ユーザに読んでもらいたい重要なメッセージは、strong要素でマークアップしようね。

ちょっと待ってください！「お湯を沸かす」という文章には緊急性も深刻性もないですよね？使っちゃダメですよ！

ううん。例文での「お湯を沸かす」は文の中でStepの見出しという役割を持つ重要な部分なので、ほかと区別するために、strong要素でマークアップしていいんだよ。

一見、重大ではない文字列でも、重要な役割を持つ文字列になら使っていいということなのですか？

そういうことだよ。

あと、strong要素の部分は太字で表示されるんですね。

そうだね。環境によっては太字にならない場合もあるけれど、strong要素の部分は太字で表示されるよ。em要素の斜体と同じく、これも太字にするためのタグではないから、注意してね。

はい！

それでは、実際にstrong要素を使ってみましょう。

❶「html-lessons」→「chapter02」フォルダ内にある「index.html」をテキストエディタで開く。

❷ファイルの中にある下記の箇所を重要なメッセージとして表す。

重要性を示したい文字列
当サイトのレシピは全て架空のレシピのため味の保証は致しません。

❸上書き保存する。

❹「html-lessons」→「chapter02」フォルダ内に保存した「index.html」をブラウザのウィンドウ内にドラッグ＆ドロップし、完成イメージのように重要性を表すことができているかどうかをを確認する。

完成イメージ

Dummy Kitchen | 架空の絶品料理レシピサイト

~/html-lessons/complete/chapter02/06/index.html

Dummy Kitchen

架空の絶品料理レシピサイト

Pick Up

絶対に失敗しない架空のからあげ

生姜&ニンニクをたっぷり使い下味をしっかりつけた鶏もも肉のからあげです。2度揚げすることで外はカリッと中はジューシーでビールとの相性もバッチリですよ。

ごはんが進むイカと大葉のバター醤油炒め

ぷりぷりのイカに大葉がアクセントになって、ごはんが*何杯*でも食べられる逸品です！お弁当に入れても、おつまみとしてもその役割を全うします。

新着の絶品架空レシピ

最近投稿された絶品レシピをご紹介。

名店の味を再現！自宅で作る究極のTKG

架空のたまごかけご飯専門店「だみい屋」さんのTKGを*家庭*で再現してみました。隠し味のごま油がワンランク上のTKGに仕上げてくれます。

当サイトのレシピは全て架空のレシピのため味の保証は致しません。

Dummy Kitchenへのお問い合わせは、お問い合わせフォームか下記の住所宛にご連絡下さい。

〒100-XXXX
東京都架空区架空町1-2-3-2001

© 2022 Dummy Kitchen

```
007  <body>
008  ␣␣<h1>Dummy␣Kitchen</h1>
009  ␣␣<p>架空の絶品料理レシピサイト</p>
010
011  ␣␣<h2>Pick␣Up</h2>
012
013  ␣␣<h3>絶対に失敗しない架空のからあげ</h3>
014  ␣␣<p>生姜&amp;ニンニクをたっぷり使い下味をしっかりつけた鶏もも肉のからあげです。2度揚げする
      ことで外はカリッと中はジューシーで<em>ビールとの</em>相性もバッチリですよ。</p>
015
016  ␣␣<h3>ごはんが進むイカと大葉のバター醤油炒め</h3>
017  ␣␣<p>ぷりぷりのイカに大葉がアクセントになって、ごはんが<em>何杯でも</em>食べられる逸品で
      す！お弁当に入れても、おつまみとしてもその役割を全うします。</p>
018
019  ␣␣<h2>新着の絶品架空レシピ</h2>
020  ␣␣<p>最近投稿された絶品レシピをご紹介。</p>
021
022  ␣␣<h3>名店の味を再現！自宅で作る究極のTKG</h3>
023  ␣␣<p>架空のたまごかけご飯専門店「だみい屋」さんのTKGを<em>家庭で</em>再現してみました。隠
      し味のごま油がワンランク上のTKGに仕上げてくれます。</p>
024
025  ␣␣<p><strong>当サイトのレシピは全て架空のレシピのため味の保証は致しません。</strong></
      p>
026
027  ␣␣<p>Dummy␣Kitchenへのお問い合わせは、お問い合わせフォームか下記の住所宛にご連絡下さい。
028  </p>
029
030  ␣␣<p>
031  ␣␣␣␣〒100-XXXX<br>
032  ␣␣␣␣東京都架空区架空町1-2-3-2001
033  ␣␣</p>
034
035  ␣␣<p>&copy;␣2022␣Dummy␣Kitchen</p>
036  </body>
```

em要素とstrong要素は似ているので、どちらを使えばいいのか悩みそうです。

そうだよね。文をよく読んで、強調してニュアンスを変えたい箇所なのか、重要性や緊急性を伝えたい箇所なのかを判断して選んでみよう。

がんばります！

96

2-7 サイドコメント

著作権表記や免責事項のような、一般的に小さな文字で表示することが多いサイドコメントのマークアップについて学習しましょう。

▶ Step❶ サイドコメントを表す要素を知ろう

著作権表記や警告、免責事項のような、一般的に小さな文字で表示する副次的な表記のことを、サイドコメントといいます。サイドコメントには、small 要素を使います。HTML5よりも前のsmall 要素は、単に文字を小さくするための要素でしたが、HTML5からは著作権表記などのサイドコメントを表す要素として改定されました。

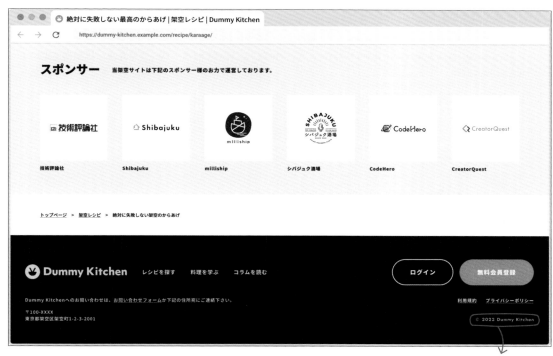

サイドコメント

📖 **Keyword**

small要素

●**意味**

著作権表記や警告、法的制限、免責事項などのようなサイドコメントを表す。

●**カテゴリ**

フロー・コンテンツ

フレージング・コンテンツ

●**コンテンツ・モデル（内包可能な要素）**

フレージング・コンテンツ

●**利用できる属性**

グローバル属性

▶ Step❷ small要素の使い方を知ろう

small要素は、著作権表記や免責事項、ライセンスの帰属表示のほか、警告や法的制限などを、<small>〜</small>で挟みます。

使い方 | small要素の使い方

> **<small>著作権表記や、免責事項、ライセンスの帰属表示など</small>**

サンプル　ペーパーフィルターがドリッパーの価格に含まれていないことを示すために small要素を使った例

```
<p>Dummy␣Cafeオリジナルドリッパー:␣5,500円␣<small>(ペーパーフィルターは別売です)</
small></p>
```

● ● ●　オリジナル商品 | オンラインショップ | Dummy Cafe

← → C　~/html-lessons/sample/chapter02/07/index01.html

Dummy Cafeオリジナルドリッパー: 5,500円　（ペーパーフィルターは別売です）

サンプル　著作権表記を示すために small要素を使った例

```
<p><small>©␣2022␣Dummy␣Cafe</small></p>
```

● ● ●　Dummy Cafe - 「いつもの。」が通じる、あなたのカフェ。

← → C　~/html-lessons/sample/chapter02/07/index02.html

© 2022 Dummy Cafe

small要素の部分は小さな文字で表示されるんですね。

 そう。small要素でマークアップした箇所は、1段階小さい文字サイズで表示されるよ。

strong要素の中で small要素を使ったら、重要性が弱まったりしますか？

たとえば、small要素をem要素やstrong要素の中に配置したとしても、それぞれの要素が持つ「強調」を解除したり、「重要性」を低下させたりするような効果はないよ。

なるほど！ 気にせず使っていいんですね。

そうだね。これも文字サイズを小さくするためではなく、サイドコメントだということを表すための要素なので注意しよう。単純に文字サイズを小さくしたいという場合は、使わないでね。

▶ Step❸ small要素を使ってみよう

それでは、実際にsmall要素を使ってみましょう。

❶「html-lessons」→「chapter02」フォルダ内にある「index.html」をテキストエディタで開く。

❷ファイルの中にある著作権表記をsmall要素でマークアップする。

❸上書き保存する。

❹「html-lessons」→「chapter02」フォルダ内に保存した「index.html」をブラウザのウィンドウ内にドラッグ＆ドロップし、完成イメージのように表示されているかどうかを確認する。

完成イメージ

```
Dummy Kitchen | 架空の絶品料理レシピサイト
~/html-lessons/complete/chapter02/07/index.html
```

Dummy Kitchen

架空の絶品料理レシピサイト

Pick Up

絶対に失敗しない架空のからあげ

生姜&ニンニクをたっぷり使い下味をしっかりつけた鶏もも肉のからあげです。2度揚げすることで外はカリッと中はジューシーでビールとの相性もバッチリですよ。

ごはんが進むイカと大葉のバター醤油炒め

ぷりぷりのイカに大葉がアクセントになって、ごはんが何杯でも食べられる逸品です！お弁当に入れても、おつまみとしてもその役割を全うします。

新着の絶品架空レシピ

最近投稿された絶品レシピをご紹介。

名店の味を再現！自宅で作る究極のTKG

架空のたまごかけご飯専門店「だみい屋」さんのTKGを家庭で再現してみました。隠し味のごま油がワンランク上のTKGに仕上げてくれます。

当サイトのレシピは全て架空のレシピのため味の保証は致しません。

Dummy Kitchenへのお問い合わせは、お問い合わせフォームか下記の住所宛にご連絡下さい。

〒100-XXXX
東京都架空区架空町1-2-3-2001

© 2022 Dummy Kitchen

解答例　complete/chapter02/07/index.html

```
007 <body>
008 ␣␣<h1>Dummy␣Kitchen</h1>
009 ␣␣<p>架空の絶品料理レシピサイト</p>
010
011 ␣␣<h2>Pick␣Up</h2>
012
013 ␣␣<h3>絶対に失敗しない架空のからあげ</h3>
014 ␣␣<p>生姜&amp;ニンニクをたっぷり使い下味をしっかりつけた鶏もも肉のからあげです。2度揚げする
    ことで外はカリッと中はジューシーで<em>ビールとの</em>相性もバッチリですよ。</p>
015
016 ␣␣<h3>ごはんが進むイカと大葉のバター醤油炒め</h3>
017 ␣␣<p>ぷりぷりのイカに大葉がアクセントになって、ごはんが<em>何杯でも</em>食べられる逸品で
    す！お弁当に入れても、おつまみとしてもその役割を全うします。</p>
018
019 ␣␣<h2>新着の絶品架空レシピ</h2>
020 ␣␣<p>最近投稿された絶品レシピをご紹介。</p>
021
022 ␣␣<h3>名店の味を再現！自宅で作る究極のTKG</h3>
023 ␣␣<p>架空のたまごかけご飯専門店「だみい屋」さんのTKGを<em>家庭で</em>再現してみました。隠
    し味のごま油がワンランク上のTKGに仕上げてくれます。</p>
024
025 ␣␣<p><strong>当サイトのレシピは全て架空のレシピのため味の保証は致しません。</strong></
    p>
026
027 ␣␣<p>Dummy␣Kitchenへのお問い合わせは、お問い合わせフォームか下記の住所宛にご連絡下さい。
    </p>
028
029 ␣␣<p>
030 ␣␣␣␣〒100-XXXX<br>
031 ␣␣␣␣東京都架空区架空町1-2-3-2001
032 ␣␣</p>
033
034 ␣␣<p><small>&copy;␣2022␣Dummy␣Kitchen</small></p>
035 </body>
```

small要素は、重要度を下げるためや、文字を小さくするためではなく、著作権表記や警告、免責事項などに使うのですね。では、免責事項があったら、難しいことは考えずsmall要素で囲んでしまって問題ないですか？

small要素は短いテキストを対象としているので、なんでも囲めるわけではないよ。たとえば、利用規約を記載するページのテキストは1つのメインコンテンツとして扱うべきで、すべてsmall要素にするのはふさわしくないよ。

2-8 | 日時

イベントの開催日やブログ記事の公開日などを、コンピュータでも理解できる日時として表すための要素を学習しましょう。

▶ Step❶ 日時を表す要素を知ろう

記事の公開日やイベント開催日などの日付や時刻には、HTML5から登場したtime要素を使います。今まで紹介してきた要素と比べると、少し注意が必要です。

日時

📖 Keyword

time要素

●意味
日付や時刻、タイムゾーンのオフセットなどを表す。

●カテゴリ
フロー・コンテンツ
フレージング・コンテンツ

●コンテンツ・モデル（内包可能な要素）
datetime属性を指定した場合はフレージング・コンテンツ。そうでなければ、あらかじめ定められたフォートマットに沿った日時のテキスト

●利用できる属性
グローバル属性
datetime属性…コンピュータが理解できる日時
　　　　　　　を指定する

datetime属性

●役割
コンピュータが理解できるフォーマットで日時を指定する。

●属性値
コンピュータが理解できるフォーマットの日時

time 要素の使い方は、今まで紹介した要素と比べると少し注意が必要です。たとえば「20220125」の
ようなテキストがあったとしたら、みなさんはどのように解釈しますか？おそらく、日付として理解する
と思います。しかし、コンピュータはこれを単に「20220125」のような数字の羅列として理解する可能
性があります。time 要素の中に日時をそのまま配置する場合は、「2022-01-25」のようなコンピュータ
が理解できるフォーマットである必要があります。

使い方 ┃ コンピュータが理解できるフォーマットの日時を配置する場合の time 要素の使い方

```
<time>コンピュータが理解できるフォーマットの日時</time>
```

サンプル 営業時間を time 要素で表した例

```
<p>当店の営業時間:␣<time>10:00</time>～<time>21:00</time></p>
```

```
● ● ●        Dummy Cafe - 「いつもの。」が通じる、あなたのカフェ。
←  →  C      ~/html-lessons/sample/chapter02/08/index01.html

当店の営業時間: 10:00 ～ 21:00
```

年、月、日を「-」（ハイフン）で区切ったり、時、分、秒を「:」（コロン）で区切ったりすることによって、
time 要素の要素内容にそのまま配置することができます。

●コンピュータが理解できる日時のフォーマット

表示する項目	例	説明
年	2022	4桁の西暦
年月	2022-01	4桁の西暦-2桁の月
年月日	2022-01-25	4桁の西暦-2桁の月-2桁の日
月日	01-25	2桁の月-2桁の日
時分	09:30	2桁の時:2桁の分
時分秒	09:30:24	2桁の時:2桁の分:2桁の秒
年月日時分秒	2022-01-23 09:30:24	4桁の西暦-2桁の月-2桁の日 2桁の時:2桁の分:2桁の秒

なお、このほかにもタイムゾーンのオフセットを記述するフォーマットなど、さまざまな指定方法があ
ります。詳しくはHTML Standardの Webページでご確認ください。

参照 HTML Standard - 4.5.14 The time element

https://html.spec.whatwg.org/multipage/text-level-semantics.html#the-time-element

▶ コンピュータが理解できないフォーマットの場合

　もし、コンピュータが理解できない形式で日時を表記する場合は、datetime属性というtime要素固有の属性を使って、コンピュータが理解できるフォーマットの日時を指定する必要があります。

> **使い方** | datetime属性を使ったtime要素の使い方
>
> ```
> <time␣datetime="コンピュータでも理解できるフォーマットの日時">
> ␣␣日時を表すテキスト
> </time>
> ```

サンプル　2022年1月23日をdatetime属性を使って表した例

```
<p>
␣␣<time␣datetime="2022-01-23">2022年1月23日</time>のおすすめは、「<em>スペシャルブレンドコーヒー</em>」です。
</p>
```

> ● ● ●　Dummy Cafe - 「いつもの。」が通じる、あなたのカフェ。
> ← → C　~/html-lessons/sample/chapter02/08/index02.html
>
> 2022年1月23日のおすすめは、「スペシャルブレンドコーヒー」です。

time要素は、日時であれば、なんでもかんでも中に配置できるわけではないのですね。

そうなんだ。datetime属性を使わない場合は、年、月、日をそれぞれハイフンで区切った日付など、あらかじめ定められたフォーマットの日時でないといけないよ。

たとえば「2022年1月23日」の場合は、そのまま配置できないのですね。

その場合は、datetime属性に「2022-01-23」という指定が必要だね。

今まで登場した要素と比べるとちょっと難しいです。

そうだね。でも、このおかげで「2022年1月23日」が単なるテキストではなく、日時であるという意味づけができるよ。そうすると、スクリーンリーダーや検索エンジンなどが、日時の情報を必要とした時に、正しく提供することができるんだよ。

▶ Step❸ time要素を使ってみよう

それでは、実際にtime要素を使ってみましょう。

❶「html-lessons」→「chapter02」フォルダ内にある「index.html」をテキストエディタで開く。

❷ファイルの中に下記の日付を段落として追加する。

追加する場所	追加する文字列
見出し「絶対に失敗しない架空のからあげ」の後	2022.03.22
見出し「ごはんが進むイカと大葉のバター醤油炒め」の後	2022.02.19
見出し「名店の味を再現！自宅で作る究極のTKG」の後	2022.04.01

❸追加した日付と著作権表記の公開年をtime要素でマークアップする。

❹上書き保存する。

❺「html-lessons」→「chapter02」フォルダ内に保存した「index.html」をブラウザのウィンドウ内にドラッグ＆ドロップし、完成イメージのように表示されているかどうかを確認する。

完成イメージ

Dummy Kitchen | 架空の絶品料理レシピサイト
~/html-lessons/complete/chapter02/08/index.html
Dummy Kitchen
架空の絶品料理レシピサイト
Pick Up
絶対に失敗しない架空のからあげ
2022.03.22
生姜&ニンニクをたっぷり使い下味をしっかりつけた鶏もも肉のからあげです。2度揚げすることで外はカリッと中はジューシーでビールとの相性もバッチリですよ。
ごはんが進むイカと大葉のバター醤油炒め
2022.02.19
ぷりぷりのイカに大葉がアクセントになって、ごはんが何杯でも食べられる逸品です！お弁当に入れても、おつまみとしてもその役割を全うします。
新着の絶品架空レシピ
最近投稿された絶品レシピをご紹介。
名店の味を再現！自宅で作る究極のTKG
2022.04.01
架空のたまごかけご飯専門店「だみい屋」さんのTKGを家庭で再現してみました。隠し味のごま油がワンランク上のTKGに仕上げてくれます。
当サイトのレシピは全て架空のレシピのため味の保証は致しません。
Dummy Kitchenへのお問い合わせは、お問い合わせフォームか下記の住所宛にご連絡下さい。
〒100-XXXX
東京都架空区架空町1-2-3-2001
© 2022 Dummy Kitchen

```
007  <body>
008    <h1>Dummy␣Kitchen</h1>
009    <p>架空の絶品料理レシピサイト</p>
010
011    <h2>Pick␣Up</h2>
012
013    <h3>絶対に失敗しない架空のからあげ</h3>
014    <p><time␣datetime="2022-03-22">2022.03.22</time></p>
015    <p>生姜&amp;ニンニクをたっぷり使い下味をしっかりつけた鶏もも肉のからあげです。2度揚げする
       ことで外はカリッと中はジューシーで<em>ビールとの</em>相性もバッチリですよ。</p>
016
017    <h3>ごはんが進むイカと大葉のバター醤油炒め</h3>
018    <p><time␣datetime="2022-02-19">2022.02.19</time></p>
019    <p>ぷりぷりのイカに大葉がアクセントになって、ごはんが<em>何杯でも</em>食べられる逸品で
       す！お弁当に入れても、おつまみとしてもその役割を全うします。</p>
020
021    <h2>新着の絶品架空レシピ</h2>
022    <p>最近投稿された絶品レシピをご紹介。</p>
023
024    <h3>名店の味を再現！自宅で作る究極のTKG</h3>
025    <p><time␣datetime="2022-04-01">2022.04.01</time></p>
026    <p>架空のたまごかけご飯専門店「だみい屋」さんのTKGを<em>家庭で</em>再現してみました。隠
       し味のごま油がワンランク上のTKGに仕上げてくれます。</p>
027
028    <p><strong>当サイトのレシピは全て架空のレシピのため味の保証は致しません。</strong></p>
       p>
029
030    <p>Dummy␣Kitchenへのお問い合わせは、お問い合わせフォームか下記の住所宛にご連絡下さい。
       </p>
031
032    <p>
033      〒100-XXXX<br>
034      東京都架空区架空町1-2-3-2001
035    </p>
036
037    <p><small>&copy;␣<time>2022</time>␣Dummy␣Kitchen</small></p>
038  </body>
```

できました。でも、datetime属性が必要な時と、必要でない時の判断が難しいですね。

確かにそうだね。ただ、コンピュータが理解可能な日時フォーマットを要素内容に配置する場合
であっても、datetime属性を使ってはいけないわけではないよ。

2-9 | 箇条書き

持ち物の一覧や何らかの手順を表す時、箇条書きが必要になることがあると思います。そんな時に使える箇条書きを表す要素について学習しましょう。

▶ Step❶ 箇条書きを表す要素を知ろう

たとえば、スーパーに買い物に行く時に、購入する材料を箇条書きでメモすることがあると思います。Webサイトの中でも、サイト内の各ページへのリンクを指定したナビゲーションリストなどに、箇条書きを利用します。このような箇条書きをHTMLで使うには、項目1つひとつに list item という意味のli 要素を使います。ただし、li要素は単独では使用しません。

箇条書きには、持ち物リストのように項目の順番が重要ではない順不同のリストと、手順を表すリストのように項目の順番が重要な番号順のリストの2種類があります。HTMLでは、順不同のリストには、unordered list の意味である ul 要素を、番号順のリストには、ordered list の意味である ol 要素を使います。そして、それらの要素の中に、各リストの項目を表すli要素を配置します。

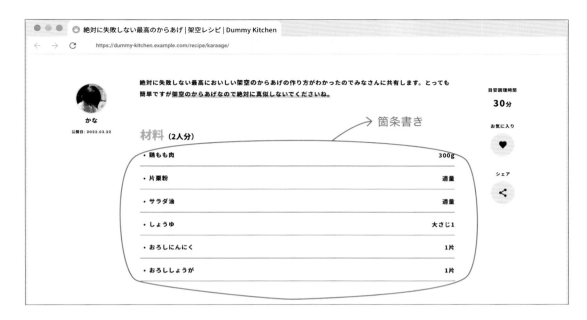

📖 **Keyword**

---

li要素

●**意味**

リスト アイテム
list itemの意味で、リスト項目を表す。

●**カテゴリ**

なし

●**コンテンツ・モデル (内包可能な要素)**

フロー・コンテンツ

●**利用できる属性**

グローバル属性

[親がol要素の場合]

value属性…リストの番号を指定する

---

ul要素

●**意味**

アンオーダード リスト
unordered listの意味で、順不同リストを表す。

●**カテゴリ**

フロー・コンテンツ

●**コンテンツ・モデル (内包可能な要素)**

0個以上のli要素とスクリプトサポーディング要素

●**利用できる属性**

グローバル属性

---

ol要素

●**意味**

オーダード リスト
ordered listの意味で、番号順リストを表す。

●**カテゴリ**

フロー・コンテンツ

●**コンテンツ・モデル (内包可能な要素)**

0個以上のli要素とスクリプトサポーティング要素

●**利用できる属性**

グローバル属性

reversed属性…リストの番号を逆順にする

start属性………リストの開始番号を指定する

type属性………リストの番号の種類を指定する

▶ Step ❷ 箇条書きの使い方を知ろう

箇条書きでは、最初に、各リストの項目1つひとつをli要素でマークアップします。そして、それらを順不同のリストにする場合は<ul>タグで、番号順のリストにする場合は<ol>タグで挟みます。

使い方 | 順不同型リストの使い方

```
<ul>
  <li>リスト項目1</li>
  <li>リスト項目2</li>
  <li>リスト項目3</li>
</ul>
```

サンプル 順不同リストの例

```
<p>当店には3種類のブレンドコーヒーがあります。</p>
<ul>
  <li>スペシャルブレンド</li>
  <li>ダミーブレンド</li>
  <li>キミのブレンド</li>
</ul>
```

当店には3種類のブレンドコーヒーがあります。

- スペシャルブレンド
- ダミーブレンド
- キミのブレンド

使い方 | 番号順リストの使い方

```
<ol>
  <li>リスト項目1</li>
  <li>リスト項目2</li>
  <li>リスト項目3</li>
</ol>
```

サンプル 番号順リストの例

```
<h2>人気のコーヒー（人気順）</h2>
<ol>
  <li>キミのブレンドコーヒー</li>
  <li>スペシャルブレンドコーヒー</li>
  <li>カフェラテ</li>
  <li>カプチーノ</li>
  <li>キャラメルマキアート</li>
</ol>
```

人気のコーヒー（人気順）

1. キミのブレンドコーヒー
2. スペシャルブレンドコーヒー
3. カフェラテ
4. カプチーノ
5. キャラメルマキアート

ul要素とol要素の子要素

ul要素やol要素は基本的に、子要素にli要素以外を配置することができません（スクリプトサポーティング要素と呼ばれるscript要素、template要素を除く）。またli要素から見ても、親要素はul要素かol要素、またはmenu要素（本書では未解説）である必要があります。なお、li要素の中にはフロー・コンテンツの要素を配置できます。リスト項目のテキストに意味や役割を指定する場合は、li要素の中に配置しましょう。

▶ 番号順リストの番号を逆順にする

ol要素にreversed属性を使うことで、リストの番号を逆順にすることが可能です。

reversed属性

●役割

リストの番号を逆順にする。

●属性値

ブール型属性（"reversed"または""、属性値自体の省略も可）

真か偽を表すブール型属性

ブール型属性とは、真か偽かを表す属性で、属性が指定されていれば「真」、属性が指定されていなければ「偽」となります。なお、ブール型属性を指定する場合は、属性値を属性名とまったく同じ文字で指定するか、「""」のように空にします。また、値を省略し、属性名のみ記述することも可能です。

使い方 ｜ reversed属性の使い方（属性値が属性名と同じ）

```
<ol reversed="reversed">
  <li>リスト項目1</li>
  <li>リスト項目2</li>
  <li>リスト項目3</li>
</ol>
```

もしくは

使い方 ｜ reversed属性の使い方（属性値が空）

```
<ol reversed="">
  <li>リスト項目1</li>
  <li>リスト項目2</li>
  <li>リスト項目3</li>
</ol>
```

もしくは

```
<ol reversed>
  <li>リスト項目1</li>
  <li>リスト項目2</li>
  <li>リスト項目3</li>
</ol>
```

わわ！書き方が3つもあります！

 ブール型属性は、属性があるか、ないかで「真」か「偽」かが決まるのだけれど、「真」を表す場合は、先ほどの3つのいずれかの方法で記述すればOKだよ。

なるほど。では「偽」を表すには、属性を省略すればいいんですよね？

 そう考えていいよ。

サンプル reversed属性を使った例

```
<h1>常連さんに聞いた当店の好きなフードメニューベスト3</h1>
<ol reversed>
  <li>オリジナルたまごサンド</li>
  <li>スペシャルたらこパスタ</li>
  <li>キミのカルボナーラ</li>
</ol>
```

● ● ●　常連さんに聞いた当店の好きなフードメニューベスト3 | ブログ | Dummy Cafe

← → C　~/html-lessons/sample/chapter02/09/index03.html

常連さんに聞いた当店の好きなフードメニューベスト3

3. オリジナルたまごサンド
2. スペシャルたらこパスタ
1. キミのカルボナーラ

これは、属性値を省略した例ですね。先生はこのようにすることが多いのですか？

そうだね。僕は属性名のみにすることが多いよ。

▶ 番号順リストの開始番号を変更する

ol要素にstart属性を使うことで、リストの開始番号を変更することができます。

📖 Keyword

start属性

●役割
リストの開始番号を指定する。

●属性値
開始番号を数値で指定

使い方 ｜ start属性の使い方

```
<ol␣start="開始番号">
␣␣<li>リスト項目1</li>
␣␣<li>リスト項目2</li>
␣␣<li>リスト項目3</li>
</ol>
```

サンプル start属性を使った例

```
<p>ベスト3に入れなかったフードメニュー</p>
<ol␣start="4">
␣␣<li>ミックスサンド</li>
␣␣<li>ミックスピザ</li>
␣␣<li>カツカレー</li>
</ol>
```

常連さんに聞いた当店の好きなフードメニューベスト3 | ブログ | Dummy Cafe

~/html-lessons/sample/chapter02/09/index04.html

ベスト3に入れなかったフードメニュー

4. ミックスサンド
5. ミックスピザ
6. カツカレー

CHAPTER
2
テキストやリストをマークアップしよう

111

▶ 番号順リストの番号の種類を変更する

　番号順リストの行頭（リストマーカー）は、初期値では「1」のような数字になっていますが、ol要素にtype属性を指定することで、種類を変更することができます。番号や文字を参照先として使う場合など、リストマーカーがコンテンツとして重要である場合は、type属性を使いましょう。視覚的な目的での変更には、CSSを使うようにしてください。

📖 Keyword

type属性

●役割

リストの番号の種類を指定する。

●属性値

1…10進数（1,2,3）

a…小文字のラテンアルファベット（a,b,c）
A…大文字のラテンアルファベット（A,B,C）
i… 小文字のローマ数字（i,ii,iii）
I… 大文字のローマ数字（I,II,III）

使い方 ｜ type属性の使い方

```
<ol␣type="リストマーカーの種類">
␣␣<li>リスト項目1</li>
␣␣<li>リスト項目2</li>
␣␣<li>リスト項目3</li>
</ol>
```

サンプル ｜ type属性を使った例

```
<p>当店の1番人気だと思うブレンドコーヒーを以下の「A」「B」「C」の中から選択してください。</p>
<ol␣type="A">
␣␣<li>スペシャルブレンドコーヒー</li>
␣␣<li>ダミーブレンドコーヒー</li>
␣␣<li>キミのブレンドコーヒー</li>
</ol>
```

● ● ●　コーヒー1杯無料キャンペーン | ブログ | Dummy Cafe

← → C　~/html-lessons/sample/chapter02/09/index05.html

当店の1番人気だと思うブレンドコーヒーを以下の 「A」 「B」 「C」 の中から選択してください。

　A. スペシャルブレンドコーヒー
　B. ダミーブレンドコーヒー
　C. キミのブレンドコーヒー

リストマーカーの種類を変更することもできるんですね！

そうだね。単なる装飾目的ではなく、リストマーカーの種類に意味がある場合は変更していいよ。

装飾目的の場合はCSSを使うべきでしょうか？

そのとおりだよ。

▶ 番号順リストのリスト項目の番号を変更する

　番号順リストの場合は、li要素にvalue属性を指定することで、リストの項目に直接順番を指定することも可能です。なお、value属性を使用することで、それ以降の項目も併せて変更されます。

📖 **Keyword**

value属性
●役割
リスト項目の順番を指定する。

●属性値
番号を数値で指定

使い方 | value属性の使い方

```
<ol>
  <li>リスト項目1</li>
  <li value="リスト項目の番号">リスト項目2</li>
  <li>リスト項目3</li>
</ol>
```

サンプル | value属性を使った例

```
<p><time datetime="2022-04-25">先日</time>の人気投票の結果は以下の通りです。</p>
<ol>
  <li>キミのブレンドコーヒー(214票)</li>
  <li>キミのカルボナーラ(98票)</li>
  <li value="2">スペシャルブレンドコーヒー(98票)</li>
  <li>カフェラテ(81票)</li>
  <li>カプチーノ(72票)</li>
</ol>
```

先日の人気投票の結果は以下の通りです。

1. キミのブレンドコーヒー（214票）
2. キミのカルボナーラ（98票）
2. スペシャルブレンドコーヒー（98票）
3. カフェラテ（81票）
4. カプチーノ（72票）

📝 Memo

箇条書きの入れ子

li要素のコンテンツ・モデルはフロー・コンテンツのため、li要素の中にul要素やol要素を配置することで、箇条書きを入れ子にすることが可能です。

サンプル　箇条書きを入れ子にした例

```
<ul>
  <li>
    ブレンドコーヒー
    <ul>
      <li>スペシャルブレンド</li>
      <li>ダミーブレンド</li>
      <li>キミのブレンド</li>
    </ul>
  </li>
  <li>カフェラテ</li>
  <li>カプチーノ</li>
</ul>
```

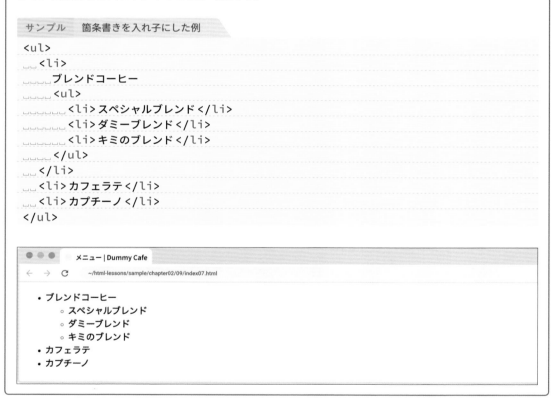

それでは、実際にul要素、ol要素、li要素を使ってみましょう。

❶「html-lessons」→「chapter02」フォルダ内にある「karaage.html」をテキストエディタで開く。

❷ファイルの中にある「材料」や「作り方」を箇条書きでマークアップする。

❸上書き保存する。

❹「html-lessons」→「chapter02」フォルダ内に保存した「karaage.html」をブラウザのウィンドウ内にドラッグ＆ドロップし、完成イメージのように表示されているかどうかを確認する。

完成イメージ

● ● ●　絶対に失敗しない最高のからあげ | 架空レシピ | Dummy Kitchen

← → C　~/html-lessons/complete/chapter02/09/karaage.html

絶対に失敗しない架空のからあげ

絶対に失敗しない最高においしい架空のからあげの作り方がわかったのでみなさんに共有します。とっても簡単ですが**架空のからあげなので絶対に真似しないでくださいね。**

材料（2人分）

- 鶏もも肉 300g
- 片栗粉 適量
- サラダ油 適量
- しょうゆ 大さじ1
- おろしにんにく 1片
- おろししょうが 1片

作り方

1. 袋に一口サイズに切った鶏肉としょうゆとおろしにんにく、おろししょうがを入れてよく揉み込む
2. ボウルに片栗粉を入れ、鶏肉としっかりと絡める
3. 180℃に熱した油で4〜5分揚げる
4. お皿に盛り付けて完成

このレシピに関するよくある質問

おろしにんにくはチューブタイプでもいいですか？ はい、チューブタイプでも大丈夫です。 鶏もも肉はどこで購入できますか？ お近くのスーパーマーケットなどでお買い求め下さい。

```
007 <body>
008 ␣␣<h1>絶対に失敗しない架空のからあげ</h1>
009 ␣␣<p>絶対に失敗しない最高においしい架空のからあげの作り方がわかったのでみなさんに共有します。
    とっても簡単ですが<strong>架空のからあげなので絶対に真似しないでくださいね。</strong></
    p>
010
011 ␣␣<h2>材料(2人分)</h2>
012 ␣␣<ul>
013 ␣␣␣␣<li>鶏もも肉␣300g</li>
014 ␣␣␣␣<li>片栗粉␣適量</li>
015 ␣␣␣␣<li>サラダ油␣適量</li>
016 ␣␣␣␣<li>しょうゆ␣大さじ1</li>
017 ␣␣␣␣<li>おろしにんにく␣1片</li>
018 ␣␣␣␣<li>おろししょうが␣1片</li>
019 ␣␣</ul>
020
021 ␣␣<h2>作り方</h2>
022 ␣␣<ol>
023 ␣␣␣␣<li>袋に一口サイズに切った鶏肉としょうゆとおろしにんにく、おろししょうがを入れてよく揉み
    込む</li>
024 ␣␣␣␣<li>ボウルに片栗粉を入れ、鶏肉としっかりと絡める</li>
025 ␣␣␣␣<li>180℃に熱した油で4〜5分揚げる</li>
026 ␣␣␣␣<li>お皿に盛り付けて完成</li>
027 ␣␣</ol>
028
029 ␣␣<h2>このレシピに関するよくある質問</h2>
030 ␣␣おろしにんにくはチューブタイプでもいいですか?
031 ␣␣はい、チューブタイプでも大丈夫です。
032 ␣␣鶏もも肉はどこで購入できますか?
033 ␣␣お近くのスーパーマーケットなどでお買い求め下さい。
034 </body>
```

できました。各項目の行頭に「・」や「1.」が自動でつくのですね。

そうなんだ。これによって、視覚的にもその部分がリストであることが確認できるね。

この「・」や「1.」を装飾目的で変更する場合はCSSを使うと教わりましたが、どのように変えることができるのですか?

CSSであれば、「・」や「1.」を消すことも、種類を変えることも、画像にすることもできるよ。それらの表記に役割がなく、単なる装飾のために変更したい場合はCSSを使うといいよ。

なるほど!わかりました〜

2-10 | 説明リスト

HTMLで作成できるリストは、前節で紹介した箇条書きだけではありません。よくある質問ページや用語解説などに使用される、説明リストについて学習しましょう。

▶ Step❶ 説明リストを表す要素を知ろう

　よくある質問ページや用語解説のように、項目とそれに対しての説明を行うリストを作りたい時があります。HTMLでこのような説明のリストをマークアップするには、description list の意味のdl要素を使います。なお、このdl要素は単体では使用しません。dl要素の中に、項目名とその説明を表す要素を配置します。項目名はdt要素で、説明文はdd要素で配置します。

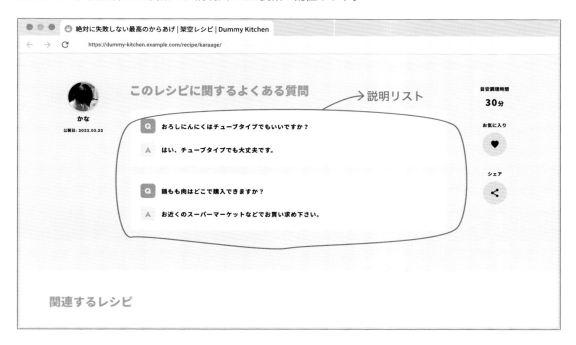

dl要素

●意味
description listの意味で、説明リストを表す。

●カテゴリ
フロー・コンテンツ

●コンテンツ・モデル（内包可能な要素）
以下のいずれか
・1つ以上のdt要素とそれに続く1つ以上のdd要素のグループ（任意でスクリプトサポーティング要素を含む）が0個以上
・1つ以上のdiv要素（任意でスクリプトサポーティング要素を含む）

●利用できる属性
グローバル属性

---

dt要素

●意味
description listのtermの意味で、説明する項目名や用語部分を表す。

●カテゴリ
なし

●コンテンツ・モデル（内包可能な要素）
フロー・コンテンツ
　ただし、子孫にheader要素、footer要素、セクショニング・コンテンツの要素、ヘディング・コンテンツの要素は配置不可

●利用できる属性
グローバル属性

---

dd要素

●意味
description listのdescriptionやdefinitionの意味で、説明リストの説明や定義または値を表す。

●カテゴリ
なし

●コンテンツ・モデル（内包可能な要素）
フロー・コンテンツ

●利用できる属性
グローバル属性

▶ Step❷ 説明リストの使い方を知ろう

　説明リストは、最初にリスト全体をdl要素で包み、その中にdt要素で項目名を配置します。そして、dt要素の終了タグの次に、dd要素で項目についての説明や定義を配置します。このdt要素とdd要素は1つのグループとして、複数個配置することができます。

使い方 ｜ 説明リストの基本的な使い方

```
<dl>
␣␣<dt>項目名1</dt>
␣␣<dd>項目名1に対する説明</dd>
␣␣<dt>項目名2</dt>
␣␣<dd>項目名2に対する説明</dd>
</dl>
```

サンプル　用語説明リストの例

```html
<h2>ドリンクメニュー</h2>
<dl>
  <dt>キミのブレンドコーヒー</dt>
  <dd>450円</dd>
  <dt>ダミーブレンドコーヒー</dt>
  <dd>420円</dd>
  <dt>スペシャルブレンドコーヒー</dt>
  <dd>420円</dd>
</dl>
```

```
● ● ●     メニュー | Dummy Cafe
←  →  C      ~/html-lessons/sample/chapter02/10/index01.html

ドリンクメニュー

キミのブレンドコーヒー
        450円
ダミーブレンドコーヒー
        420円
スペシャルブレンドコーヒー
        420円
```

▶ 1つの項目名に対して複数の説明を行う

　なお、1つのdt要素の後ろに複数のdd要素を配置することで、1つの項目名に対して複数の説明をつけることもできます。また、複数のdt要素の後ろに1つのdd要素を配置するような使い方もできます。

構 文　1つの項目名に対して複数の説明を行った例

```html
<dl>
  <dt>項目名1</dt>
  <dd>項目名1に対する説明1</dd>
  <dd>項目名1に対する説明2</dd>
  <dt>項目名2</dt>
  <dd>項目名2に対する説明1</dd>
  <dd>項目名2に対する説明2</dd>
</dl>
```

サンプル　1つの項目名に対して複数の説明を行った例

```html
<dl>
  <dt>営業時間</dt>
  <dd><time>10:00</time> ～ <time>21:00</time></dd>
  <dt>定休日</dt>
  <dd>火曜日</dd>
  <dd>木曜日</dd>
</dl>
```

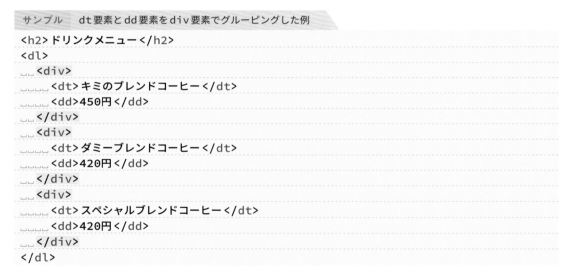

▶ dt要素とdd要素をdiv要素でグルーピングした例

　また、現時点ではまだ紹介していませんが、dl要素の中に配置したdt要素とdd要素のグループを、divという要素で挟むことが可能です。div要素は、文章構造のとしての意味を持たない汎用的な要素であり、CSSを使用してdt要素とdd要素のグループをまとめてレイアウトするために利用されることがあります。したがって、div要素はdt要素やdd要素に意味や役割を持たせるために配置するのではなく、dt要素とdd要素のグループにレイアウトや装飾の指示をまとめて行いたい時に使用します。その時、div要素の中にdtやdd以外の要素を入れたり、複数のdt、dd要素のセットを含むグループのうち1つのセットのみにdiv要素を使ったりすることはできないため、注意しましょう。

サンプル	dt要素とdd要素をdiv要素でグルーピングした例

```html
<h2>ドリンクメニュー</h2>
<dl>
␣␣<div>
␣␣␣␣<dt>キミのブレンドコーヒー</dt>
␣␣␣␣<dd>450円</dd>
␣␣</div>
␣␣<div>
␣␣␣␣<dt>ダミーブレンドコーヒー</dt>
␣␣␣␣<dd>420円</dd>
␣␣</div>
␣␣<div>
␣␣␣␣<dt>スペシャルブレンドコーヒー</dt>
␣␣␣␣<dd>420円</dd>
␣␣</div>
</dl>
```

dl要素の中のdiv要素

div要素の本来のコンテンツ・モデルはフロー・コンテンツです。したがって、div要素の中にはさまざまな要素が配置できるのですが、dl要素内に配置する場合は、dt要素やdd要素しか内包できないことに注意してください（スクリプトサポーティング要素を除く）。

▶ **Step❸ 説明リストを使ってみよう**

それでは、実際にdl要素、dt要素、dd要素を使ってみましょう。

❶「html-lessons」→「chapter02」フォルダ内にある「karaage.html」をテキストエディタで開く。

❷ファイルの中にある「よくある質問」にdl要素、dt要素、dd要素を使ってマークアップする。

❸上書き保存する。

❹「html-lessons」→「chapter02」フォルダ内に保存した「karaage.html」をブラウザのウィンドウ内にドラッグ＆ドロップし、完成イメージのように表示されているかどうかを確認する。

完成イメージ

● ● ●　絶対に失敗しない最高のからあげ | 架空レシピ | Dummy Kitchen

← → C　~/html-lessons/complete/chapter02/10/karaage.html

絶対に失敗しない架空のからあげ

絶対に失敗しない最高においしい架空のからあげの作り方がわかったのでみなさんに共有します。とっても簡単ですが**架空のからあげなので絶対に真似しないでくださいね。**

材料（2人分）

- 鶏もも肉 300g
- 片栗粉 適量
- サラダ油 適量
- しょうゆ 大さじ1
- おろしにんにく 1片
- おろししょうが 1片

作り方

1. 袋に一口サイズに切った鶏肉としょうゆとおろしにんにく、おろししょうがを入れてよく揉み込む
2. ボウルに片栗粉を入れ、鶏肉としっかりと絡める
3. 180℃に熱した油で4〜5分揚げる
4. お皿に盛り付けて完成

このレシピに関するよくある質問

おろしにんにくはチューブタイプでもいいですか？
　　　はい、チューブタイプでも大丈夫です。
鶏もも肉はどこで購入できますか？
　　　お近くのスーパーマーケットなどでお買い求め下さい。

解答例　complete/chapter02/10/karaage.html

```
007  <body>
008    <h1>絶対に失敗しない架空のからあげ</h1>
009    <p>絶対に失敗しない最高においしい架空のからあげの作り方がわかったのでみなさんに共有します。
       とっても簡単ですが<strong>架空のからあげなので絶対に真似しないでくださいね。</strong></
       p>
010
011    <h2>材料(2人分)</h2>
012    <ul>
013      <li>鶏もも肉_300g</li>
014      <li>片栗粉_適量</li>
015      <li>サラダ油_適量</li>
016      <li>しょうゆ_大さじ1</li>
017      <li>おろしにんにく_1片</li>
018      <li>おろししょうが_1片</li>
019    </ul>
020
021    <h2>作り方</h2>
022    <ol>
023      <li>袋に一口サイズに切った鶏肉としょうゆとおろしにんにく、おろししょうがを入れてよく揉み
       込む</li>
024      <li>ボウルに片栗粉を入れ、鶏肉としっかりと絡める</li>
025      <li>180℃に熱した油で4〜5分揚げる</li>
026      <li>お皿に盛り付けて完成</li>
027    </ol>
028
029    <h2>このレシピに関するよくある質問</h2>
030    <dl>
031      <dt>おろしにんにくはチューブタイプでもいいですか？</dt>
032      <dd>はい、チューブタイプでも大丈夫です。</dd>
033      <dt>鶏もも肉はどこで購入できますか？</dt>
034      <dd>お近くのスーパーマーケットなどでお買い求め下さい。</dd>
035    </dl>
036  </body>
```

できました！でも、どの要素も「d」から始まるので、頭の中がごちゃごちゃです！

確かにね。まず「dl」はdescriptionの「d」だとして、あとはlistの「l」や、termの「t」など、要素が何の略になっているかを知ることで、理解しやすくなるよ。

📝 Memo

そのほかのテキスト関連の要素

このチャプターでは、どのようなWebサイトにも共通して使う可能性が高い要素のみを紹介しました。
このほかにもテキスト関連の要素はたくさん存在するため、ここで少しだけ紹介したいと思います。
たとえば、引用を表すblockquote要素があります。

```
<p>常連さんがSNSで以下のような呟きを投稿してくれてました。</p>
<blockquote_cite="https://sns.example.com/sakura/tsubuyaki/1234567/">
__<p>Dummy_Cafeはコーヒーも美味しいし、最高の時間を過ごせる素敵なカフェだ。</p>
</blockquote>
```

常連さんがSNSで以下のような呟きを投稿してくれてました。

　　Dummy Cafeはコーヒーも美味しいし、最高の時間を過ごせる素敵なカフェだ。

また、見出しをつけるほどではないものの、段落を区切りたい時に使えるhr要素があります。

```
<p>夏場にはアイスコーヒーがおすすめです。</p>
<hr>
<p>さて、冬場はホットコーヒーを頼まれるお客様が多いです。</p>
```

夏場にはアイスコーヒーがおすすめです。

さて、冬場はホットコーヒーを頼まれるお客様が多いです。

フレージング・コンテンツの要素に関しても、さまざまな要素があります。たとえば、文章内の用語を定義するdfn要素や、略語の正式な名称を指定するabbr要素があります。

```
<p>
__<dfn><abbr_title="冷たいコーヒー">冷コー</abbr></dfn>とは、最近ではあまり使われ
ていませんが、関西弁でアイスコーヒーのことです。
</p>
```

冷コーとは、最近ではあまり使われていませんが、関西弁でアイスコーヒーのことです。

ruby要素、rt要素、rp要素を使って、ルビを表すこともできます。rt要素はルビの文字列を表し、rp要素はルビ表記に対応していないブラウザに向けて代替として表示する括弧を表します。ルビ表記に対応していないブラウザで以下のサンプルを表示すると、「冷（レイ）コー」となります。

```
<ruby>
__冷<rp>(</rp><rt>レイ</rt><rp>)</rp>コー
</ruby>
```

レイ
冷コー

ほかにもさまざまなテキスト関連の要素があるので、今からマークアップしようとしているテキストに、より適切な要素があるかも？と調べてみることが大切です。

CHAPTER 2 の理解度をチェック!

問 「html-lessons」→「chapter02」→「training」フォルダ内にある「index.html」をテキストエディタで開き、下記の問題を解いてこのチャプターの理解度をチェックしましょう。

1. body要素内の文章を読み、CHAPTER2で紹介した要素を使って適切だと思うマークアップをする。

完成イメージ

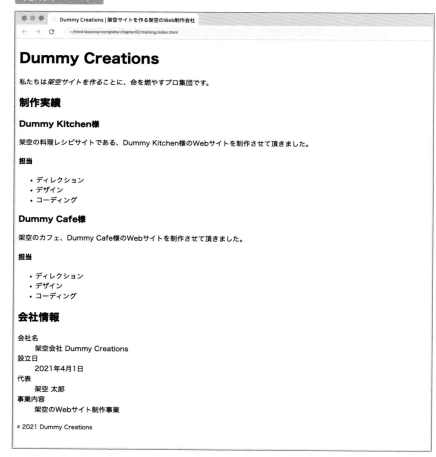

解答例　complete/chapter02/training/index.html

```
001  <!DOCTYPE html>
002  <html lang="ja">
```

```
003  <head>
004  ␣␣<meta␣charset="UTF-8">
005  ␣␣<title>Dummy␣Creations␣|␣架空サイトを作る架空のWeb制作会社</title>
006  </head>
007  <body>
008  ␣␣<h1>Dummy␣Creations</h1>
009  ␣␣<p>私たちは<em>架空サイトを作る</em>ことに、命を燃やすプロ集団です。</p>
010
011  ␣␣<h2>制作実績</h2>
012
013  ␣␣<h3>Dummy␣Kitchen様</h3>
014  ␣␣<p>架空の料理レシピサイトである、Dummy␣Kitchen様のWebサイトを制作させて頂きま
015  した。</p>
016  ␣␣<h4>担当</h4>
017  ␣␣<ul>
018  ␣␣␣␣<li>ディレクション</li>
019  ␣␣␣␣<li>デザイン</li>
020  ␣␣␣␣<li>コーディング</li>
     ␣␣</ul>
021
022  ␣␣<h3>Dummy␣Cafe様</h3>
023  ␣␣<p>架空のカフェ、Dummy␣Cafe様のWebサイトを制作させて頂きました。</p>
024  ␣␣<h4>担当</h4>
025  ␣␣<ul>
026  ␣␣␣␣<li>ディレクション</li>
027  ␣␣␣␣<li>デザイン</li>
028  ␣␣␣␣<li>コーディング</li>
029  ␣␣</ul>
030
031  ␣␣<h2>会社情報</h2>
032  ␣␣<dl>
033  ␣␣␣␣<dt>会社名</dt>
034  ␣␣␣␣<dd>架空会社␣Dummy␣Creations</dd>
035  ␣␣␣␣<dt>設立日</dt>
036  ␣␣␣␣<dd><time␣datetime="2021-04-01">2021年4月1日</time></dd>
037  ␣␣␣␣<dt>代表</dt>
038  ␣␣␣␣<dd>架空␣太郎</dd>
039  ␣␣␣␣<dt>事業内容</dt>
040  ␣␣␣␣<dd>架空のWebサイト制作事業</dd>
041  ␣␣</dl>
042
043  ␣␣<p><small>©␣<time>2021</time>␣Dummy␣Creations</small></p>
044  </body>
045  </html>
```

Web サイト制作の仕事とは?

この本を手にとってくださっている方の中には、これから Web 業界に進もうと思って HTML の勉強をされている方もいらっしゃると思います。Web サイト制作のお仕事は、基本的にクライアントの依頼を基に制作を進めていきますが、いきなり HTML を書いていくわけではありません。

まず、クライアントの要望を基に Web サイトの戦略を考え、閲覧時の導線やページ内の構成など、さまざまな設計を行います。次に、デザインソフトを用いてデザインの完成イメージを作り、そのイメージを基に、HTML や CSS、JavaScript などでコーディングを行います。

これらの工程を Web ディレクター、Web デザイナー、コーダーなど、さまざまな職種の方と分業しながら作っていくことが多いです。なお、筆者の場合は、戦略立案からデザイン、コーディングまでのすべてを 1 人で行うことが多いのですが、プロジェクトによっては、フリーランス Web デザイナーの方とタッグを組んで、コーディングだけを担当することもあります。

筆者が戦略立案からデザイン、コーディングまで担当した
Web サイト

デザイナーのアシダミヅホさんがデザインを担当し、筆者がコーディングを担当した Web サイト
ASHIM FACTORY　アシダミヅホ（https://ashim-factory.com/）Twitter：@Ashida_Assy

このように Web サイト制作は、さまざまな工程をさまざまな職種の方と分業しながら制作していくことが多いです。よって、これから Web 業界を目指されるみなさんは、Web 制作の勉強をしていく中で、今後自分がやりたいことは Web サイト制作の流れの中のどの工程なのか、また、どういった職種の人が担当する工程なのか、調べてみるとよいと思います。制作会社によって、それぞれの役割の呼び方や制作のスタイル、ワークフローが異なりますし、それぞれの職種が担当する範囲もさまざまかと思いますので、そのあたりも含めて業界研究することが大切です。

3

リンクや
コンテンツを埋め込もう

ここでは、リンクについて学習します。リンクを使って、外部のサイトやページ内のほかの項目へ移動することができるようになりましょう。また、画像や動画を埋め込む方法を学習します。画像や動画のサイズを指定したり、読み込みタイミングを設定したり、高解像度ディスプレイに対応させるといった応用的な内容も学びます。

● このチャプターのゴール

このチャプターを通して、別の Web ページに移動することができるリンクに関する要素や、画像や動画などを埋め込むための要素を学習しましょう。

▶ 完成イメージを確認

▶ このチャプターで学習する要素

要素名	意味・役割	カテゴリ	コンテンツ・モデル
a	href属性を用いることでリンクを表す	フロー・コンテンツ フレージング・コンテンツ インタラクティブ・コンテンツ (href属性を指定した場合)	トランスペアレント (透明) 　ただし、子孫にインタラクティブ・コンテンツの要素、a要素、tabindex属性が指定された要素は配置不可
img	画像を表す	フロー・コンテンツ フレージング・コンテンツ エンベディッド・コンテンツ	なし (空要素)
video	動画を表す	フロー・コンテンツ フレージング・コンテンツ エンベディッド・コンテンツ インタラクティブ・コンテンツ (controls属性を指定した場合)	・src属性がある場合：0個以上のtrack要素、次にメディア要素 (audio要素やvideo要素) を含まないトランスペアレント ・src属性が無い場合：0個以上のsource要素、次に0個以上のtrack要素、次にメディア要素 (audio要素やvideo要素) を含まないトランスペアレント
source	複数の代替メディアを表す	なし	なし (空要素)
track	字幕などのテキストトラックを表す	なし	なし (空要素)
iframe	埋め込みコンテンツを表す	フロー・コンテンツ フレージング・コンテンツ エンベディッド・コンテンツ インタラクティブ・コンテンツ	なし
figure	本文から切り離せるイラスト、図、写真、コードなどを表す	フロー・コンテンツ	以下のいずれか ①figcaption要素とそれに続くフロー・コンテンツ ②フロー・コンテンツとそれに続くfigcaption要素 ③フロー・コンテンツ
figcaption	親のfigure要素内にあるコンテンツのキャプションや凡例を表す	なし	フロー・コンテンツ

CHAPTER

3

リンクやコンテンツを埋め込もう

129

3-1 │ リンクを設定する

ここでは、リンクの設定方法を学びます。文の一部や画像にリンクを指定することで、別のページに移動できるようにする方法を学習しましょう。

▶ Step❶ リンクを表す要素を知ろう

HTMLには、リンクを指定することで別のHTMLファイルに移動することができるハイパーリンクという機能があります。ハイパーリンクは、単にリンクと呼ばれるのが一般的です。リンクは、anchorの意味であるa要素を使って表し、a要素にhrefという属性を用いることでリンク先のURLを指定します。リンクは、単にほかのページに移動する手段として役立つだけではなく、適切に使用することでユーザとWebコンテンツの間に対話性を生み、求められる情報にスムーズにたどり着くための手段を提供することができます。

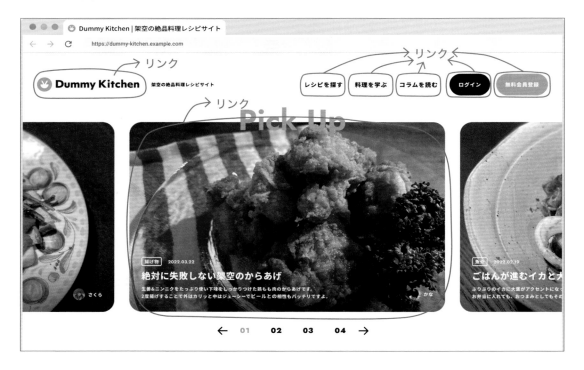

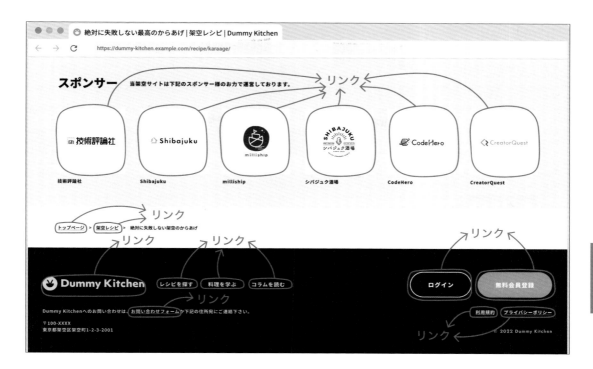

📖 Keyword

a要素
●意味
anchorの意味で、href属性を用いることでリンクを表す。
●カテゴリ
フロー・コンテンツ
フレージング・コンテンツ
インタラクティブ・コンテンツ(href属性を指定した場合)
●コンテンツ・モデル (内包可能な要素)
トランスペアレント (透明)
　　ただし、子孫にインタラクティブ・コンテンツの要素、a要素、tabindex属性が指定された要素は配置不可

●利用できる主な属性
グローバル属性
href属性················リンク先のアドレスを指定する
target属性············リンク先を表示するタブまたは
　　　　　　　　　　　　ウィンドウを指定する
download属性·····リンク先のファイルをダウン
　　　　　　　　　　　ロードする
rel属性··················リンク先との関係性
　　　　　　　　　　　　　　　　　　　　······など

▶ Step ❷ a要素の使い方を知ろう

　a要素は、最初にリンクとして設定したい箇所を `<a>`～`</a>` で囲みます。続いて href 属性を指定し、その属性値にリンク先のURLを記述します。この、`<a>`～`</a>` で囲まれたテキストは「アンカーテキスト」と呼ばれています。href は「hypertext reference」の意味であり、よく「エイチレフ」などと呼ばれています。リンク先はURLで指定しますが、Webページの場所（アドレス）を指定する方法や、Webページまでの道順を指定する方法など、いくつかの種類があります。少々ややこしいため、詳しくは次の節で解説します。

📖 Keyword

href 属性

●役割
リンク先を指定する。

●属性値
リンク先のURL

使い方 | a要素の基本的な使い方

```
<a␣href="リンク先のURL">アンカーテキスト</a>
```

サンプル　同じフォルダ内にあるHTMLファイルにリンクする例

```
<p>
␣␣<a␣href="campaign.html">コーヒー1杯無料キャンペーン</a>をやってます。
</p>
```

●●● 　Dummy Cafe - 「いつもの。」が通じる、あなたのカフェ。
← → C 　~/html-lessons/sample/chapter03/01/index01.html

コーヒー1杯無料キャンペーンをやってます。

リンク元

●●● 　コーヒー1杯無料キャンペーン | ブログ | Dummy Cafe
← → C 　~/html-lessons/sample/chapter03/01/campaign.html

コーヒー1杯無料キャンペーン

リンク先

サンプル　外部のサイトにリンクする例

```
<p>
␣␣当店では<a␣href="https://gihyo.jp/book">技術評論社</a>さんの本を置いてます。
</p>
```

当店では、<u>技術評論社</u>さんの本を置いてます。

リンク元

リンク先

CHAPTER 3 リンクやコンテンツを埋め込もう

📝 **Memo**

メールや電話と連動したリンク

href属性の属性値を「mailto: メールアドレス」とすることで、リンクをクリックすると、指定したメールアドレスを宛先とした状態でメールソフトを立ち上げることができます。しかし、スパムメールなどが来る可能性があるほか、いくつか注意しなければいけないことがあるため、おすすめはしません。また、「tel: 電話番号」とすることで、リンクをクリックすると指定した電話番号に電話をかけるようにすることもできます。

サンプル　メールや電話と連動したリンクする例

```
<p>
　　<a␣href="mailto:hello@example.com">メール</a>か<a␣href="tel:000-0000-
0000">電話</a>でご連絡ください。
</p>
```

　a要素のコンテンツ・モデルは「トランスペアレント」といい、親要素の影響を受けます。つまり、a要素の中に配置できる要素は、a要素を包んでいる親要素のコンテンツ・モデルと同一になるということです。たとえばa要素の親要素がp要素だった場合、p要素のコンテンツ・モデルである「フレージング・コンテンツ」に属する要素が、a要素の中に配置できるということになります。もしa要素の親要素がli要素だった場合は、li要素のコンテンツ・モデルである「フロー・コンテンツ」に属している要素であれば配置することができます。つまり、a要素はいないもの（トランスペアレント：透明）として考えれば大丈夫ということです。ただし、例外として、インタラクティブ・コンテンツの要素やa要素、tabindex属性が指定された要素は配置できないため注意してください。

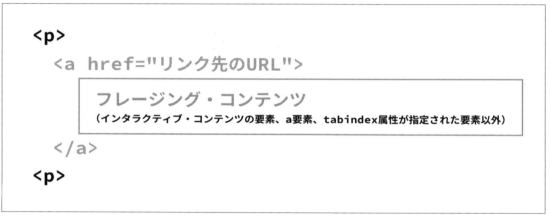

```
<p>
  <a href="リンク先のURL">

        フレージング・コンテンツ
        （インタラクティブ・コンテンツの要素、a要素、tabindex属性が指定された要素以外）

  </a>
<p>
```

p要素のコンテンツモデル「フレージング・コンテンツ」

```
<ul>
  <li>
    <a href="リンク先のURL">

        フロー・コンテンツ
        （インタラクティブ・コンテンツの要素、a要素、tabindex属性が指定された要素以外）

    </a>
  </li>
<ul>
```

li要素のコンテンツモデル「フロー・コンテンツ」

また、次のサンプルのように、親要素がdiv要素であった場合、div要素のコンテンツ・モデルである
フロー・コンテンツに属するhn要素やp要素を、a要素の中に配置することが可能になります。このよ
うにすることで、そのブロック全体をリンクの範囲にすることも可能です。

サンプル　a要素の中にフロー・コンテンツの要素を配置した例

```
<div>
__ <a_href="special-blend.html">
____ <h2> スペシャルブレンドコーヒー </h2>
____ <p> 厳選したコーヒー豆を使った深みのある味わいが特徴のブレンドコーヒーです。</p>
____ <p>420円 </p>
__ </a>
</div>
```

▶ リンク先を別のタブで表示する

　リンクを開く時に、いま開いているタブではなく新しいタブでリンク先のページを表示させたい場合が
あります。そういった場合は、a要素にtarget属性という固有属性を使い、属性値に「_blank」を指定す
ることで、リンク先を新しいタブで表示する設定にできます。target属性には、ほかにも属性値が用意
されていますが、HTMLファイルの中にさらに別のHTMLファイルを読み込む時などに使用するものな
ので、現時点では「_blank」のみ知っておけばよいでしょう。

　リンク先が新しいタブで開かれることによって、ブラウザの「戻る」ボタンが利用できないなど、ユー
ザにとって使いづらくなる可能性もあります。また、スクリーンリーダーなどを使用しているユーザは、
新しいタブが開かれたことに気づかない可能性もあるでしょう。このような場合に備えて、アンカーテキ
ストなどに新しいタブが開かれたことがわかるような工夫をしておくようにしましょう。

　なお、target属性を省略した場合は、「_self」が指定されたものとして扱われます。

📖 Keyword

target属性

●役割
リンク先を表示するタブまたはウィンドウを指定
する。

●属性値
ウィンドウ名またはタブ名⋯指定したウィンドウ
　　　　　　　　　　　　　またはタブで表示
_self⋯⋯⋯⋯現在のウィンドウまたはタブで表示
_parent⋯⋯⋯親のウィンドウまたはタブで表示
_top⋯⋯⋯⋯最上位のウィンドウまたはタブで表示
_blank⋯⋯⋯新しいウィンドウまたはタブで表示

使い方 | target属性を使ってリンク先を別のタブで表示する方法

```
<a_href="リンク先のURL"_target="_blank">
__アンカーテキスト
</a>
```

```
<p>
␣␣当店では<a␣href="https://gihyo.jp/book"␣target="_blank">技術評論社(新しいタブ
で開く)</a>␣さんの本を置いてます。
</p>
```

リンク元

リンク先

▶ リンク先との関係を示す

　rel属性を使うことで、リンク元とリンク先との関係性を示すことが可能です。たとえば、先ほど解説したリンク先を新しいタブで開くtarget="_blank"を指定した場合、リンク先のページからJavaScriptを使用することで、リンク元のページ情報を取得することができます。こういったことが、情報の悪用などのセキュリティの問題を引き起こす可能性もあり得ます。そこで、リンク先が信頼できない場合は、rel属性に「noopener」や、より古いブラウザにも対応している「noreferrer」を指定することで、リンク元のページ情報を取得できないように対策することができます。

　なお、Edge、Safari、Firefox、Chromeなど、現在の主要なブラウザは、target="_blank"を指定すると、rel属性に「noopener」を指定された時と同じ挙動となるように、初期設定されています。そのため、必ず指定する必要はなくなりましたが、主要ブラウザ以外のブラウザや古いブラウザへの対応を考慮する際は、rel属性に「noopener」もしくは「noreferrer」を指定するとよいでしょう。

rel属性

●役割

リンク先との関係性を指定する。

●主な属性値

alternate…………モバイル専用サイトや別の言語
　　　　　　　　ページなどを表す

author……………著者の詳しい情報のページを表す

bookmark………深く関係しているページを表す
　　　　　　　　（ブログの記事ページなど）

noreferrer………リンク先にリンク元のページに関
　　　　　　　　する情報を送らない（電話の非通
　　　　　　　　知のようなもの）。さらに、「noo
　　　　　　　　pener」と同じ効果も持つ

noopener………リンク先からリンク元のページの
　　　　　　　　情報にアクセスできないようにす
　　　　　　　　る

nofollow…………サイト管理者がリンク先のページ
　　　　　　　　を承認していないことを表す

　　　　　　　　　　　　　　　　　……など

使い方 ┃ リンク先からリンク元の情報にアクセスできないようにする方法

```
<a href="リンク先のURL" target="_blank" rel="noopener">アン
カーテキスト</a>
```

使い方 ┃ 古いブラウザに対してもnoopenerと同じ効果を持たせる方法

```
<a href="リンク先のURL" target="_blank" rel="noreferrer">
アンカーテキスト</a>
```

サンプル ┃ リンク先のページからリンク元のページの情報にアクセスできないようにした例

```
<p>
  当店では<a href="https://gihyo.jp/book" target="_blank" rel="noopener">
技術評論社（新しいタブで開きます）</a> さんの本を置いてます。
</p>
```

　なお、リンク先がユーザが投稿を行うようなWebサイトである場合は、ユーザによって外部サイトへのリンクなどが投稿される場合があります。また、悪意を持ったユーザに意図的にスパムリンクを投稿される可能性もあります。投稿されたすべてのリンク先の安全性を把握するのは非常に困難です。しかし、サイトの安全性は、検索エンジンからの評価にも影響し、SEOの失敗にもつながりかねません。

　そこで、rel属性に「nofollow」を指定することで、サイト管理者が投稿されたリンク先を承認していないということを明示的に表すことができます。なお、rel属性に複数の値を指定する場合は、半角スペースで区切ることで指定可能です。

使い方 ┃ リンク先のページを承認していないことを明示する方法

```
<a href="リンク先のURL" rel="nofollow">アンカーテキスト</a>
```

```
<p>
　　当店では<a␣href="https://gihyo.jp/book"␣target="_blank"␣rel="noopener␣
nofollow">技術評論社(新しいタブで開きます)</a>␣さんの本を置いてます。
</p>
```

▶ Google に外部リンクの関係性を伝える

　リンク先との関係性を示すrel属性の属性値には、Google向けのものもあります。元々Googleは、コメントスパム対策としてrel属性にnofollowの指定を推奨していましたが、2019年に以下の2つが追加されました。

・sponsored…広告など、有料リンクを表す
・ufc…ブログのコメントなど、ユーザが作成したコンテンツを表す

上記に該当する外部リンクには、これらを使うとよいでしょう。

参照

Google に外部リンクの関係性を伝える｜Google 検索セントラル｜ドキュメント｜Google Developers
https://developers.google.com/search/docs/advanced/guidelines/qualify-outbound-links?hl=ja

　なお、a要素にはこれらの属性のほかにも、リンク先のデータをダウンロードするdownload属性などがあります。必要に応じて調べてみてください。

📝 Memo

ダミーリンクを生成する

a要素にhref属性を指定しないことによって、ダミーリンクを生成することができます。ダミーリンクとは、クリックしてもリンク先に移動する機能を持たない形だけのリンクのことです。ただし、href属性が無い場合は、target属性や、rel属性、download属性など、ほかの固有属性も指定できません。

サンプル　ダミーのリンク例

```
<a>近日中に公開</a>
```

リンクは覚えることが多くて不安です。

確かに、今までと比べるとちょっと難しいね。でも、基本はリンクを設定したい箇所を <a> ～ </a> で囲んで、そこに href 属性を使ってリンク先の URL を指定するということと、リンク先を新しいタブで表示する必要がある場合は、target 属性に「_blank」を指定するという 2 点を覚えておけばいいよ。

わかりました。ちなみにアンカーテキストは、どのようなテキストでもいいんですか？

どんなテキストでもリンクは成立するけれど、アンカーテキストは次のページを紹介するような内容になるので、「ここをクリック」のような一般的なテキストではなく、次のページのタイトルと一致したテキストのほうがいいと思うよ。

どうしてですか？

たとえば主なスクリーンリーダーには、リンクの箇所にジャンプする機能がついているけれど、そのリンク元が「ここをクリック」のような曖昧な文章だと、次のページがどんな内容なのか伝わりにくいよね？それに対して、次のページのタイトルと一致するようなテキストにしておけば、そのリンクの箇所だけが読み上げられたとしても、次のページがどのようなページなのかがちゃんと伝わるんだよ。

なるほど！

a要素には、これらの属性のほかにも、リンク先のデータをダウンロードする download 属性など、さまざまな属性があるよ。必要に応じて調べてみてね。

▶ Step❸ a要素を使ってみよう

それでは、実際にa要素を使ってみましょう。

❶「html-lessons」→「chapter03」フォルダ内にある「index.html」をテキストエディタで開く。

❷ファイルの中にある下記の文字列に、ハイパーリンクを設定する。

アンカーテキスト	リンク先のパス	表示場所
Dummy Kitchen	index.html	現在のタブ
見出し「絶対に失敗しない架空のからあげ」～段落「かな」	recipe/karaage.html	現在のタブ
技術評論社（新しいタブで開く）	https://gihyo.jp/book	新しいタブ
Shibajuku（新しいタブで開く）	https://shibajuku.net	新しいタブ

余裕があれば 以下のように、リンク先との関係性を示してみましょう。

・リンク先のページからリンク元のページの情報にアクセスできないようにする

・Google向けに、広告であることを表す

❸上書き保存する。

❹「html-lessons」→「chapter03」フォルダ内に保存した「index.html」をブラウザのウィンドウ内にドラッグ＆ドロップし、完成イメージのように表示されているかどうかを確認する。また、各リンクをクリックして、リンクが正しく機能しているかどうかを確認する。

完成イメージ

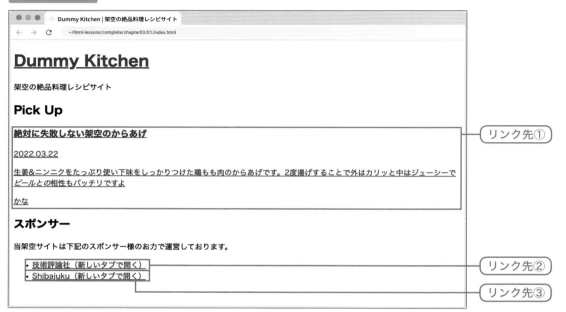

リンク先①

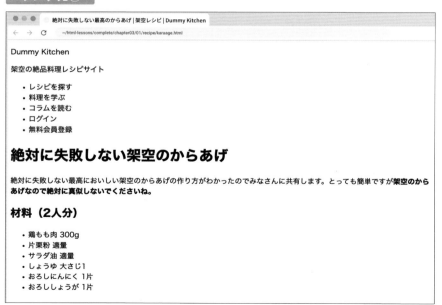

リンク「絶対に失敗しない架空のからあげ～かな」をクリックした時

リンク先②

リンク「技術評論社（新しいタブで開く）」をクリックした時

リンク先③

リンク「Shibajuku（新しいタブで開く）」をクリックした時

```
007  <body>
008  ␣␣<h1><a␣href="index.html">Dummy␣Kitchen</a></h1>
009  ␣␣<p>架空の絶品料理レシピサイト</p>
010
011  ␣␣<h2>Pick␣Up</h2>
012
013  ␣␣<a␣href="recipe/karaage.html">
014  ␣␣␣␣<h3>絶対に失敗しない架空のからあげ</h3>
015  ␣␣␣␣<p><time␣datetime="2022-03-22">2022.03.22</time></p>
016  ␣␣␣␣<p>生姜&amp;ニンニクをたっぷり使い下味をしっかりつけた鶏もも肉のからあげです。
     2度揚げすることで外はカリッと中はジューシーで<em>ビールとの</em>相性もバッチリですよ</p>
017  ␣␣␣␣<p>かな</p>
018  ␣␣</a>
019
020  ␣␣<h2>スポンサー</h2>
021  ␣␣<p>当架空サイトは下記のスポンサー様のお力で運営しております。</p>
022
023  ␣␣<ul>
024  ␣␣␣␣<li><a␣href="https://gihyo.jp/book"␣target="_blank">技術評論社(新しい
     タブで開く)</a></li>
025  ␣␣␣␣<li><a␣href="https://shibajuku.net"␣target="_blank">Shibajuku(新し
     いタブで開く)</a></li>
026  ␣␣</ul>
027  </body>
```

余裕があれば

●リンク先との関係性を示した場合

```
023  ␣␣<ul>
024  ␣␣␣␣<li><a␣href="https://gihyo.jp/book"␣target="_
025  blank"␣rel="noopener␣sponsored">技術評論社(新しいタブで開く)</a></li>
026  ␣␣␣␣<li><a␣href="https://shibajuku.net"␣target="_blank"␣rel="noopener
027  ␣sponsored">Shibajuku(新しいタブで開く)</a></li>
028  ␣␣</ul>
```

どう？指定したとおりのページにジャンプできたかな？

わあ！すごいです。これがハイパーリンクなのですね。リンク先を新しいタブで展開することもできました。

そうだね。リンク先を指定する方法はよく使うので、a要素にhref属性を指定するということを覚えておこう。

3-2 │ URLの指定方法

前のセクションでは、リンクの設定方法を学びました。ここでは、リンク先や画像など、参照先を指定する際に用いる、URLの指定方法について学習しましょう。

▶ Step❶ URL の指定方法を知ろう

リンクを設定する場合や、画像を表示させたい時は、URLとよばれる文字列によってリンク先のページや画像の保存されている場所を指定する必要があります。href属性の属性値としてURLを指定するには、絶対URLや相対URLといった指定方法があります。絶対URLは目的地の絶対的な位置を指定する方法で、相対URLは基準となる場所から目的のファイルを見た時の、相対的な位置を指定する方法です。とくに相対URLの指定方法は複雑なため、初学者が最初につまずくポイントになることが多いです。このセクションでは、主に相対URLの指定方法について解説します。

▶ Step❷ 絶対URL と相対URL の違いと使い方を知ろう

▶ 絶対URL は「http」や「https」などで始まる

絶対URLは「http」や「https」などから始まるURLのことで、「https://example.com/menu/lunch.html」などの形式となります。郵便物の宛先として記述する住所のようなイメージで、主に外部のWebサイトへのリンクに利用されます。すでに公開されているWebページの場合は、ブラウザのアドレスバーで絶対URLを確認することができるため、リンク先として指定したいページをブラウザで表示した上で、アドレスバーにある絶対URLをコピーし、href属性の属性値に貼りつけましょう。

サンプル　絶対URLの例

```
<a␣href="https://gihyo.jp/book">技術評論社</a>
```

絶対 URL を使用するのは、たとえばどのような場合でしょうか？

自分の Web サイト内に、外部サイトのリンクを貼る場合だよ。たとえば、関連情報が掲載されている外部サイトや関連会社へのリンク、SNS や YouTube などのリンクなどが挙げられるね。

▶ 相対URLは「http」や「https」以外から始まる

相対URLは「http」や「https」以外から始まるURLのことで、基準となる場所からの相対的な位置を指定します。絶対URLから「http:」や「https:」を取り「//」から記述する「スキーム相対URL」や、「/」から指定する「パス絶対URL」、基準となる場所から目的地までの道順を記述する「パス相対URL」があります。同一サイト内のほかのページをリンク先に指定する場合には、「パス相対URL」（以下、相対パスと表記）が使われることが多いため、以下で解説します。

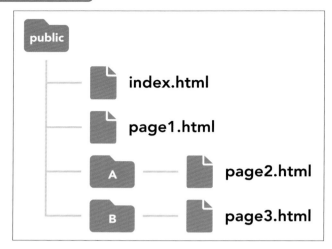

相対パスを指定するには、どのファイルがどのフォルダに入っているのかというフォルダ構成を理解しておく必要があります。たとえば、右上のようなフォルダ構成でHTMLファイルが保存されていたとします。フォルダ構成をイメージしにくい場合は、現実の部屋に置き換えるとイメージしやすくなります。その場合は、フォルダを"部屋"、HTMLファイルを"人"だと想定してください。

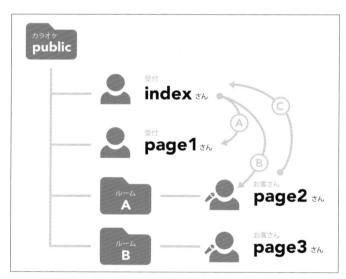

フォルダ構造をカラオケ店で例えたイメージ

たとえば、"public"というカラオケボックスがあって、そのカラオケの受付に店員の"indexさん"とお客さんの"page1さん"がいるとします。そして"A"という部屋の中で"page2さん"が1人でカラオケをしていて、"B"という部屋の中で"page3さん"が1人でカラオケをしているとします。相対パスで記述するファイル間の移動のイメージとして、まずは上記の「A」〜「C」の3パターンを理解するようにしましょう。次のページから、1つひとつ見ていきます。

▶ パターンA　同じ階層のファイルへの相対パス

リンク元が「index.html」、リンク先が「page1.html」である場合は、お互いのファイルが「public」フォルダの直下の階層にあるので、同じ階層にあるファイルへの移動になります。

たとえれば、2人ともカラオケ店の受付にいて、相手の名前を呼べば聞こえる位置にいるイメージです。このように、お互いが同じ階層にいる場合は、リンク先となるファイル名を指定するだけでリンクが成立します。

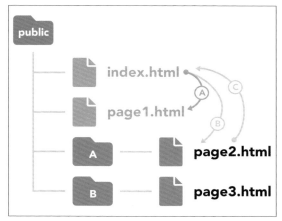

「index.html」と「page1.html」は同じ「public」フォルダの直下にいる

サンプル　「index.html」から「page1.html」にリンクする場合

```
<a␣href="page1.html">page1へ</a>
```

▶ パターンB　下の階層のファイルへの相対パス

リンク元が「index.html」、リンク先が「A」フォルダ内の「page2.html」である場合は、下の階層にあるファイルへの移動になります。

この場合は、受付にいる "indexさん"がその場で「page2さ〜ん」と呼んでも、"page2さん"は「A」という部屋の中でカラオケをしているため、壁に邪魔され声が届きません。"indexさん"が"page2さん"に用がある場合は、"indexさん"が、"page2さん"に会いにいく必要があります。さあ、道順を示してみましょう。

まず①"page2さん" がいる「A」という部屋の前に行き、②「A」という部屋の扉を開けます。③部屋の中に入り「page2さん」と声をかけることで呼び出します。

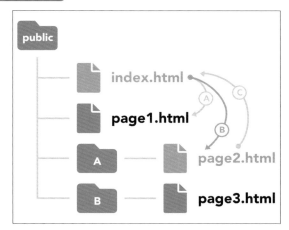

「page2.html」は「A」フォルダ内にあるため、「index.html」と階層が異なる

この扉を開ける動作を、HTMLでは「/（スラッシュ）」と記述します。つまり、下の階層にあるファイルへのリンクは、①リンク先として指定したいHTMLファイルが保存されている「フォルダ名」を記述し、②「/」でフォルダの中に入り、③「ファイル名」を記述することで成立します。

サンプル　「index.html」から「A」フォルダ内の「page2.html」にリンクする場合

```
<a␣href="A/page2.html">page2へ</a>
        ①② ③
```

145

リンク元が「A」フォルダ内の「page2.html」、リンク先が「index.html」の場合は、上の階層にあるファイルへの移動ということになります。パターンBとは反対に、今度は "page2さん" が受付にいる "indexさん" に会いに行く必要があります。そのためにはまず、"page2さん" が今いる部屋から出る必要があります。

この場合の道順は①"page2さん" が部屋を出て、②受付にいる"indexさん" を呼ぶ、というふうになります。部屋を出る動作を、HTMLでは「../（ドット、ドット、スラッシュ）」と記述します。また、部屋に入る時とは違い、部屋を出る時に部屋の名前を記述する必要はありません。つ

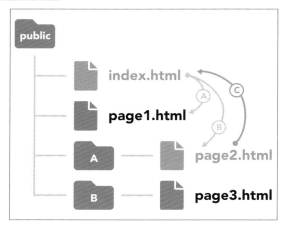

「index.html」は「A」フォルダの外にあるため、「page2.html」と階層が異なる

まり、上の階層にあるファイルへのリンクは、①「../」で今いるフォルダを出て、②リンク先の「ファイル名」を記述することで成立します。

サンプル　「A」フォルダ内の「page2.html」からルート階層の「index.html」にリンクする場合

```
<a␣href="../index.html">indexへ</a>
         ①   ②
```

ここまでの3パターンが理解できれば、あとはそれらの組み合わせによってさまざまな相対パスを記述できます。たとえば、リンク元「page2.html」からリンク先「page3.html」への相対パスは、どのように記述すればよいでしょうか？この場合は、上の階層のファイルへの相対パス（パターンC）と、下の階層のファイルへの相対パス（パターンB）を組み合わせます。たとえば、「A」という部屋で歌っている "page2さん" が、「B」という部屋で歌って

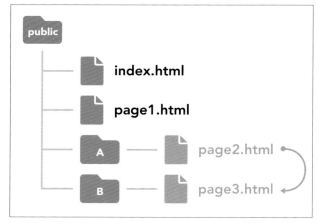

「page2.html」と「page3.html」はお互い違うフォルダ内にあるため、階層が異なる

いる"page3さん"に用事があるとしましょう。歌声が大き過ぎるから注意しに行ったのか、一緒に歌おうと誘いに行ったのかは知りませんが、①今いる「A」という部屋を出て、②「B」という部屋の前に行き、③部屋に入って、④"page3さん"に声をかけるというパスになります。

サンプル　「A」フォルダ内の「page2.html」から「B」フォルダ内の「page3.html」にリンクする場合

```
<a␣href="../B/page3.html">page3へ</a>
         ①②③    ④
```

現在のフォルダを表す「./」

フォルダの中に移動することを表す「/」や、フォルダの外に移動することを表す「../」という記述を紹介してきましたが、このほかに、現在地のフォルダを表す「./（ドット、スラッシュ）」という記述もあります。これは「今いる部屋」を表す時に使い、同じ階層のファイルへの相対パスに用いられることがあります。たとえば、先ほどのパターンA（145ページ参照）は下記のように指定することもできます。

サンプル　パターンA（「index.html」から「page1.html」にリンク）の場合

```
<a_href="./page1.html">page1へ</a>
```

パス絶対URL

相対URLの1つに、「/」から始まる便利な指定方法があり、これをパス絶対URLと呼びます。また、「ルートパス」や「絶対パス」とも呼ばれています。たとえば先ほどのフォルダ構成で公開されているWebサイトの場合、「/」を記述するだけで「public」フォルダを表すことができます。パス絶対URLを使用した場合の「index.html」までのパスは、下記のようになります。

サンプル　パス絶対URLで「index.html」にリンクする場合

```
<a_href="/index.html">indexへ</a>
```

パス絶対URLは仮に「page1.html」内に上記のリンクを記述した場合でも、「A」フォルダ内の「page2.html」内に記述した場合でも、リンク先は同じ「index.html」へのパスとなります。つまり、「/」から始めることで、ファイルが保存されている場所にかかわらず、ルートフォルダからのパスを指定することができるのです。

ただし、HTMLファイルをブラウザにドラッグ＆ドロップして表示させる場合など、PC内にあるファイルをサーバを介さずにブラウザに参照させる場合は、「/」でのルートの位置はパソコン本体のルートフォルダ、たとえばWindowsの場合は「Cドライブ」などということになってしまいます。そのため、自分のPC上のローカル環境でパス絶対URLを使う場合は、ローカルサーバなどの環境を使ってブラウザで表示をしないと、制作しているサイトのルートフォルダが基準とならないため、パスが成立しなくなります。

なお、Visual Studio Codeの場合は「Live Preview」などの、ローカルサーバを立ち上げてくれる拡張機能を利用することで、簡単に簡易的なローカルサーバが利用できます。パス絶対URLでの指定を確認できることに加え、ファイルの更新時に自動的にブラウザをリロードしてくれるライブリロード機能もあるので、大変便利です。本書の設問では、ローカルサーバなどの環境が無い場合を考慮し、パス絶対URLによる指定は行いません。

リンク

Live Preview - Visual Studio Marketplace
https://marketplace.visualstudio.com/items?itemName=ms-vscode.live-server

ファイル名の「index」は省略することができる

一般的な Web サーバでは、パスのファイル名を省略した場合、そのフォルダ内に「index.html」という名前のファイルがあれば、優先的に「index.html」が表示されるようになっています。これを活用すれば、たとえば先ほどのパターンC（146ページ参照）は、以下のようにファイル名を省略しても成立します。

> サンプル　「A」フォルダ内の「page2.html」から「index.html」にリンクする場合

```
<a href="../">indexへ</a>
```

また、「page1.html」から「index.html」にリンクを指定する場合も、下記のように省略することで、シンプルに記述できます。

> サンプル　「page1.html」から「index.html」にリンクする場合

```
<a href="./">index.htmlへ</a>
```

パス絶対 URL を使う場合は、「/」のみで「index.html」へのリンクが成立します。

> サンプル　ルートパスで「index.html」にリンクする場合

```
<a href="/">index.htmlへ</a>
```

このようにファイル名を省略することで、ページのURLを短くシンプルにすることが可能です。ただし、ローカルサーバなどの環境を使用していない場合、自分のPC上では「index.html」が自動で表示されません。自分のPC上でも自動で表示させたい場合は、ローカルサーバ環境を用意するようにしましょう。また、制作しているサイト内で「index.html」というファイル名を省略するかしないかは、ルールを統一して指定することをおすすめします。本書の設問では、ローカルサーバなどの環境が無い場合を考慮し、「index.html」というファイル名を省略せずに表記します。

相対パスが難しい……

 確かに、複雑で難しいよね。

パターンを覚えて、練習してみます！

 そうだね。どのフォルダにどのファイルが入ってるか、フォルダ構成を把握することと、フォルダに入る時は「フォルダ名 /」を、フォルダから出る時は「../」を記述するという移動方法を忘れずに、練習してみよう！

わかりました！

それでは、実際に相対パスを使ってみましょう。

❶「html-lessons」→「chapter03」フォルダ内にある「index.html」をテキストエディタで開く。

❷ファイルの中にある文字列「架空の絶品料理レシピサイト」の後ろに、下記の内容の順不同リストを追加する。

リスト項目
レシピを探す
料理を学ぶ
コラムを読む
ログイン
無料会員登録

❸追加したリスト項目に対して、「chapter3」フォルダ内にある各HTMLファイルにリンクを指定する。

アンカーテキスト	リンク先
レシピを探す	「recipe」フォルダ内の「index.html」
料理を学ぶ	「lesson」フォルダ内の「index.html」
コラムを読む	「column」フォルダ内の「index.html」
ログイン	「login」フォルダ内の「index.html」
無料会員登録	「register」フォルダ内の「index.html」

❹上書き保存する。

❺「html-lessons」→「chapter03」内の各フォルダ内(「images」「movies」「training」フォルダは除く)にあるHTMLファイルをテキストエディタで開き、ファイル内にある文字列に下記のリンクと、上記❸のリンクを設定する。

アンカーテキスト	リンク先
Dummy Kitchen	「chapter03」フォルダ内の「index.html」

「recipe」フォルダ内の「index.html」のみ、下記のリンクも設定する。

アンカーテキスト	リンク先
見出し「絶対に失敗しない架空のからあげ」〜段落「かな」	「recipe」フォルダ内の「karaage.html」

❻「html-lessons」→「chapter03」フォルダ内に保存した「index.html」をブラウザのウィンドウ内にドラッグ＆ドロップし、各リンクがすべてつながっているかどうかを確認する。

完成イメージ①

解答例①　complete/chapter03/02/index.html

```
007  <body>
008      <h1><a␣href="index.html">Dummy␣Kitchen</a></h1>
009      <p>架空の絶品料理レシピサイト</p>
010
011      <ul>
012          <li><a␣href="recipe/index.html">レシピを探す</a></li>
013          <li><a␣href="lesson/index.html">料理を学ぶ</a></li>
014          <li><a␣href="column/index.html">コラムを読む</a></li>
015          <li><a␣href="login/index.html">ログイン</a></li>
016          <li><a␣href="register/index.html">無料会員登録</a></li>
017      </ul>
018
019      <h2>Pick␣Up</h2>
020
```

```
021     ␣␣    <a␣href="recipe/karaage.html">
022     ␣␣␣␣        <h3> 絶対に失敗しない架空のからあげ </h3>
023     ␣␣␣␣        <p><time␣datetime="2022-03-22">2022.03.22</time></p>
024     ␣␣␣␣        <p> 生姜&amp; ニンニクをたっぷり使い下味をしっかりつけた鶏もも肉のからあげです。2度揚げ
        することで外はカリッと中はジューシーで <em> ビールとの </em> 相性もバッチリですよ </p>
025     ␣␣␣␣        <p> かな </p>
026     ␣␣    </a>
027
028     ␣␣    <h2> スポンサー </h2>
029     ␣␣    <p> 当架空サイトは下記のスポンサー様のお力で運営しております。</p>
030
031     ␣␣    <ul>
032     ␣␣␣␣        <li><a␣href="https://gihyo.jp/book"␣target="_blank"> 技術評論社（新しい
        タブで開く）</a></li>
033     ␣␣␣␣        <li><a␣href="https://shibajuku.net"␣target="_blank"␣Shibajuku（新し
        いタブで開く）</a></li>
034     ␣␣    </ul>
035     </body>
```

完成イメージ①のようにブラウザに表示されています！

いいね。次のページからの②〜⑦の完成イメージと解答例は、「レシピを探す」「絶対に失敗しない架空のからあげ〜かな」「料理を学ぶ」「コラムを読む」「ログイン」「無料会員登録」の、それぞれのリンクをクリックした場合に、リンク先として表示されるページだよ。

先ほど表示した完成イメージ①のリンクを実際にクリックして、しっかりとリンク先に移動できるかどうか、確認してみます。

移動できているか確認したら、ページの内容が正しく表示されているかどうかも確認してみてね。

はい！

さらに、リンク先のページにも複数のリンクを設定しているので、意図したとおりページに移動できるかどうか、それぞれ確認してみよう。

わかりました！

151

```
●●●      レシピを探す | Dummy Kitchen
←  →  C      ~/html-lessons/complete/chapter03/02/recipe/index.html
```

Dummy Kitchen

架空の絶品料理レシピサイト

- レシピを探す
- 料理を学ぶ
- コラムを読む
- ログイン
- 無料会員登録

レシピを探す

たくさんの架空のレシピの中からお気に入りのレシピを見つけよう。

完成イメージ③

絶対に失敗しない架空のからあげ

2022.03.22

生姜&ニンニクをたっぷり使い下味をしっかりつけた鶏もも肉のからあげです。2度揚げすることで外はカリッと中はジューシーでビールとの相性もバッチリですよ。

かな

解答例②　complete/chapter03/02/recipe/index.html

```
007  <body>
008  __<p><a_href="../index.html">Dummy_Kitchen</a></p>
009  __<p>架空の絶品料理レシピサイト </p>
010
011  __<ul>
012  ____<li><a_href="index.html">レシピを探す </a></li>
013  ____<li><a_href="../lesson/index.html">料理を学ぶ </a></li>
014  ____<li><a_href="../column/index.html"> コラムを読む </a></li>
015  ____<li><a_href="../login/index.html">ログイン </a></li>
016  ____<li><a_href="../register/index.html">無料会員登録 </a></li>
017  __</ul>
018
019  __<h1> レシピを探す </h1>
020  __<p> たくさんの架空のレシピの中からお気に入りのレシピを見つけよう。</p>
021
022  __<a_href="karaage.html">
023  ____<h2>絶対に失敗しない架空のからあげ </h2>
024  ____<p><time_datetime="2022-03-22">2022.03.22</time></p>
025  ____<p> 生姜 &amp; ニンニクをたっぷり使い下味をしっかりつけた鶏もも肉のからあげです。2度揚げ
     することで外はカリッと中はジューシーで <em> ビールとの </em> 相性もバッチリですよ。</p>
026  ____<p> かな </p>
027  __</a>
028  </body>
```

絶対に失敗しない最高のからあげ | 架空レシピ | Dummy Kitchen

~/html-lessons/complete/chapter03/02/recipe/karaage.html

Dummy Kitchen

架空の絶品料理レシピサイト

- レシピを探す
- 料理を学ぶ
- コラムを読む
- ログイン
- 無料会員登録

絶対に失敗しない架空のからあげ

絶対に失敗しない最高においしい架空のからあげの作り方がわかったのでみなさんに共有します。とっても簡単ですが**架空のからあげなので絶対に真似しないでくださいね。**

材料（2人分）

- 鶏もも肉 300g
- 片栗粉 適量
- サラダ油 適量
- しょうゆ 大さじ1
- おろしにんにく 1片
- おろししょうが 1片

作り方

1. 袋に一口サイズに切った鶏肉としょうゆとおろしにんにく、おろししょうがを入れてよく揉み込む
2. ボウルに片栗粉を入れ、鶏肉としっかりと絡める
3. 180℃に熱した油で4〜5分揚げる
4. お皿に盛り付けて完成

このレシピに関するよくある質問

おろしにんにくはチューブタイプでもいいですか？
　　　　はい、チューブタイプでも大丈夫です。
鶏もも肉はどこで購入できますか？
　　　　お近くのスーパーマーケットなどでお買い求め下さい。

コメント

解答例③　complete/chapter03/02/recipe/karaage.html

```
007 <body>
008 __ <p><a_href="../index.html">Dummy_Kitchen</a></p>
009 __ <p>架空の絶品料理レシピサイト </p>
010
011 __ <ul>
012 ____ <li><a_href="index.html">レシピを探す</a></li>
013 ____ <li><a_href="../lesson/index.html">料理を学ぶ</a></li>
014 ____ <li><a_href="../column/index.html">コラムを読む</a></li>
015 ____ <li><a_href="../login/index.html">ログイン</a></li>
016 ____ <li><a_href="../register/index.html">無料会員登録</a></li>
017 __ </ul>
018
019 __ <h1>絶対に失敗しない架空のからあげ </h1>
020 ___ <p>絶対に失敗しない最高においしい架空のからあげの作り方がわかったのでみなさんに共有します。
```

```
      とっても簡単ですが<strong>架空のからあげなので絶対に真似しないでくださいね。</strong></
      p>
021
022   　<h2>材料(2人分)</h2>
023   　<ul>
024   　　<li>鶏もも肉　300g</li>
025   　　<li>片栗粉　適量</li>
026   　　<li>サラダ油　適量</li>
027   　　<li>しょうゆ　大さじ1</li>
028   　　<li>おろしにんにく　1片</li>
029   　　<li>おろししょうが　1片</li>
030   　</ul>
031
032   　<h2>作り方</h2>
033   　<ol>
034   　　<li>袋に一口サイズに切った鶏肉としょうゆとおろしにんにく、おろししょうがを入れてよく揉み
      込む</li>
035   　　<li>ボウルに片栗粉を入れ、鶏肉としっかりと絡める</li>
036   　　<li>180℃に熱した油で4〜5分揚げる</li>
037   　　<li>お皿に盛り付けて完成</li>
038   　</ol>
039
040
041   　<h2>このレシピに関するよくある質問</h2>
042   　<dl>
043   　　<dt>おろしにんにくはチューブタイプでもいいですか？</dt>
044   　　<dd>はい、チューブタイプでも大丈夫です。</dd>
045   　　<dt>鶏もも肉はどこで購入できますか？</dt>
046   　　<dd>お近くのスーパーマーケットなどでお買い求め下さい。</dd>
047   　</dl>
048
049   　<h2>コメント</h2>
050
051   　<h3>料理が苦手な私でも出来ました！</h3>
052   　<p>投稿者：　さくら</p>
053   　<p><time　datetime="2022-03-25">2022.03.25</time></p>
054   　<p>
055   　　実際に作ってみたら本当においしくてびっくり！架空のレシピだから失敗することもなくてとって
      もいい。
056   　</p>
057
058   　<h3>簡単でおいしい！</h3>
059   　<p>投稿者：　とあるカフェの店長</p>
060   　<p><time　datetime="2022-03-24">2022.03.24</time></p>
061   　<p>
062   　　とっても簡単に作れて、めっちゃおいしいレシピをありがとう！
063   　</p>
064 </body>
```

料理を学ぶ | Dummy Kitchen

← → C   ~/html-lessons/complete/chapter03/02/lesson/index.html

Dummy Kitchen

架空の絶品料理レシピサイト

- レシピを探す
- 料理を学ぶ
- コラムを読む
- ログイン
- 無料会員登録

料理を学ぶ

架空の料理を作るための料理の基本をご紹介！

解答例④   complete/chapter03/02/lesson/index.html

```
007 <body>
008 ␣␣<p><a␣href="../index.html">Dummy␣Kitchen</a></p>
009 ␣␣<p>架空の絶品料理レシピサイト</p>
010
011 ␣␣<ul>
012 ␣␣␣␣<li><a␣href="../recipe/index.html">レシピを探す</a></li>
013 ␣␣␣␣<li><a␣href="index.html">料理を学ぶ</a></li>
014 ␣␣␣␣<li><a␣href="../column/index.html">コラムを読む</a></li>
015 ␣␣␣␣<li><a␣href="../login/index.html">ログイン</a></li>
016 ␣␣␣␣<li><a␣href="../register/index.html">無料会員登録</a></li>
017 ␣␣</ul>
018
019 ␣␣<h1>料理を学ぶ</h1>
020 ␣␣<p>架空の料理を作るための料理の基本をご紹介！</p>
021 </body>
```

確認できたかな？

順調です。

よし！次は、ここから「コラムを読む」をクリックして、移動できるか確認しよう。

はい！

完成イメージ⑤

コラムを読む | Dummy Kitchen

~/html-lessons/complete/chapter03/02/column/index.html

Dummy Kitchen

架空の絶品料理レシピサイト

- レシピを探す
- 料理を学ぶ
- コラムを読む
- ログイン
- 無料会員登録

コラムを読む

架空の料理に関する有益なコラムを連載しています。

解答例⑤ complete/chapter03/02/column/index.html

```
007  <body>
008  ␣␣<p><a␣href="../index.html">Dummy␣Kitchen</a></p>
009  ␣␣<p>架空の絶品料理レシピサイト</p>
010
011  ␣␣<ul>
012  ␣␣␣␣<li><a␣href="../recipe/index.html">レシピを探す</a></li>
013  ␣␣␣␣<li><a␣href="../lesson/index.html">料理を学ぶ</a></li>
014  ␣␣␣␣<li><a␣href="index.html">コラムを読む</a></li>
015  ␣␣␣␣<li><a␣href="../login/index.html">ログイン</a></li>
016  ␣␣␣␣<li><a␣href="../register/index.html">無料会員登録</a></li>
017  ␣␣</ul>
018
019  ␣␣<h1>コラムを読む</h1>
020  ␣␣<p>架空の料理に関する有益なコラムを連載しています。</p>
021  </body>
```

「コラムを読む」に移動できました。内容も問題ないです。

 いいね。次は「ログイン」に移動してみよう。

はい！

完成イメージ⑥

● ● ●　ログイン | Dummy Kitchen

← → C　~/html-lessons/complete/chapter03/02/login/index.html

Dummy Kitchen

架空の絶品料理レシピサイト

- レシピを探す
- 料理を学ぶ
- コラムを読む
- ログイン
- 無料会員登録

ログイン

Dummy Kitchenにログインして様々な架空のサービスを利用しよう。

解答例⑥　complete/chapter03/02/login/index.html

```
007 <body>
008 ␣␣<p><a␣href="../index.html">Dummy␣Kitchen</a></p>
009 ␣␣<p>架空の絶品料理レシピサイト</p>
010
011 ␣␣<ul>
012 ␣␣␣␣<li><a␣href="../recipe/index.html">レシピを探す</a></li>
013 ␣␣␣␣<li><a␣href="../lesson/index.html">料理を学ぶ</a></li>
014 ␣␣␣␣<li><a␣href="../column/index.html">コラムを読む</a></li>
015 ␣␣␣␣<li><a␣href="index.html">ログイン</a></li>
016 ␣␣␣␣<li><a␣href="../register/index.html">無料会員登録</a></li>
017 ␣␣</ul>
018
019 ␣␣<h1>ログイン</h1>
020 ␣␣<p>Dummy␣Kitchenにログインして様々な架空のサービスを利用しよう。</p>
021 </body>
```

 できたかな？

できました！

 では最後に、「無料会員登録」のページに移動してみようか。

完成イメージ⑦

```
●●●   🌐 無料会員登録｜Dummy Kitchen
←  →  C      ~/html-lessons/complete/chapter03/02/register/index.html
```

Dummy Kitchen

架空の絶品料理レシピサイト

- レシピを探す
- 料理を学ぶ
- コラムを読む
- ログイン
- 無料会員登録

会員登録

会員登録（無料）をするとDummy Kitchenの様々な架空のサービスが利用できます。

解答例⑦　complete/chapter03/02/register/index.html

```
007  <body>
008    <p><a href="../index.html">Dummy Kitchen</a></p>
009    <p>架空の絶品料理レシピサイト</p>
010
011    <ul>
012      <li><a href="../recipe/index.html">レシピを探す</a></li>
013      <li><a href="../lesson/index.html">料理を学ぶ</a></li>
014      <li><a href="../column/index.html">コラムを読む</a></li>
015      <li><a href="../login/index.html">ログイン</a></li>
016      <li><a href="index.html">無料会員登録</a></li>
017    </ul>
018
019    <h1>会員登録</h1>
020    <p>会員登録(無料)をするとDummy Kitchenの様々な架空のサービスが利用できます。</p>
021  </body>
```

> どう？ちゃんとリンクはつながったかな？

> なんとかつながりましたが、相対パスが難しくて。もう、自分はWebデザイナーに向いていないと思うので、諦めようかな……

> ちょっとまって！相対パスは、HTMLを学習をしてる多くの初学者の方がはじめにつまずくポイントなんだよ。

> そうなのですか？

うん。何度も書くことで、理解できる内容でもあるから、まずは家の中などで部屋を移動する時に、パスを口に出しながら移動するといいよ。

パスを口に出す？どういうことですか？

たとえば、朝起きて寝室から出る時に、「ドットドットスラッシュ」と口に出してから部屋を出たり、お風呂に入る時も、「バスルーム、スラッシュ」と言って入る。出る時は「ドットドットスラッシュ」と言って出るといいよ！

……え？

コンビニに行く時は、コンビニの入り口の前で、「コンビニ、スラッシュ」って言ってから入るんだよ！

なるほど……変な人がいると思われないでしょうか？

思われるかもしれないけれど、大丈夫！僕だったら「この人は今、相対パスを練習しているんだな！」って思って、心の中でそっと応援するよ！

わ、わかりました……（口に出して練習するのはやめておこう……）

うん。ここで紹介したパスは、リンクを設定する時だけではなく、このあと学習する画像の表示など、さまざまなところで使用するので、重要だよ。

頑張って覚えられるようにします！

その意気だよ！

3-3 | ページ内リンク

リンクといえば、別のページに移動するための機能だと思いがちですが、同じページ内の別の項目に移動する際にも使うことができます。この節では、ページ内のリンクについて学習しましょう。

▶ Step❶ ページ内リンクを知ろう

ブログ記事の目次から該当箇所に移動する場合や、Webページの末尾によく見かける「このページの先頭へ」のように、同じページ内の異なる場所に移動するためにリンクを使うことがあります。このような同一ページ内のリンクのことを「ページ内リンク」と呼び、a要素を用いて記述します。

▶ Step❷ ページ内リンクの使い方を知ろう

ページ内リンクを指定する場合は、最初にリンク先となる部分を囲んでいる要素にグローバル属性であるid属性を使い、固有の名前を指定します。

id属性

●役割

要素に固有の名前を指定する。

●属性値

任意の文字列（スペースを含めることできない）を指定する。

ただし、同一ページ内で同じid名を複数指定することはできない。

使い方 id属性の使い方

```
<要素名␣id="固有の名前">
・・・
</要素名>
```

サンプル id属性を使った例

```
<h2␣id="food">フードメニュー</h2>
<dl>
␣␣<dt>キミのカルボナーラ</dt>
␣␣<dd>800円</dd>
␣␣<dt>スペシャルたらこパスタ</dt>
␣␣<dd>750円</dd>
␣␣<dt>オリジナルたまごサンド</dt>
␣␣<dd>600円</dd>
</dl>

<h2␣id="drink">ドリンクメニュー</h2>
<dl>
␣␣<dt>キミのブレンドコーヒー</dt>
␣␣<dd>450円</dd>
␣␣<dt>ダミーブレンドコーヒー</dt>
␣␣<dd>420円</dd>
␣␣<dt>スペシャルブレンドコーヒー</dt>
␣␣<dd>420円</dd>
</dl>
```

続いて、リンク元であるa要素のhref属性の属性値に「#」を記述します。その後ろに、先ほどid属性に指定した属性値を記述します。これで、そのid属性が指定された場所まで移動するリンクが設定されます。

使い方 ページ内リンクの使い方

```
<a␣href="#リンク先に指定したid属性の属性値">アンカーテキスト</a>
```

```
<ul>
␣␣<li><a␣href="#food">フードメニュー</a></li>
␣␣<li><a␣href="#drink">ドリンクメニュー</a></li>
</ul>

<h2␣id="food">フードメニュー</h2>
<dl>
␣␣<dt>キミのカルボナーラ</dt>
␣␣<dd>800円</dd>
␣␣<dt>スペシャルたらこパスタ</dt>
␣␣<dd>750円</dd>
␣␣<dt>オリジナルたまごサンド</dt>
␣␣<dd>600円</dd>
</dl>

<h2␣id="drink">ドリンクメニュー</h2>
<dl>
␣␣<dt>キミのブレンドコーヒー</dt>
␣␣<dd>450円</dd>
␣␣<dt>ダミーブレンドコーヒー</dt>
␣␣<dd>420円</dd>
␣␣<dt>スペシャルブレンドコーヒー</dt>
␣␣<dd>420円</dd>
</dl>
```

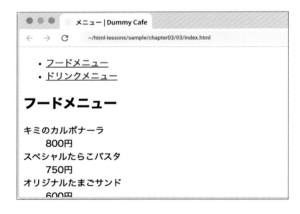

上記の例では、リンクの「フードメニュー」を
クリックすると、見出しの「フードメニュー」ま
で移動します。

なお、ページの末尾でよく見かける「このペー
ジの先頭へ」リンクのように、ページの先頭に移
動するリンクに関しては、ページの先頭の要素に
id属性を指定しなくても、a要素のhref属性に
「#top」を指定することで設定することができま
す。

id属性って、どの要素にもつけられるのですか？

 そうだね。id属性はグローバル属性だから、どの要素にも指定できるよ。

それでは、実際にページ内リンクを使ってみましょう。

❶「html-lessons」→「chapter03」→「recipe」フォルダ内にある「karaage.html」をテキストエディタで開く。

❷ファイルの中にある文字列「絶対に失敗しない架空のからあげ」の後ろに、下記の内容の順不同リストを追加する。

リスト項目
材料
作り方
よくある質問
コメント

❸追加したリスト項目に対して、下記のようにページ内リンクを設定する。

アンカーテキスト	リンク先
材料	h2要素「材料（2人分）」
作り方	h2要素「作り方」
よくある質問	h2要素「このレシピに関するよくある質問」
コメント	h2要素「コメント」

❹ファイルの中の </body> の手前に、下記の文字列を段落として追加する。

このページの先頭に戻る

❺追加した文字列に下記のページ内リンクを設定する。

アンカーテキスト	リンク先
このページの先頭に戻る	ページの先頭

❻上書き保存する。

❼「html-lessons」→「chapter03」→「recipe」フォルダ内に保存した「karaage.html」をブラウザのウィンドウにドラッグ＆ドロップし、各ページ内リンクが適切に機能しているかどうかを確認する。

ヒント　ブラウザのスクロール範囲が足りず、リンク先の位置がずれる場合は、ブラウザの高さを縮めて確認してください。

○ ○ ○ 絶対に失敗しない最高のからあげ | 架空レシピ | Dummy Kitchen

← → C   ~/html-lessons/complete/chapter03/03/recipe/karaage.html

Dummy Kitchen

架空の絶品料理レシピサイト

- レシピを探す
- 料理を学ぶ
- コラムを読む
- ログイン
- 無料会員登録

絶対に失敗しない架空のからあげ

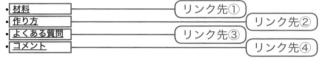

- 材料
- 作り方
- よくある質問
- コメント

絶対に失敗しない最高においしい架空のからあげの作り方がわかったのでみなさんに共有します。とっても簡単ですが**架空のからあげなので絶対に真似しないでくださいね。**

材料（2人分）

- 鶏もも肉 300g
- 片栗粉 適量
- サラダ油 適量
- しょうゆ 大さじ1
- おろしにんにく 1片
- おろししょうが 1片

作り方

1. 袋に一口サイズに切った鶏肉としょうゆとおろしにんにく、おろししょうがを入れてよく揉み込む
2. ボウルに片栗粉を入れ、鶏肉としっかりと絡める
3. 180℃に熱した油で4〜5分揚げる
4. お皿に盛り付けて完成

このレシピに関するよくある質問

○ ○ ○ 絶対に失敗しない最高のからあげ | 架空レシピ | Dummy Kitchen

← → C   ~/html-lessons/complete/chapter03/03//recipe/karaage.html#ingredients

材料（2人分）

- 鶏もも肉 300g
- 片栗粉 適量
- サラダ油 適量
- しょうゆ 大さじ1
- おろしにんにく 1片
- おろししょうが 1片

リンク「材料」をクリックした時

リンク「作り方」をクリックした時

リンク「よくある質問」をクリックした時

リンク「コメント」をクリックした時

リンク「このページの先頭に戻る」をクリックした時

```
007  <body>
008  ␣␣<p><a␣href="../index.html">Dummy Kitchen</a></p>
009  ␣␣<p>架空の絶品料理レシピサイト</p>
010
011  ␣␣<ul>
012  ␣␣␣␣<li><a␣href="index.html">レシピを探す</a></li>
013  ␣␣␣␣<li><a␣href="../lesson/index.html">料理を学ぶ</a></li>
014  ␣␣␣␣<li><a␣href="../column/index.html">コラムを読む</a></li>
015  ␣␣␣␣<li><a␣href="../login/index.html">ログイン</a></li>
016  ␣␣␣␣<li><a␣href="../register/index.html">無料会員登録</a></li>
017  ␣␣</ul>
018
019  ␣␣<h1>絶対に失敗しない架空のからあげ</h1>
020  ␣␣<ul>
021  ␣␣␣␣<li><a␣href="#ingredients">材料</a></li>
022  ␣␣␣␣<li><a␣href="#directions">作り方</a></li>
023  ␣␣␣␣<li><a␣href="#faq">よくある質問</a></li>
024  ␣␣␣␣<li><a␣href="#comments">コメント</a></li>
025  ␣␣</ul>
026
027  ␣␣<p>絶対に失敗しない最高においしい架空のからあげの作り方がわかったのでみなさんに共有します。
     とっても簡単ですが<strong>架空のからあげなので絶対に真似しないでくださいね。</strong></
     p>
028
029  ␣␣<h2␣id="ingredients">材料(2人分)</h2>
030  ␣␣<ul>
031  ␣␣␣␣<li>鶏もも肉␣300g</li>
032  ␣␣␣␣<li>片栗粉␣適量</li>
033  ␣␣␣␣<li>サラダ油␣適量</li>
034  ␣␣␣␣<li>しょうゆ␣大さじ1</li>
035  ␣␣␣␣<li>おろしにんにく␣1片</li>
036  ␣␣␣␣<li>おろししょうが␣1片</li>
037  ␣␣</ul>
038
039  ␣␣<h2␣id="directions">作り方</h2>
040  ␣␣<ol>
041  ␣␣␣␣<li>袋に一口サイズに切った鶏肉としょうゆとおろしにんにく、おろししょうがを入れてよく揉み
     込む</li>
042  ␣␣␣␣<li>ボウルに片栗粉を入れ、鶏肉としっかりと絡める</li>
043  ␣␣␣␣<li>180℃に熱した油で4〜5分揚げる</li>
044  ␣␣␣␣<li>お皿に盛り付けて完成</li>
045  ␣␣</ol>
046
047
048  ␣␣<h2␣id="faq">このレシピに関するよくある質問</h2>
049  ␣␣<dl>
```

```
050    ␣␣␣␣<dt>おろしにんにくはチューブタイプでもいいですか？</dt>
051    ␣␣␣␣<dd>はい、チューブタイプでも大丈夫です。</dd>
052    ␣␣␣␣<dt>鶏もも肉はどこで購入できますか？</dt>
053    ␣␣␣␣<dd>お近くのスーパーマーケットなどでお買い求め下さい。</dd>
054    ␣␣</dl>
055
056
057    ␣␣<h2␣id="comments">コメント</h2>
058
059    ␣␣<h3>料理が苦手な私でも出来ました！</h3>
060    ␣␣<p>投稿者:␣さくら</p>
061    ␣␣<p><time␣datetime="2022-03-25">2022.03.25</time></p>
062    ␣␣<p>
063    ␣␣␣␣実際に作ってみたら本当においしくてびっくり！架空のレシピだから失敗することもなくてとって
もいい。
064    ␣␣</p>
065
066    ␣␣<h3>簡単でおいしい！</h3>
067    ␣␣<p>投稿者:␣とあるカフェの店長</p>
068    ␣␣<p><time␣datetime="2022-03-24">2022.03.24</time></p>
069    ␣␣<p>
070    ␣␣␣␣とっても簡単に作れて、めっちゃおいしいレシピをありがとう！
071    ␣␣</p>
072
073    ␣␣<p><a␣href="#top">このページの先頭に戻る</a></p>
074    </body>
```

どうだった？

id属性の名前なのですが、材料は「zairyou」で、作り方は「tsukurikata」、よくある質問は「yokuarushitsumon」、コメントは「komento」にするのは駄目ですか？

駄目ではないよ。ただ、Web系の開発は英語でやりとりされることが多いので、英語にするほうが一般的だよ。それから、同じページの中に同じid属性の名前は複数使えないから、注意してね。

使ったらどうなるのですか？ブラウザが壊れたりしますか？

壊れないよ。それに、一見、普通に表示されるので間違いに気づきにくいんだよね。でも文法的には間違いなので、HTMLの文法をチェックするツールなどを使ってチェックしたら叱られるよ。

3-4 | 画像を埋め込む

ここでは、画像の埋め込み方法について学習しましょう。また、高解像度ディスプレイへの対応や読み込みタイミングについてなど、発展的な内容も学びます。

▶ Step❶ 画像を表す要素を知ろう

Webページを制作していると、ロゴや写真など、画像を使用したい場面が多くあると思います。画像はimageを意味するimg要素を使い、src属性を用いて画像を参照します。なお、img要素は空要素となります。

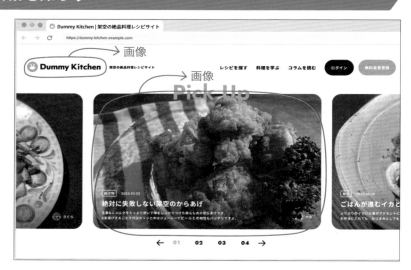

📖 Keyword

img要素

●意味
imageの意味で、画像を表す。

●カテゴリ
フロー・コンテンツ
フレージング・コンテンツ
エンベディッド・コンテンツ

●コンテンツ・モデル（内包可能な要素）
なし（空要素）

●利用できる主な属性
グローバル属性
src属性................参照する画像ファイルのURL
を指定する（必須）

srcset属性.........高解像度ディスプレイ用など複数の画像ファイルのURLを指定する

alt属性...............画像の代替テキストを指定する

width属性..........画像の横幅を指定する

height属性.........画像の高さを指定する

decoding属性.....画像のデコードのヒントを指定する

loading属性........画像の読み込みタイミングを指定する......など

▶ Step ❷ img 要素の使い方を知ろう

　img 要素では、画像を表示したい箇所に <img> タグを配置します。img 要素には src 属性を使って、参照する画像ファイルの URL を指定します。なお、指定した画像が表示されない場合に備え、alt 属性を使って画像の代替テキストが表示されるように指定しておきましょう。このようにすることで、ネットワークが不調な場合に対応できるだけでなく、スクリーンリーダーなどを利用しているユーザに対しても、代替テキストによって、画像と同等の情報を提供できるようになります。

📖 Keyword

src 属性（必須）

●役割
ファイルの参照先を指定する。

●属性値
参照するファイルの URL

alt 属性

●役割
alternative text の意味で、代替テキストを指定する。ユーザによって投稿された画像などでない限りは指定するようにする。

●属性値
表示する画像と置き換えてもページの意味が変わらないような代替テキスト。ただし、装飾目的の画像の場合は空にする。

使い方　img 要素の基本的な使い方

```
<img␣src="画像ファイルのURL"␣alt="代替テキスト">
```

サンプル　「images」フォルダ内の「coffee.jpg」という画像を挿入する例

```
<img␣src="images/coffee.jpg"␣alt="厳選したコーヒー豆を使った淹れたてのブレンドコーヒー">
```

こだわり | Dummy Cafe

~/html-lessons/sample/chapter03/04/index01.html

　無効なファイルパスの指定やネットワークの不調など、何らかの原因で画像が表示されない場合は、alt属性で指定した値が表示されます。以下は、src属性で指定した参照先に画像ファイルが存在しなかった場合の表示例です。

```
● ● ●       こだわり | Dummy Cafe
←  →  C        ~/html-lessons/sample/chapter03/04/index02.html

🖼厳選したコーヒー豆を使った淹れたてのブレンドコーヒー
```

📝 Memo

代替テキストのポイント

alt属性に指定する代替テキストには、画像の代わりになるような文を記述します。つまり、前後の文章とのつながりを考慮し、画像をalt属性のテキストに置き換えても、ページの意味が変わらないようにする必要があります。ポイントは以下の4つです。

・そこに画像を配置できないとしたら、代わりに何を書いていたかを考える
・画像のキャプションやタイトル、凡例のようなテキストを入れるわけではない
・画像に補足事項を加えるためのものではない（補足情報は title属性 を使う）
・画像の前後に記述している情報の繰り返しにならないようにする

| サンプル | 画像を説明するalt属性を使った例 |

```
<p>
␣␣焙煎時間が短いほど色が明るく、焙煎時間が長いほど色が黒っぽくなります。
␣␣<img␣src="images/roast-level.jpg"␣alt="ライトローストは薄っすら焦げ目がついた
小麦色で、シナモンロースト、ミディアムロースト、ハイロースト、シティロースト、フルシティロースト、フ
レンチロースト、イタリアンローストの順に色が黒に近づきます。">
␣␣そして、焙煎時間が短いほど酸味が強く、焙煎時間が長いほど苦味が強くなります。
</p>
```

また、画像がアイコンなどの装飾目的であり、続くテキストと代替テキストが同様の文字列になる場合は、alt属性の属性値を空にします。

| サンプル | 装飾目的の画像のalt属性の例 |

```
<p><a␣href="help/"><img␣src="images/icon-help.svg"␣alt=""> ヘルプ</
a></p>
```

なお、Webページの多くでは、会社やお店、サービスを表すロゴを使用することがあります。たとえばロゴをページの見出しとして使用する場合は、alt属性に会社やお店、サービスなどの名前を含めるようにします。この時、「ロゴ」などの記述は必要ありません。

| サンプル | ロゴを見出しとして使用している例 |

```
<h1><img␣src="images/logo-dummy-cafe.svg"␣alt="Dummy␣Cafe"></h1>
```

ただし、ロゴの横に会社やお店、サービスなどの名前がテキストで表示されているような場合は、ロゴはその補足となるため、alt属性の属性値は空にします。

> **サンプル** 会社名の横にロゴを使用している例
>
> ```
> <p>当店のコーヒー豆は、<img␣src="images/logo-dummy-company.svg"␣alt="">
> Dummy␣Company␣さんから仕入れています。</p>
> ```

▶ 画像にリンクを設定する

a要素の中にimg要素を配置することで、画像にリンクを設定することができます。この場合、画像に指定したalt属性の代替テキストが、そのリンクのアンカーテキストの役割を果たします。alt属性を用いて、より適切なアンカーテキストをユーザに提供するように心がけましょう。alt属性の値を空にしてしまうとリンクのアンカーテキストが存在しないことになるため、空にならないように注意してください。

> **サンプル** 画像にリンクを設定した例
>
> ```
> <a␣href="/">
> ␣␣<img␣src="images/logo-dummy-cafe.svg"␣alt="Dummy␣Cafe">
> </a>
> ```

📝 Memo

ユーザの体験を想像する
一般的なWebページでは、ページの冒頭に配置されているロゴに、トップページへのリンクが設定されていることが多いです。これにより、ユーザがWebサイト内のさまざまなページを閲覧したとしても、ロゴをクリックすれば、Webサイトのトップページに戻ることができます。できるだけ、ロゴにはトップページへつながるリンクを指定するとよいでしょう。
また、この利便性を知っているユーザが、ロゴをクリックしたとしてもトップページに戻れないサイトに出会った場合、「使いにくい」と感じるかもしれません。このように、ユーザの体験を想像し、適切な機能を提供することで、自身のWebサイトの「使いやすさ」が向上します。

▶ 画像のファイル形式について

img要素で使用できる画像のファイル形式は、ブラウザによって異なります。主なブラウザでは、以下のようなファイル形式が使用可能です。比較的新しいファイル形式のWebPやAPNGに関しては、一部のブラウザでは利用できない場合があるので、あらかじめ対応ブラウザを確認してから利用してください。

●画像の主なファイル形式

名称	拡張子	特徴	主な利用用途
JPEG（ジェイペグ）	.jpg、.jpeg	広く利用されている形式で、透過やアニメーションはできないが色数は約1677万色（フルカラー）利用できる	写真
GIF（ジフ）	.gif	色数は256色しか使えないが、透過や、パラパラ漫画のような簡易的なアニメーションなどが可能	・色数が少ないアイコン ・GIFアニメ
PNG（ピング）	.png	可逆圧縮で復元可能な圧縮をし、透過も使えるため、きれいな透過処理が必要な場合に便利	・ロゴ ・アイコン ・透過画像 ・イラスト
SVG（エスブイジー）	.svg	ベクター形式の画像のため拡大縮小をしても劣化せず、CSSやJavaScriptを使ってアニメーションをすることも可能	・ロゴ ・アイコン
APNG（エーピング）	.apng	きれいなアニメーションを表現できるPNGだが、一部のブラウザでは非対応	アニメーション
WebP（ウェッピー）	.webp	JPEGやPNGよりも圧縮に優れており、透過やアニメーションも可能な画像形式だが、一部のブラウザでは非対応	・写真 ・イラスト

対応ブラウザは、以下のようなWebサービスを使って検索することでも確認できます。

参照

Can I use...Support tables for HTML5,CSS3,etc

https://caniuse.com/

▶ 画像のサイズを変更する

width属性やheight属性を指定すると、画像サイズを変更することができます。サイズを変更する必要のない場合でも、元のサイズを指定しておくことで、画像を読み込む際のガタツキ（レイアウトシフト）を防ぐことができます。これは、width属性やheight属性を指定しておくことで、画像の読み込みが完了する前にブラウザが画像のサイズを理解することができ、あらかじめ画像の入るスペースを確保しておくことができるからです。なお、ウィンドウ幅に応じて画像サイズが変更されるような設定は、CSSで行います。

📖 Keyword

width属性	
●役割	●属性値
表示する画像の幅を指定する。	数値（表示する幅をpxで指定）

height属性	
●役割	●属性値
表示する画像の高さを指定する。	数値（表示する高さをpxで指定）

使い方 | width属性とheight属性の使い方

```
<img␣src="画像ファイルのURL"␣width="表示する幅(px)"␣height="
表示する高さ(px)"␣alt="代替テキスト">
```

サンプル   width属性とheight属性を使って画像を半分のサイズに縮小した例

```
<img␣src="images/coffee.jpg"␣width="240"␣height="160"␣alt="厳選したコーヒー
豆を使った淹れたてのブレンドコーヒー">
```

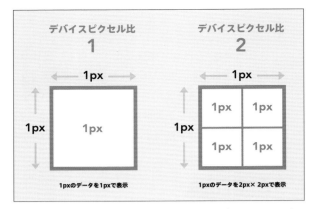

Step2の1つ目のサンプルの画像を、Mac
やiPhoneのRetina Displayや4Kディスプ
レイなどの高解像度ディスプレイで閲覧す
ると、文字は非常に綺麗なのに、画像がぼや
けて表示されると思います。これは1ピクセ
ル分の画像データをディスプレイ上では何
ピクセルで表示するかという比率が、高解像
度ディスプレイと通常のディスプレイとで
は異なることに起因します。この比率のことを、「デバイスピクセル比」といいます。通常のディスプレ
イは、1ピクセル分の画像データを、ディスプレイ上も同様に1ピクセル使って表示します。

しかし、たとえばデバイスピクセル比が2のディスプレイ（高解像度ディスプレイ）の場合は、1ピクセル
分の画像データを横2ピクセル、縦2ピクセルの、計4ピクセル使って表示することになるのです。こ
れによって、文字などは非常に綺麗に表示されるのですが、SVGなどのベクター形式以外の画像に関し
ては、1ピクセル分の画像データを2ピクセル×2ピクセルに、つまり2倍に引き伸ばして表示している
ことになるため、画像がぼやけてしまいます。

デバイスピクセル比が2のディスプレイに対応させたい場合は、あらかじめ画像を表示したいサイズの
2倍のサイズで用意しておき、width属性やheight属性に、用意した画像の半分のサイズを指定するこ
とで綺麗に表示されるようになります。したがって、1ページ前のサンプル「width属性とheight属性を使っ
て画像を半分のサイズに縮小した例」は、サイズは小さくなっていますが、高解像度ディスプレイでもき
れいに見えているかと思います。

ただし、これでは通常のディスプレイで閲覧しているユーザにとっては必要以上に大きいデータをダウ
ンロードしていることになり、パフォーマンスが悪くなる可能性があります。そこで、複数の参照先を指
定することができるsrcset属性を使うと、通常のディスプレイで閲覧しているユーザには通常サイズの
画像を、高解像度ディスプレイで閲覧しているユーザにはデバイスピクセル比に合った倍率の画像を表示
することができます。

この内容は、はじめてHTMLを勉強される方にとっては少しややこしいので、難しく感じた場合は立
ち止まらず、ほかの学習内容に進んで大丈夫です。ひととおりHTMLの勉強が終わった頃にまた戻って
きてもらえたらと思います。

📖 Keyword

srcset属性

●役割
複数の参照先を指定する。
●属性値
画像ファイルのURL　記述子
(,で区切ることで複数指定可能)

●記述子
デバイスピクセル比による指定……デバイスピク
セル比に「×」をつけて記述
ウィンドウ幅による指定……幅（数値）に「w」を
つけて記述
※記述子を省略した場合は、「1×」として扱われます。

使い方 デバイスピクセルを用いたsrcset属性の使い方

```
<img␣src="画像ファイルのURL"␣srcset="画像ファイルのURL␣適用す
るデバイスピクセル比"␣width="表示する幅(px)"␣height="表示する高
さ(px)"␣alt="代替テキスト">
```

たとえば、デバイスピクセル比が1のディスプレイとデバイスピクセル比が2のディスプレイのどちらにも対応させる場合は、以下のようになります。

使い方 srcset属性を使ってデバイスピクセル比が「1」と「2」のディスプレイに対応させる方法

```
<img␣src="画像ファイルのURL"␣srcset="デバイスピクセル比「1」用の
画像ファイルのURL,␣デバイスピクセル比「2」用の画像ファイルの
URL␣2x"␣width="表示する幅(px)"␣height="表示する高さ(px)
"alt="代替テキスト">
```

srcset属性を使う場合であっても src属性は必要となります。srcset属性を知らない古いブラウザ（Internet Explorer11など）や、srcset属性にデバイスピクセル比が1の画像と幅の記述子（w）のある画像が含まれていない場合に、src属性に指定した画像が参照されます。

サンプル srcset属性を使ってデバイスピクセル比が「2」のディスプレイに対応した例

```
<img␣src="images/coffee.jpg"␣srcset="images/coffee@2x.jpg␣2x"␣width="480
"␣height="320"␣alt="厳選したコーヒー豆を使った淹れたてのブレンドコーヒー">
```

デバイスピクセル比が1のディスプレイでは、src属性に指定した「coffee.jpg」が表示されます。また、デバイスピクセル比が2のディスプレイでは、srcset属性に指定した「coffee@2x.jpg」が表示されます。

▶ 画像の描画処理と読み込みタイミング

Webページにおける画像は、サイトの表示速度に大きく影響します。表示速度の向上のためには、画像のファイル容量を抑えることが効果的ですが、img要素のdecoding属性や、loading属性を使うことで対策できる部分もあります。

たとえば、decoding属性を指定することで、ブラウザが画像を描画するために行う変換処理のタイミングを指定することができます。ブラウザは、画面への表示に適したビットマップという形式に画像を変換するのですが、この変換処理のことを「デコード」といいます。デコードを行うタイミングはブラウザによるのですが、ブラウザによっては画像のデコードが完了するまで、ほかのコンテンツの表示を保留する場合があります。このように、何らかの処理が終わるまで待機し、次の処理を行うことを「同期処理」などといいます。

同期処理を行う場合、画像のデコード完了までに時間がかかると、ほかのコンテンツの表示タイミングも遅くなります。そこで、decoding属性の属性値に「async」を指定することで、デコードの完了を待たずにほかのコンテンツを表示させることができます。つまり、画像以外のコンテンツを、より早く表示させることができるのです。このように、処理が完了するのを待たず、ほかのコンテンツの処理を行うことを「非同期処理」といいます。

なお、decoding属性を省略した場合は、autoが指定されたものとして扱われます。

こちらの内容も、はじめてHTMLを勉強される方には少しややこしい部分なので、難しく感じた場合は立ち止まらず、ほかの学習内容に進んで大丈夫です。

📖 Keyword

decoding属性

●役割
画像のデコードのヒントを指定する。

●属性値
sync‥‥‥‥同期的にデコードを行う
async‥‥‥‥非同期でデコードを行う
auto‥‥‥‥‥自動（ブラウザによる）

使い方 | decoding属性の使い方

```
<img␣src="画像ファイルのURL"␣width="表示する幅(px)"␣height="表示する高さ(px)"␣alt="代替テキスト"␣decoding="デコードのヒント">
```

サンプル | decoding属性を使って非同期で画像をデコードする例

```
<img␣src="images/logo-dummy-cafe.svg"␣width="200"␣height="160"␣alt="Dummy␣Cafe"␣decoding="async">
```

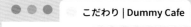

Dummy Cafe

　また、loading属性を用いることで、画像の読み込みタイミングを指定することも可能です。通常はブラウザにHTMLが読み込まれた際に、HTMLファイル内にあるすべての画像が読み込まれますが、一般的なWebページは縦長であるため、スクロールをしなければ全体を見ることができません。つまり、まずは最初に表示される部分（ファーストビュー）のみ目に入るため、ページ下部にある画像は、スクロールしていくまでは必要ありません。そこで、loading属性に「lazy」という属性値を指定することで、ページ下部にある画像は最初の時点では読み込まず、その画像の表示領域の近くまでスクロールされたタイミングで画像を読み込むという、遅延読み込みを行うことができます。これによって、ページの読み込み時に表示領域にない画像の読み込みを行うことがなく、初期表示の表示速度を向上させることができます。

　ただし、ページ読み込み時、ファーストビューにある画像にこの指定を行うと、ページが表示された時点で画像が正常に表示されない場合があります。たとえば、ローディング画面作成時、JavaScriptを用いてページの読み込みの進捗を判断する際に、loading属性に「lazy」が指定されている画像は監視対象に入らないためです。画像の読み込みが完了していなくても、ローディング画面が終了してしまう可能性があるので注意が必要です。なお、loading属性を指定する場合は、width属性やheight属性も併せて指定することが推奨されています。

　また、loading属性を省略した場合は、eagerが指定されたものとして扱われます。

📖 Keyword

loading属性

●役割
画像の読み込みタイミングを指定する。

●属性値
lazy············· 遅延読み込み
eager········· すぐに読み込む

```
<img␣src="画像ファイルのURL"␣width="表示する幅(px)"␣height="
表示する高さ(px)"␣alt="代替テキスト"␣loading="読み込みタイミング
">
```

サンプル loading属性を使って遅延読み込みを行った例

```
<h2>厳選したコーヒー豆。</h2>
<p>
␣␣美味しいコーヒーをお客様にご提供するために、厳選された最高のコーヒー豆のみを焙煎して使用していま
す。また、Dummy␣Cafeでは、お客様のお好みにあったコーヒ豆をご注文を承ってから一粒一粒時間を掛けて
お選びし、その場でブレンドしてご提供しています。
</p>
<p>
␣␣<img␣src="images/coffee.jpg"␣width="480"␣height="320"␣alt="厳選したコー
ヒー豆を使った淹れたてのブレンドコーヒーをお召し上がり下さい。"␣loading="lazy">
</p>
```

厳選したコーヒー豆。

美味しいコーヒーをお客様にご提供するために、厳選された最高のコーヒー豆のみを焙煎して使用しています。また、Dummy Cafeでは、お客様のお好みにあったコーヒ豆をご注文を承ってから一粒一粒時間を掛けてお選びし、その場でブレンドしてご提供しています。

画像データを直接埋め込む

詳細は本書では割愛しますが、データURLという文字列をsrc属性に指定することで、直接画像を埋め込むことも可能です。これにより、小さいサイズの画像などでは表示速度が速くなる場合があります。

| サンプル | データURLを使って画像を埋め込んだ例 |

```
<img␣src="data:image/svg+xml;charset=utf8,%3C%3Fxml%20
version%3D%221.0%22%20encoding%3D%22UTF-8%22%3F%3E%3Csvg%20id%3D%22_%E
3%82%A4%E3%83%A4%E3%83%BC_2%22%20xmlns%3D%22http%3A%2F%2Fwww.
w3.org%2F2000%2Fsvg%22%20viewBox%3D%220%200%2026.19%2016%22%3E%3Cg%20
id%3D%22_%E3%82%A4%E3%83%A4%E3%83%BC_1-2%22%3E%3Cpath%20
d%3D%22M26.19%2C6.75c0-1.96-1.02-3.75-2.68-4.77l.5-1.99H0L3.24%2C12.97
c.45%2C1.78%2C2.04%2C3.03%2C3.88%2C3.03h9.75c1.84%2C0%2C3.43-
1.25%2C3.88-3.03l.16-.63c2.93-.17%2C5.27-2.61%2C5.27-5.58Zm-
6.4%2C5.97c-.33%2C1.34-1.53%2C2.27-2.91%2C2.27H7.12c-1.38%2C0-2.58-
.93-2.91-2.27L1.28%2C1H22.72l-2.93%2C11.73Zm1.44-1.64l1.97-
7.88c1.12%2C.82%2C1.79%2C2.13%2C1.79%2C3.54%2C0%2C2.21-1.64%2C4.02-
3.76%2C4.34Z%22%2F%3E%3C%2Fg%3E%3C%2Fsvg%3E"␣alt="コーヒーカップ">
```

デバイスによって画像を切り替える

picture要素を使うことで、ブラウザのサイズや対応している画像形式などによって画像を切り替えることができます。これにより、スマートフォンやタブレット、PCなどの場合に応じて画像ファイルを切り替えることができます。ただし、こちらは少々ややこしく、CSSに登場する知識も必要となりますので、本書では詳細は割愛します。基本的には以下のような使い方になります。

| 使い方 | picture要素の基本的な使い方 |

```
<picture>
␣␣<source␣srcset="画像ファイルのURL␣記述子"␣media="この画像が選択される条件">
␣␣<img␣src="画像ファイルのURL"␣alt="代替テキスト">
</picture>
```

picture要素の中には、ブラウザの幅など、条件によって切り替えたい画像の数だけsourceという要素を配置し、最後にimg要素を配置します。img要素は、source要素の条件にマッチしない場合や、picture要素に対応していないブラウザ用の画像となるため、必ず配置する必要があります。なお、media属性に指定する条件や詳しい指定方法については、CSSの学習の際か、CSSの学習を終えてから「メディアクエリ」について学習するのがよいでしょう。たとえば次ページのように記述することで、ブラウザの幅が992px以上（ノートPCなど）の場合、pc.jpgが表示され、992px未満で768px以上（iPadなど）の場合、tablet.jpg が表示されます。また、どちらにも該当しない、もしくはpicture要素に非対応のブラウザの場合は、sp.jpg が表示されます。

```
<picture>
␣␣<source␣srcset="images/pc.jpg,␣images/pc@2x.jpg␣2x"␣media="(min-
width:␣992px)">
␣␣<source␣srcset="images/tablet.jpg,␣images/tablet@2x.
jpg␣2x"␣media="(min-width: 768px)">
␣␣<img␣src="images/sp.jpg"␣srcset="images/sp@2x.jpg␣2x"␣alt="">
</picture>
```

img 要素、ややこしいですね……

確かに、全部覚えようと思うと大変だね。まずは src 属性と alt 属性を指定することで、画像を表示できるようになればいいと思うよ。それから width 属性と height 属性かな。

画像表示と、画像サイズの指定ですね。

うん。高解像度ディスプレイの対応や表示速度に関するところは、ひととおり HTML の勉強が終わってから勉強してもいいんじゃないかな。

📝 Memo

インラインSVG

画像の主なファイル形式（172ページ参照）で紹介した「SVG」は、XMLという言語をベースとした、二次元のグラフィックスを表現できるベクター形式の画像です。

SVG形式はimg要素を用いて指定するほか、ファイルをテキストエディタなどで開くと表示される <svg> タグをHTML内に直接記述することで利用できます。また、SVGにあらかじめ画像のサイズが設定されている場合、<svg> タグを確認すると数値を知ることができます。

サンプル　SVG画像をHTMLに直接記述した例

```
<svg␣xmlns="http://www.w3.org/2000/svg"␣width="100"␣height="100"␣viewB
ox="0␣0␣100␣100">
␣␣<rect␣id="rect1"␣data-name="rect1"␣width="100"␣height="100"/>
</svg>
```

このように、直接HTMLに記述したSVGのことをインラインSVGと呼びます。インラインSVGは、CSSやJavaScriptを使って色を変えたり、アニメーションを定義したりすることも可能です。

それでは、実際にimg要素を使ってみましょう。

❶「html-lessons」→「chapter03」→「recipe」フォルダ内にある「karaage.html」をテキストエディタで開く。

❷ファイルの中にある文章をよく読み、下記の文字列をimg要素を用いて「chapter03」フォルダ内にある画像に置き換え、適切な代替テキストを指定する。

文字列	画像ファイル	幅	高さ
Dummy Kitchen	「images」フォルダ内の「logo-dummy-kitchen.svg」	240px	48px

余裕があれば 以下にも対応しましょう。

画像のデコードの方法	非同期

❸見出し「絶対に失敗しない架空のからあげ」の下に、「chapter03」フォルダ内にある以下の画像を追加し、適切な代替テキストを指定する。

画像ファイル	幅	高さ
「images」フォルダ内の「karaage.jpg」	840px	520px

余裕があれば 以下にも対応しましょう。

高解像ディスプレイ用画像（デバイスピクセル比：2）	画像のデコードの方法
「images」フォルダ内の「karaage@2x.jpg」	非同期

❹上書き保存する。

❺「html-lessons」→「chapter03」→「recipe」フォルダ内に保存した「karaage.html」をブラウザのウィンドウにドラッグ＆ドロップし、画像が表示されているかどうかを確認する。

解答例　complete/chapter03/04/recipe/karaage.html

```
007  <body>
008    <p>
009      <a␣href="../index.html">
010        <img␣src="../images/logo-dummy-kitchen.svg"␣width="240"␣height="48"␣alt="Dummy Kitchen">
011      </a>
012    </p>
013    <p>架空の絶品料理レシピサイト</p>
014
015    <ul>
016      <li><a␣href="index.html">レシピを探す</a></li>
```

```
017        <li><a href="../lesson/index.html">料理を学ぶ</a></li>
018        <li><a href="../column/index.html">コラムを読む</a></li>
019        <li><a href="../login/index.html">ログイン</a></li>
020        <li><a href="../register/index.html">無料会員登録</a></li>
021    </ul>
022
023    <h1>絶対に失敗しない架空のからあげ</h1>
024    <p><img src="../images/karaage.jpg" width="840" height="520" alt="揚げたてのからあげをお皿に盛り付けて、パセリを添えるとより美味しそうに見えますよ"></p>
025    <ul>
026        <li><a href="#ingredients">材料</a></li>
027        <li><a href="#directions">作り方</a></li>
028        <li><a href="#faq">よくある質問</a></li>
029        <li><a href="#comments">コメント</a></li>
030    </ul>
031
032    <p>絶対に失敗しない最高においしい架空のからあげの作り方がわかったのでみなさんに共有します。とっても簡単ですが<strong>架空のからあげなので絶対に真似しないでくださいね。</strong></p>
033
034    <h2 id="ingredients">材料(2人分)</h2>
035    <ul>
036        <li>鶏もも肉 300g</li>
037        <li>片栗粉 適量</li>
038        <li>サラダ油 適量</li>
039        <li>しょうゆ 大さじ1</li>
040        <li>おろしにんにく 1片</li>
041        <li>おろししょうが 1片</li>
042    </ul>
043
044    <h2 id="directions">作り方</h2>
045    <ol>
046        <li>袋に一口サイズに切った鶏肉としょうゆとおろしにんにく、おろししょうがを入れてよく揉み込む</li>
047        <li>ボウルに片栗粉を入れ、鶏肉としっかりと絡める</li>
048        <li>180℃に熱した油で4〜5分揚げる</li>
049        <li>お皿に盛り付けて完成</li>
050    </ol>
051
052    <h2 id="faq">このレシピに関するよくある質問</h2>
053    <dl>
054        <dt>おろしにんにくはチューブタイプでもいいですか？</dt>
055        <dd>はい、チューブタイプでも大丈夫です。</dd>
056        <dt>鶏もも肉はどこで購入できますか？</dt>
057        <dd>お近くのスーパーマーケットなどでお買い求め下さい。</dd>
058    </dl>
059
060    <h2 id="comments">コメント</h2>
```

```
061
062 ␣␣<h3>料理が苦手な私でも出来ました！</h3>
063 ␣␣<p>投稿者:␣さくら</p>
064 ␣␣<p><time␣datetime="2022-03-25">2022.03.25</time></p>
065 ␣␣<p>
066 ␣␣␣実際に作ってみたら本当においしくてびっくり！架空のレシピだから失敗することもなくてとって
    もいい。
067 ␣␣</p>
068
069 ␣␣<h3>簡単でおいしい！</h3>
070 ␣␣<p>投稿者:␣とあるカフェの店長</p>
071 ␣␣<p><time␣datetime="2022-03-24">2022.03.24</time></p>
072 ␣␣<p>
073 ␣␣␣␣とっても簡単に作れて、めっちゃおいしいレシピをありがとう！
074 ␣␣</p>
075
076 ␣␣<p><a␣href="#top">このページの先頭に戻る</a></p>
077 </body>
```

余裕があれば

●画像のデコードの方法を非同期にした場合

解答例	complete/chapter03/recipe/04/karaage.html

```
008 ␣␣<p>
009 ␣␣␣␣<a␣href="../index.html">
010 ␣␣␣␣␣␣<img␣src="../images/logo-dummy-kitchen.svg"␣width="240"␣height=
    "48"␣alt="Dummy␣Kitchen"␣decoding="async">
011 ␣␣␣␣</a>
012 ␣␣</p>
```

●高解像度ディスプレイの対応と画像のデコードの方法を非同期にした場合

解答例	complete/chapter03/recipe/04/karaage.html

```
024 ␣␣<p><img␣src="../images/karaage.jpg"␣srcset="../images/karaage@2x.jp
    g␣2x"␣width="840"␣height="520"␣alt="揚げたてのからあげをお皿に盛り付けて、パセリ
    を添えるとより美味しそうに見えますよ"␣decoding="async"></p>
```

からあげの画像の alt 属性は「からあげ」だけではダメなのですか？

代替テキストに絶対的な正解はないのだけれど、「からあげ」だけだと、上の見出しを繰り返しているだけにも感じるね。代替テキストとしては情報が不足しているんじゃないかな？前後の文とのつながりも考えて、この画像がなくても、代替テキストを読むだけで内容が成立するようにしよう。

3-5 動画を埋め込む

Webページには動画を埋め込むこともできます。この節では、動画の埋め込み方法や細かな設定方法について学習しましょう

▶ Step❶ 動画を表す要素を知ろう

　　動画を使って情報をよりリアルに伝えたい場合があると思います。動画はvideo要素を使って表示することができ、src属性を使って参照する方法や、video要素内にsource要素を配置して参照する方法があります。

　　なお、画像と同様、動画も目や耳が不自由なユーザには情報を伝達することができません。そのため、セリフの書き起こしや字幕などの代替コンテンツを提供することで、アクセシビリティが向上します。ただし、video要素にはimg要素のalt属性のように代替テキストを提供する属性が無いため、動画内にテロップなどを埋め込むか、セリフの書き起こしや字幕をあらかじめ外部ファイルに保存しておき、video要素内にtrack要素を用いて読み込むことで対策しましょう。

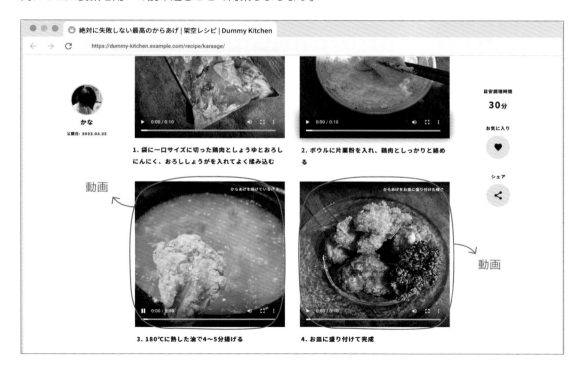

185

video 要素の概要

●意味
動画を表す。

●カテゴリ
フロー・コンテンツ
フレージング・コンテンツ
エンベディッド・コンテンツ
インタラクティブ・コンテンツ（controls 属性を指定した場合）

●コンテンツ・モデル（内包可能な要素）
・src 属性がある場合……0 個以上の track 要素、次にメディア要素（audio 要素や video 要素）を含まないトランスペアレント
・src 属性が無い場合……0 個以上の source 要素、次に 0 個以上の track 要素、次にメディア要素（audio 要素や video 要素）を含まないトランスペアレント

●利用できる主な属性
グローバル属性

属性	説明
src 属性	参照する動画ファイルの URL を指定する
poster 属性	ビデオが再生される前に表示する画像を指定する
autoplay 属性	ページが読み込まれた時に自動再生をするかを指定する
playsinline 属性	再生領域内に動画コンテンツを表示するように指定する
loop 属性	動画コンテンツを繰り返し再生するかを指定する
muted 属性	デフォルトでミュートにするかを指定する
controls 属性	動画のコントローラーを表示するかを指定する
width 属性	動画の横幅を指定する
height 属性	動画の高さを指定する

……など

source 要素の概要

●意味
複数の代替メディアファイルを表す。

●カテゴリ
なし

●コンテンツ・モデル（内包可能な要素）
なし（空要素）

●利用できる主な属性
グローバル属性

属性	説明
src 属性	参照するファイルの URL を指定する
type 属性	ファイルの種類を指定する

……など

track 要素の概要

●意味
字幕などのテキストトラックを表す。

●カテゴリ
なし

●コンテンツ・モデル（内包可能な要素）
なし（空要素）

●利用できる主な属性
グローバル属性

属性	説明
src 属性	参照するテキストファイルの URL を指定する（必須）
kind 属性	テキストトラックの種類を指定する
srclang 属性	テキストトラックの言語を指定する
label 属性	ユーザに表示されるラベルを指定する

……など

　video 要素の簡単な使い方は、src 属性の属性値に、配置したい動画ファイルまでの URL を記述する方法です。ただし、これだけでは動画を再生するボタンなどが無いため、動画を再生することができません。再生ボタンなどのコントローラーを表示する場合は、controls 属性を使います。controls 属性を使用することで、再生ボタンや再生位置を表すプログレスバー、音量などのコントローラーを動画上に表示することができます。なお、コントローラーの見え方はブラウザによって異なります

📖 **Keyword**

src属性	
●役割 ファイルの参照先を指定する。	●属性値 参照するファイルの URL

controls属性	
●役割 再生ボタンや再生位置を表すプログレスバー、音量などのコントローラーを表示する。	●属性値 ブール型属性（"controls" または ""、属性値自体の省略も可）

使い方 | video 要素の基本的な使い方

```
<video␣src="動画ファイルのURL"␣controls></video>
```

サンプル video 要素に controls 属性を使った例

```
<video␣src="movies/drip.mp4"␣controls></video>
```

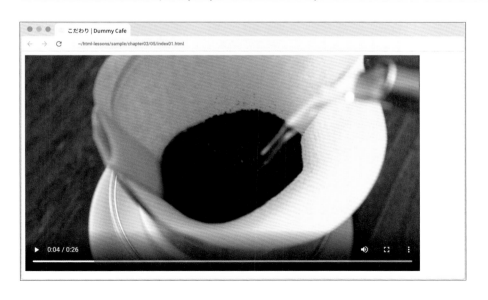

video 要素の内容にテキストを入れることで、video 要素に対応していないブラウザ向けにメッセージを表示させることができます。ただし、現在主要なブラウザは video 要素に対応していますので、ほとんどの場合は記述する必要はないでしょう。

使い方 ｜ video 要素に対応していないブラウザ向けのメッセージの使い方

```
<video␣src="動画ファイルのURL">
␣␣video要素に対応していないブラウザに表示するテキスト
</video>
```

サンプル　video要素に対応していないブラウザ向けにメッセージを表示させる例

```
<video␣src="movies/drip.mp4"␣controls>
␣␣申し訳ありませんが、お使いのブラウザは埋め込み動画をサポートしていません。
</video>
```

▶ 動画のファイル形式について

video 要素で利用できる動画形式は、ブラウザによって異なります。現在の主要なブラウザは MP4 形式に対応しているため、基本的には MP4 を使用するのがよいでしょう。そのほか、Google 社が開発している WebM 形式も、多くのブラウザがサポートを開始しています。ブラウザのサポート状況や画質、ファイル容量などを考慮して、使用するファイル形式を選択しましょう。

名称	拡張子	特徴	MIME タイプ
MP4	.mp4	幅広い環境で再生ができる高画質な動画形式	video/mp4
WebM（ウェブエム）	.webm	Google 社が開発しているオープンな動画形式。インターネットストリーミングに適している	video/webm

ブラウザの動画形式の対応状況は、以下の Web サービスを使って確認することができます。

参照

Can I use...Support tables for HTML5,CSS3,etc

https://caniuse.com/

▶ 複数の動画形式を指定する

表示速度やブラウザの対応状況などを考慮し複数の動画形式を指定する場合は、video要素の中に指定する動画形式の数だけsource要素を配置し、そのsource要素のsrc属性に各動画ファイルまでのURLを、type属性にファイル形式を指定します。その際、ブラウザはsource要素が記述された順番にファイル形式が対応されているかを判断します。対応している場合はその箇所のsource要素が採用され、それ以降に記述したsource要素は無視されます。

📖 Keyword

type属性

●役割	●属性値
ファイルの種類を指定する。	ファイルの種類に合わせたMIMEタイプ

使い方 | 複数の動画形式を使う方法

```
<video>
　　<source␣src="動画ファイルのURL1"␣type="ファイルの種類">
　　<source␣src="動画ファイルのURL2"␣type="ファイルの種類">
　　video要素に対応していないブラウザに表示するテキスト
</video>
```

サンプル 複数の動画形式を指定した例

```
<video␣controls>
　　<source␣src="movies/drip.webm"␣type="video/webm">
　　<source␣src="movies/drip.mp4"␣type="video/mp4">
　申し訳ありませんが、お使いのブラウザは埋め込み動画をサポートしていません。
</video>
```

上記の例では、WebM形式に対応しているブラウザではWebM形式の動画が読み込まれ、WebMに対応しておらずMP4形式に対応しているブラウザであれば、MP4形式の動画が読み込まれます。

▶ 再生前に表示する画像を指定する

poster属性を用いることで、動画ファイルのダウンロード中に表示する画像を指定することができます。poster属性を使用しない場合は、動画の最初のフレームが読み込まれるまでは何も表示されず、最初のフレームが利用できるようになると、そのフレームが表示されます。

使い方 | poster属性の使い方

```
<video␣src="動画ファイルのURL"␣poster="画像ファイルのURL"></
video>
```

サンプル poster属性を使ってサムネイル画像を表示した例

```
<video␣src="movies/drip.mp4"␣poster="images/drip.jpg"␣controls></video>
```

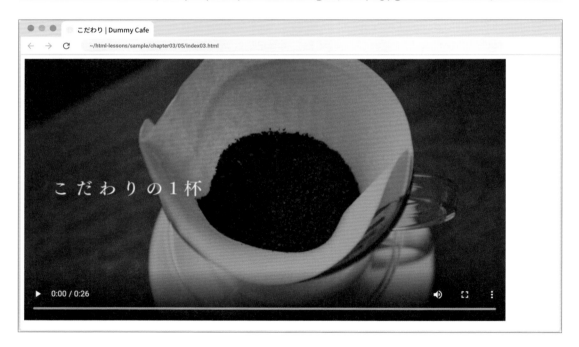

▶ モバイルデバイスなどで動画をインライン再生する

スマートフォンなどのモバイルデバイスによっては、動画が再生される際に、全画面表示になるブラウザもあります。playsinline属性を指定することで、全画面表示せず、動画の表示領域内で再生することができます。

📖 Keyword

playsinline属性

●役割
フルスクリーンで動画を再生するブラウザに対してインラインで再生するようにする。

●属性値
ブール型属性（"playsinline"または""、属性値自体の省略も可）

使い方 | playsinline属性の使い方

```
<video␣src="動画ファイルのURL"␣playsinline></video>
```

サンプル playsinline属性を使った例

```
<video␣src="movies/drip.mp4"␣playsinline␣controls></video>
```

playsinline属性なし

playsinline属性あり

▶ 動画をループ再生する

loop属性を指定することで、一度動画が再生されたのち、そのままループ再生させることができます。

📖 Keyword

loop属性

●役割
ループ再生で表示する。

●属性値
ブール型属性（"loop"または""、属性値自体の省略も可）

使い方 ｜ loop属性の使い方

```
<video␣src="動画ファイルのURL"␣loop></video>
```

サンプル　loop属性を使った例

```
<video␣src="movies/drip.mp4"␣loop␣controls></video>
```

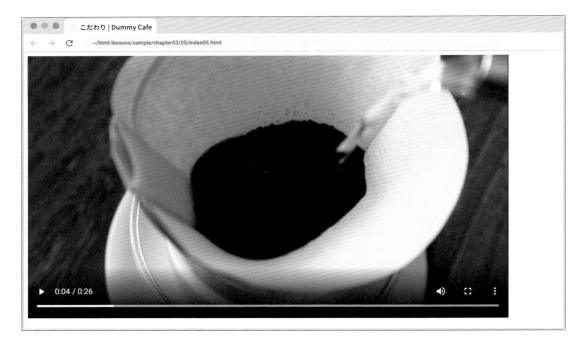

▶ 動画を初期状態はミュートにしておく

muted属性を指定することで、デフォルトで音声をミュートにすることができます。ただし、コントローラーを使って音量を変更することは可能です。

📖 Keyword

muted属性

●役割
初期状態の動画をミュートにする。

●属性値
ブール型属性（"muted"または""、属性値自体の
省略も可）

使い方 | muted属性の使い方

```
<video␣src="動画ファイルのパス"␣muted></video>
```

サンプル muted属性を使った例

```
<video␣src="movies/drip.mp4"␣muted␣controls></video>
```

▶ 動画を自動再生する

autoplay属性を指定することで、ページ読み込み時に動画を自動再生することができます。ただし、自動再生されることでユーザが予期しないデータ通信量が発生する可能性があるため、ユーザが自ら再生ボタンを押すことで再生される仕様が推奨されています。また、ページを閲覧したタイミングで音声つきの動画がいきなり再生されてしまうと、場合によっては不都合なこともあるため、自動再生する場合はmuted属性を一緒に指定しておくと親切かもしれません。ブラウザによっては、muted属性も一緒に指定しておかないと自動再生されないものもあります。なお、動画をいつでも停止することができるようにcontrols属性も指定するようにしましょう。

またスマートフォンのように、デフォルトではフルスクリーンで動画が再生される環境の場合は、playsinline属性も一緒に指定しておかなければ自動再生されません。そのためautoplay属性を使う場合は、muted属性とplaysinline属性もセットで指定するのが基本です。

📖 Keyword

autoplay属性

●役割
動画を自動再生する。

●属性値
ブール型属性（"autoplay"または""、属性値自体の省略も可）

使い方 | autoplay属性の使い方

```
<video␣src="動画ファイルのURL"␣autoplay></video>
```

サンプル | autoplay属性を使った例

```
<video␣src="movies/drip.mp4"␣autoplay␣muted␣playsinline></video>
```

▶ 動画の大きさを変更する

img要素同様に、width属性や、height属性を利用することで動画の大きさを変更することができます。なお、ウィンドウ幅に応じたサイズの変更に対応させる場合はCSSを用います。

📖 Keyword

width属性

●役割
表示する動画の幅を指定する。

●属性値
数値（表示する幅をpxで指定）

height属性

●役割
表示する動画の高さを指定する。

●属性値
数値（表示する高さをpxで指定）

使い方 | width属性とheight属性の使い方

```
<video␣src="動画ファイルのURL"␣width="表示する幅(px)"␣
height="表示する高さ(px)"></video>
```

サンプル　width属性とheight属性を使った例

```
<video␣src="movies/drip.mp4"␣width="640"␣height="360"␣controls></video>
```

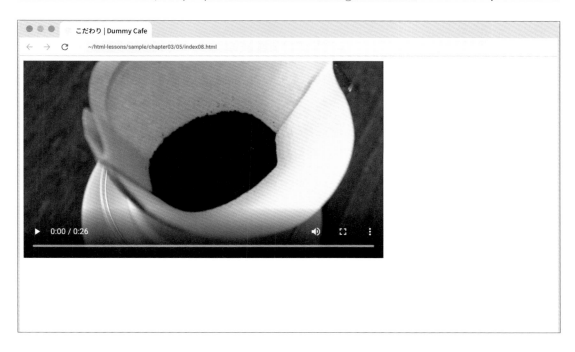

　video要素内にtrack要素を配置することで、動画に字幕などのテキストトラックを提供することができます。テキストトラックを提供することで、耳が不自由なユーザや、音声が利用できない状況などであっても、動画の情報を伝達できる代替コンテンツとして機能します。テキストトラックは WebVTT（Web Video Text Tracks）形式のファイル（.vtt）で用意し、そのファイルをtrack要素のsrc属性で読み込みます。また、テキストトラックの種類をkind属性で指定したり、テキストトラックの言語をsrclang属性で指定したり、ユーザがコントローラーでテキストトラックを選択する際のラベルをlabel属性で指定したりもできます。

　なお、kind属性を省略した場合は、subtitlesが指定されたものとして扱われます。

📖 Keyword

---

src属性（必須）

●役割
ファイルの参照先を指定する。

●属性値
参照するファイルのURL

---

kind属性

●役割
テキストトラックの種類を指定する。

●属性値

subtitles……………字幕の意味で、会話などの文字起こしや翻訳をしたテキストトラック

captions……………音声が利用できない場合や耳が不自由な方向けに会話や効果音などの非言語情報を含んだテキストトラック

descriptions………動画を視聴できない場合や目が不自由な方向けに動画の内容を説明したテキストトラック

chapters……………チャプターごとのタイトルを記したテキストトラック

metadata…………JavaScriptなどからの利用を目的としたテキストトラック

※無効な値が指定された場合は、metadata として扱われます。

---

srclang属性（kind属性が「subtitles」の場合は必須）

●役割
テキストトラックの言語を指定する。

●属性値
言語名（英語「en」、日本語「ja」など）

---

label属性

●役割
ユーザに表示されるラベルを指定する。

●属性値
ラベルとなる文字列

---

track要素は、video要素内に記述した、video要素に対応していないブラウザへのメッセージよりも前に配置します。source要素を用いて複数の動画ファイルを指定している場合は、track要素はsource要素の後、かつvideo要素に対応していないブラウザへのメッセージよりも前に配置します。

使い方 | track要素の基本的な使い方

```
<video␣src="動画ファイルのURL">
␣␣<track␣kind="テキストトラックの種類"␣src="テキストトラックファイルのURL"␣srclang="テキストトラックの言語"␣label="テキストトラックのラベル">

␣␣video要素に対応していないブラウザに表示するテキスト
</video>
```

使い方 | source要素を使って複数動画ファイルを指定する際のtrack要素の配置場所

```
<video>
␣␣<source␣src="動画ファイルのURL1"␣type="ファイルの種類">
␣␣<source␣src="動画ファイルのURL2"␣type="ファイルの種類">

␣␣<track␣kind="テキストトラックの種類"␣src="テキストトラックファイルのURL"␣srclang="テキストトラックの言語"␣label="テキストトラックのラベル">

␣␣video要素に対応していないブラウザに表示するテキスト
</video>
```

サンプル track要素を使った例

```
<video␣src="movies/drip.mp4"␣controls>
␣␣<track␣kind="captions"␣src="movies/captions-ja.vtt"␣srclang="ja"
label="難聴者向け日本語">
</video>
```

なお、Google Chromeの場合は動画コントローラー右下の「 ： 」から「字幕」を選んで表示／非表示を選択することができます。

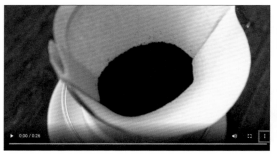

▶ WebVTT（Web Video Text Tracks）形式のファイルの作成

　WebVTTは、時間指定のテキストトラックを表示するファイルで、拡張子は「.vtt」となります。WebVTTファイルは、先頭の行にWEBVTTと記述し、その後に空白行を入れてから、以下のルールでタイムマーカーと画面に表示するテキストを必要な数だけ記述します。タイムマーカーとテキストのセットごとに空白行で区切ります。

使い方 | WebVTT

任意のID名
開始時間␣-->␣終了時間␣（時間のフォーマットは、hh:mm:ss.ttt）
上記の時間の間表示されるテキスト

サンプル | WebVTT ファイルの例

```
WEBVTT

cue1
00:00:02.000␣-->␣00:00:07.000
シャー（コーヒーを淹れる音）

cue2
00:00:07.000␣-->␣00:00:17.500
チャポチャポ...（コーヒーを淹れる音）

cue3
00:00:19.000␣-->␣00:00:25.500
シャー（コーヒーを淹れる音）
```

なおtrack要素は、1つのvideo要素の中に複数配置することが可能です。英語の字幕、日本語の字幕、耳が不自由な方向けのテキストトラックなど、より多くのユーザが動画の内容を理解できるように、サポートをすることが可能です。

サンプル　track要素を複数配置してさまざまなテキストトラックを提供した例

```
<video src="movies/coffee-seminar.mp4" controls>
  <track kind="subtitles" src="movies/subtitles-en.vtt" srclang="en"
label="English">
  <track kind="subtitles" src="movies/subtitles-ja.vtt" srclang="ja"
label="日本語">
  <track kind="captions" src="movies/captions-ja.vtt" srclang="ja"
label="難聴者向け日本語">
</video>
```

 video要素にも、いろいろな属性がありますね。

 そうだね。これらの属性を使ってコントローラーをつけたり、ループ再生にしたり、自動再生にしたりと、さまざまな機能を有効にすることができるよ。

 動画の部分、なんだか覚えることが多くなかったですか？

 少し難しい内容もあったかもしれないけれど、動画が入ることで、静止画では伝わりづらい空気感なども伝えられるからね。楽しかったでしょ？

 確かに、動画が入れられるようになって、だいぶ学習が進んだ感じがします！オリジナルのコントローラーも作ってみたいなー。

 オリジナルのコントローラーにするなら、JavaScriptが必要になるね。JavaScriptを用いればcontrols属性によるブラウザのコントローラーを利用せず、オリジナルのコントローラーを作ることも可能だよ。

 い、いつかJavaScriptもがんばりますよ！

 応援してるよ。

それでは、実際にvideo要素を使ってみましょう。

❶「html-lessons」→「chapter03」→「recipe」フォルダ内にある「karaage.html」をテキストエディタで開く。

❷ファイルの中にある文字列「180℃に熱した油で4～5分揚げる」の手前（li要素の中）に、下記の設定でvideo要素を用い「chapter03」フォルダ内にある動画を配置する。

動画ファイル	WebM形式の再生に対応しているブラウザ：「movies」フォルダ内の「fly.webm」
	WebM形式の再生に対応していないブラウザ：「movies」フォルダ内の「fly.mp4」
コントローラー	有効
ポスター	「images」フォルダ内の「fly.jpg」
インライン再生	有効
幅	400px
高さ	400px

❸video要素に「chapter03」フォルダにあるテキストトラックを提供する。

参照するテキストトラック	テキストトラックの種類	テキストトラックの言語	テキストトラックのラベル
「movies」フォルダ内の「caption-ja.vtt」	キャプション	日本語	難聴者用の日本語

❹上書き保存する。

❺「html-lessons」→「chapter03」→「recipe」フォルダ内に保存した「karaage.html」をブラウザのウィンドウにドラッグ＆ドロップし、動画が利用できるかどうか確認する。

テキストトラックが読み込まれない？

Google Chromeなど、一部のブラウザでは、HTMLファイルをダブルクリックするなどし直接ブラウザで開いた時に、track要素のテキストトラックがセキュリティの観点から読み込まれないことがあります。テキストトラックの読み込みについては、ローカルサーバなどの環境で確認してください。Visual Studio Codeを使用する場合、147ページのMemoでも触れているように、「Live Preview」という拡張機能を利用することで、手軽にローカルサーバの環境を用意することができます。

参照

Live Preview - Visual Studio Marketplace
https://marketplace.visualstudio.com/items?itemName=ms-vscode.live-server

完成イメージ

絶対に失敗しない最高のからあげ | 架空レシピ | Dummy Kitchen

~/html-lessons/complete/chapter03/05/recipe/karaage.html

作り方

1. 袋に一口サイズに切った鶏肉としょうゆとおろしにんにく、おろししょうがを入れてよく揉み込む
2. ボウルに片栗粉を入れ、鶏肉としっかりと絡める

3. 180℃に熱した油で4〜5分揚げる
4. お皿に盛り付けて完成

このレシピに関するよくある質問

おろしにんにくはチューブタイプでもいいですか？
　　　　はい、チューブタイプでも大丈夫です。
鶏もも肉はどこで購入できますか？
　　　　お近くのスーパーマーケットなどでお買い求め下さい。

ページ表示時

作り方

1. 袋に一口サイズに切った鶏肉としょうゆとおろしにんにく、おろししょうがを入れてよく揉み込む
2. ボウルに片栗粉を入れ、鶏肉としっかりと絡める

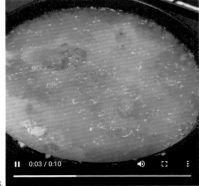

3. 180℃に熱した油で4〜5分揚げる
4. お皿に盛り付けて完成

このレシピに関するよくある質問

おろしにんにくはチューブタイプでもいいですか？
　　　　はい、チューブタイプでも大丈夫です。
鶏もも肉はどこで購入できますか？

動画再生時

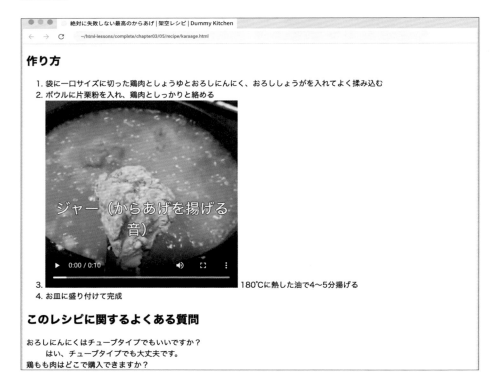

テキストトラック表示時

```
007  <body>
008  ␣␣<p><a␣href="../index.html"><img␣src="../images/logo-dummy-kitchen.
     svg"␣width="240"␣height="48"␣alt="Dummy␣Kitchen"></a></p>
009  ␣␣<p>架空の絶品料理レシピサイト</p>
010
011  ␣␣<ul>
012  ␣␣␣␣<li><a␣href="index.html">レシピを探す</a></li>
013  ␣␣␣␣<li><a␣href="../lesson/index.html">料理を学ぶ</a></li>
014  ␣␣␣␣<li><a␣href="../column/index.html">コラムを読む</a></li>
015  ␣␣␣␣<li><a␣href="../login/index.html">ログイン</a></li>
016  ␣␣␣␣<li><a␣href="../register/index.html">無料会員登録</a></li>
017  ␣␣</ul>
018
019  ␣␣<h1>絶対に失敗しない架空のからあげ</h1>
020  ␣␣<p><img␣src="../images/karaage.jpg"␣width="840"␣height="520"␣alt="
     揚げたてのからあげをお皿に盛り付けて、パセリを添えるとより美味しそうに見えますよ"></p>
021  ␣␣<ul>
022  ␣␣␣␣<li><a␣href="#ingredients">材料</a></li>
023  ␣␣␣␣<li><a␣href="#directions">作り方</a></li>
024  ␣␣␣␣<li><a␣href="#faq">よくある質問</a></li>
025  ␣␣␣␣<li><a␣href="#comments">コメント</a></li>
026  ␣␣</ul>
027
028  ␣␣<p>絶対に失敗しない最高においしい架空のからあげの作り方がわかったのでみなさんに共有します。
     とっても簡単ですが<strong>架空のからあげなので絶対に真似しないでくださいね。</strong></
     p>
029
030  ␣␣<h2␣id="ingredients">材料(2人分)</h2>
031  ␣␣<ul>
032  ␣␣␣␣<li>鶏もも肉␣300g</li>
033  ␣␣␣␣<li>片栗粉␣適量</li>
034  ␣␣␣␣<li>サラダ油␣適量</li>
035  ␣␣␣␣<li>しょうゆ␣大さじ1</li>
036  ␣␣␣␣<li>おろしにんにく␣1片</li>
037  ␣␣␣␣<li>おろししょうが␣1片</li>
038  ␣␣</ul>
039
040  ␣␣<h2␣id="directions">作り方</h2>
041  ␣␣<ol>
042  ␣␣␣␣<li>袋に一口サイズに切った鶏肉としょうゆとおろしにんにく、おろししょうがを入れてよく揉み
     込む</li>
043  ␣␣␣␣<li>ボウルに片栗粉を入れ、鶏肉としっかりと絡める</li>
044  ␣␣␣␣<li>
045  ␣␣␣␣␣␣<video␣controls␣playsinline␣poster="../images/fly.
     jpg"␣width="400"␣height="400">
046  ␣␣␣␣␣␣␣␣<source␣src="../movies/fly.webm"␣type="video/webm">
```

```
047        <source␣src="../movies/fly.mp4"␣type="video/mp4">
048        <track␣kind="captions"␣src="../movies/caption-ja.
   vtt"␣srclang="ja"␣label="難聴者用の日本語">
049      </video>
050        180℃に熱した油で4～5分揚げる
051      </li>
052    <li>お皿に盛り付けて完成</li>
053  </ol>
054
055  <h2␣id="faq">このレシピに関するよくある質問</h2>
056  <dl>
057    <dt>おろしにんにくはチューブタイプでもいいですか？</dt>
058    <dd>はい、チューブタイプでも大丈夫です。</dd>
059    <dt>鶏もも肉はどこで購入できますか？</dt>
060    <dd>お近くのスーパーマーケットなどでお買い求め下さい。</dd>
061  </dl>
062
063  <h2␣id="comments">コメント</h2>
064
065  <h3>料理が苦手な私でも出来ました！</h3>
066  <p>投稿者:␣さくら</p>
067  <p><time␣datetime="2022-03-25">2022.03.25</time></p>
068  <p>
069    実際に作ってみたら本当においしくてびっくり！架空のレシピだから失敗することもなくてとって
   もいい。
070  </p>
071
072  <h3>簡単でおいしい！</h3>
073  <p>投稿者:␣とあるカフェの店長</p>
074  <p><time␣datetime="2022-03-24">2022.03.24</time></p>
075  <p>
076    とっても簡単に作れて、めっちゃおいしいレシピをありがとう！
077  </p>
078
079  <p><a␣href="#top">このページの先頭に戻る</a></p>
080 </body>
```

どうだった？

うん、バッチリ再生されましたよ！

おお！いい感じだね。今回は、10秒程度の動画を自分のPC内のローカル環境で確認しているので、すぐに再生されたと思うけど、あまりにも重い動画ファイルをWeb上で閲覧しようとすると、動作が遅くなるなどパフォーマンスに影響するから気をつけてね。

え！では、重いファイルはアップできないのでしょうか？

動画の再生時間を短くしたり、なるべく動画ファイルが軽くなるように画質を下げることでも対策できるよ。また、比較的圧縮率が高い「WebM」形式に対応しているブラウザには、「WebM」形式の動画を提供するなど、パフォーマンスもちゃんと意識しようね。

わかりました！

📝 **Memo**

音声コンテンツをWebページに埋め込むaudio要素

HTMLには、音声コンテンツを埋め込むaudio要素もあります。本書では詳しく解説していませんが、使い方はvideo要素とよく似ています。ポッドキャストなどの音声コンテンツをWebページに埋め込む際には、このaudio要素を活用してください。筆者が運営しているオンラインサロン「Shibajuku」のWebページにも「シバジュク酒場」というポッドキャストがありますが、こちらもaudio要素を用いてページに埋め込むことで、ページ上でポッドキャストを聴けるようにしています。

ポッドキャスト - Shibajuku　https://shibajuku.net/podcast/

📝 **Memo**

音の出るWebサイト

ここで紹介したvideo要素をはじめ、audio要素やJavaScriptを使うことによって、Webページ上で音を出すことができます。音を効果的に使うことで、ユーザにより多くの情報や体験を提供できるでしょう。その一方で、ユーザの意図しないタイミングでWebページから音が出ると、驚きや不快感を与えてしまうことがあるかもしれません。Webページ上で音を使用する際は、あらかじめ音が出ることを予想できるような工夫をしたり、容易にONとOFFを選択できるようにするなどの配慮をしましょう。

3-6 | 外部のコンテンツを埋め込む

PDFや、YouTubeの動画、Google Mapなどといった、ほかのWebサイトのコンテンツをページ内に埋め込む方法を学習しましょう。

▶ Step ❶ 外部のコンテンツを埋め込む要素を知ろう

Webページの中に、PDFや別のWebサイトのコンテンツを埋め込みたい場合があります。たとえば、YouTubeの動画、Google Mapなどです。これらのコンテンツはinline frameという意味のiframe要素を用いることで自分のサイトに埋め込むことができます。なお、埋め込まれたPDFの見え方はブラウザによって異なります。

外部コンテンツ

📖 Keyword

iframe要素

●意味
inline frameの意味で、現在のページにほかのページのコンテンツを埋め込む。

●カテゴリ
フロー・コンテンツ
フレージング・コンテンツ
エンベディッド・コンテンツ
インタラクティブ・コンテンツ

●コンテンツ・モデル（内包可能な要素）
なし

●利用できる主な属性
グローバル属性
src属性…………参照先を指定する
width属性………横幅を指定する
height属性……高さを指定する
loading属性……読み込みタイミングを指定する
　　　　　　　　　　　　　　　　……など

▶ Step❷ iframe要素の使い方を知ろう

iframe要素もimg要素やvideo要素と同様に、src属性を用いて埋め込みたいページのURLを指定します。また、グローバル属性であるtitle属性を使うことで、埋め込みコンテンツの補足情報となるラベルを指定します。ラベルを指定することで、埋め込まれたコンテンツがどんな内容であるかを判断することができ、アクセシビリティが向上します。また、title属性の属性値に指定した内容は、ツールチップに表示されます。

📖 Keyword

src属性	title属性
●役割	●役割
参照先を指定する。	補足情報を指定する。
●属性値	●属性値
参照先のURL	補足情報

使い方 │ iframe要素の使い方

```
<iframe␣src="埋め込みたいページのURL"␣title="埋め込みコンテンツ
のラベル"></iframe>
```

サンプル　iframe要素でPDFファイルを埋め込んだ例

```
<iframe␣src="pdf/manual.pdf"␣title="Dummy␣Cafe接客マニュアル"></iframe>
```

📝 Memo

iframe要素には内容を記述しない

iframe要素には要素内容を記述せず、終了タグで閉じます。以前は、iframe要素に対応していないブラウザのために、代わりに表示されるメッセージを配置することができたのですが、現在のルールでは要素内容に何も配置せず、空のまま終了タグを記述することになっています。

YouTubeやGoogle Mapの埋め込み

YouTubeやGoogle Mapなどのサービスには、それぞれのサイトに埋め込み用のタグを生成する機能があります。この埋め込み用のタグにはすでにiframe要素が含まれているため、コードをそのままコピーし、HTMLファイル内に貼りつけることができます。

● **YouTubeの場合**

埋め込みたい動画ページの「共有」→「埋め込む」から表示されるiframe要素のコードをコピーする

● **Google Mapの場合**

埋め込みたい地図ページの「共有」→「地図を埋め込む」から表示される iframe要素のコードをコピーする

サンプル Google Map（〒162-0846 東京都新宿区市谷左内町２１−１３）を埋め込んだ例

```
<iframe␣src="https://www.google.com/maps/embed?pb=!1m18!1m12!1m3!1d865
.2205601477515!2d139.73556507251465!3d35.693545405696995!2m3!1f0!2f0!3
f0!3m2!1i1024!2i768!4f13.1!3m3!1m2!1s0x60188c5e412329bb%3A0x7db38e6732
953dc!2z44CSMTYyLTA4NDYg5p2x5Lqs6YO95paw5a6_5Yy65biC6LC35bem5YaF55S677
yS77yR4oiS77yR77yT!5e0!3m2!1sja!2sjp!4v1646019011084!5m2!1sja!2sjp"␣wi
dth="600"␣height="450"␣style="border:0;"␣allowfullscreen=""␣loading="l
azy"></iframe>
```

※Google Mapの仕様変更により、コードが変更される場合があります。
※各アプリケーションの仕様変更により、埋め込み用タグの生成手順が異なる場合があります。

▶ 埋め込みコンテンツのサイズを変更

　埋め込みコンテンツのサイズは、width 属性やheight 属性を利用して変更することができます。なお、ウィンドウ幅に応じたサイズ変更に対応するための設定は、CSSを用いて行います。

📖 Keyword

width 属性
- ●役割
  埋め込みコンテンツの幅を指定する。
- ●属性値
  数値（表示する幅をpxで指定）

height 属性
- ●役割
  埋め込みコンテンツの高さを指定する。
- ●属性値
  数値（表示する高さをpxで指定）

使い方 | width属性とheight属性の使い方

```
<iframe␣src="埋め込みたいページのURL"␣width="表示する幅(px)
"␣height="表示する高さ(px)"></iframe>
```

サンプル width属性とheight属性を使った例

```
<iframe␣src="pdf/manual.pdf"␣width="800"␣height="450"␣title="Dummy␣Cafe
接客マニュアル"></iframe>
```

▶ 埋め込みコンテンツの読み込みタイミング

img要素同様、loading属性を用いることで、埋め込みコンテンツの読み込みタイミングを指定することが可能です。通常は、ブラウザにHTMLが読み込まれると同時に、埋め込みコンテンツも読み込まれます。しかし、loading属性に「lazy」という値を指定することで、ページの下部にある埋め込みコンテンツは最初の時点では読み込まず、そのコンテンツの表示領域の近くまでスクロールされたタイミングで読み込むという、遅延読み込みを行うことができます。これによって、初期表示の表示速度を向上させることができます。ただし、ページ読み込み時に最初から表示される領域内（ファーストビュー）にある埋め込みコンテンツにこの指定を行うと、ファーストビューの表示時に埋め込みコンテンツが表示されない場合があるため、なるべく避けましょう。

上記の内容は、はじめてHTMLを勉強する人にとっては少々ややこしいので、飛ばしても大丈夫です。

なお、loading属性を省略した場合は、eagerが指定されたものとして扱われます。

📖 Keyword

loading属性
●役割
読み込みタイミングを指定する。

●属性値
lazy………遅延読み込み
eager……すぐに読み込む

使い方 | loading属性の使い方

```
<iframe src="埋め込みたいページのURL" loading="読み込みタイミング"></iframe>
```

サンプル loading属性を使った例

```
<iframe src="pdf/manual.pdf" width="800" height="450" title="Dummy Cafe
接客マニュアル" loading="lazy"></iframe>
```

YouTubeやGoogle Mapの埋め込みは、思ったよりも簡単でした！

そうだね。JavaSccript を使って読み込む方法もあるけれど、各サイトが提供してくれている埋め込み用のiframe要素のコードを利用するほうが、簡単だよ。

よし！動画も地図も、たくさん埋め込むぞ〜！

安全性に不安のあるサイトを埋め込みコンテンツとして利用する場合は注意してね。

どうしてですか？

悪意のあるコードが含まれているサイトである場合、セキュリティ面のリスクがあるからね。

それは怖いです。埋め込むページの安全性を考えなければいけないのですね。

そう。そこで、iframe 要素に sandbox という属性を使うことで、埋め込みコンテンツに付属しているフォームは送信できないようにするとか、埋め込んだサイトの JavaScript を実行できないようにするなどして、セキュリティを高めることもできるよ。

▶ Step❸ iframe 要素を使ってみよう

それでは、実際に iframe 要素を使ってみましょう。

❶「html-lessons」→「chapter03」→「recipe」フォルダ内にある「karaage.html」をテキストエディタで開く。

❷ファイルの中にある文字列「このレシピに関するよくある質問」の上に、下記の見出しを追加する。

見出しテキスト	ダイジェスト動画（YouTube）

❸追加した見出し「ダイジェスト動画（YouTube）」の下に、iframe 要素を用いて YouTube の動画を埋め込む。

YouTube の動画 URL	https://youtu.be/pjbNV7cPrYc

❹上書き保存する。

❺「html-lessons」→「chapter03」→「recipe」フォルダ内に保存した「karaage.html」をブラウザのウィンドウにドラッグ＆ドロップし、完成イメージのように表示されているかどうかを確認する。

絶対に失敗しない最高のからあげ | 架空レシピ | Dummy Kitchen

~/html-lessons/complete/chapter03/06/recipe/karaage.html

ダイジェスト動画（YouTube）

このレシピに関するよくある質問

おろしにんにくはチューブタイプでもいいですか？
　　　はい、チューブタイプでも大丈夫です。
鶏もも肉はどこで購入できますか？
　　　お近くのスーパーマーケットなどでお買い求め下さい。

コメント

解答例　complete/chapter03/06/recipe/karaage.html

```
007 <body>
008    <p><a href="../index.html"><img src="../images/logo-dummy-kitchen.
       svg" width="240" height="48" alt="Dummy Kitchen"></a></p>
009    <p>架空の絶品料理レシピサイト</p>
010
011    <ul>
012       <li><a href="index.html">レシピを探す</a></li>
013       <li><a href="../lesson/index.html">料理を学ぶ</a></li>
014       <li><a href="../column/index.html">コラムを読む</a></li>
015       <li><a href="../login/index.html">ログイン</a></li>
016       <li><a href="../register/index.html">無料会員登録</a></li>
017    </ul>
018
019    <h1>絶対に失敗しない架空のからあげ</h1>
020    <p><img src="../images/karaage.jpg" width="840" height="520" alt="
       揚げたてのからあげをお皿に盛り付けて、パセリを添えるとより美味しそうに見えますよ"></p>
021    <ul>
022       <li><a href="#ingredients">材料</a></li>
023       <li><a href="#directions">作り方</a></li>
024       <li><a href="#faq">よくある質問</a></li>
```

```
025     <li><a href="#comments">コメント</a></li>
026   </ul>
027
028   <p>絶対に失敗しない最高においしい架空のからあげの作り方がわかったのでみなさんに共有します。
とっても簡単ですが<strong>架空のからあげなので絶対に真似しないでくださいね。</strong></
p>
029
030   <h2 id="ingredients">材料(2人分)</h2>
031   <ul>
032     <li>鶏もも肉 300g</li>
033     <li>片栗粉 適量</li>
034     <li>サラダ油 適量</li>
035     <li>しょうゆ 大さじ1</li>
036     <li>おろしにんにく 1片</li>
037     <li>おろししょうが 1片</li>
038   </ul>
039
040   <h2 id="directions">作り方</h2>
041   <ol>
042     <li>袋に一口サイズに切った鶏肉としょうゆとおろしにんにく、おろししょうがを入れてよく揉み
込む</li>
043     <li>ボウルに片栗粉を入れ、鶏肉としっかりと絡める</li>
044     <li>
045       <video controls playsinline poster="../images/fly.
jpg" width="400" height="400">
046         <source src="../movies/fly.webm" type="video/webm">
047         <source src="../movies/fly.mp4" type="video/mp4">
048         <track kind="captions" src="../movies/caption-ja.
vtt" srclang="ja" label="難聴者用の日本語">
049       </video>
050       180℃に熱した油で4～5分揚げる
051     </li>
052     <li>お皿に盛り付けて完成</li>
053   </ol>
054
055   <h3>ダイジェスト動画(YouTube)</h3>
056   <iframe width="560" height="315" src="https://www.youtube.com/
embed/pjbNV7cPrYc" title="YouTube video player" frameborder="0" allow=
"accelerometer; autoplay; clipboard-write; encrypted-
media; gyroscope; picture-in-picture" allowfullscreen></iframe>
057
058   <h2 id="faq">このレシピに関するよくある質問</h2>
059   <dl>
060     <dt>おろしにんにくはチューブタイプでもいいですか？</dt>
061     <dd>はい、チューブタイプでも大丈夫です。</dd>
062     <dt>鶏もも肉はどこで購入できますか？</dt>
063     <dd>お近くのスーパーマーケットなどでお買い求め下さい。</dd>
064   </dl>
```

```
065
066 ␣␣<h2␣id="comments">コメント</h2>
067
068 ␣␣<h3>料理が苦手な私でも出来ました！</h3>
069 ␣␣<p>投稿者：␣さくら</p>
070 ␣␣<p><time␣datetime="2022-3-25">2022.03.25</time></p>
071 ␣␣<p>
072 ␣␣␣␣実際に作ってみたら本当においしくてびっくり！架空のレシピだから失敗することもなくてとって
    もいい。
073 ␣␣</p>
074
075 ␣␣<h3>簡単でおいしい！</h3>
076 ␣␣<p>投稿者：␣とあるカフェの店長</p>
077 ␣␣<p><time␣datetime="2022-3-24">2022.03.24</time></p>
078 ␣␣<p>
079 ␣␣␣␣とっても簡単に作れて、めっちゃおいしいレシピをありがとう！
080 ␣␣</p>
081
082 ␣␣<p><a␣href="#top">このページの先頭に戻る</a></p>
083 </body>
```

※生成された iframe 要素のコードは YouTube の仕様によって変更される場合があります。

 できたかな？動画が再生されるかどうかも確認してみてね。

しっかり再生することができました！

 いいね！

📝 **Memo**

iframeのセキュリティ上の懸念

iframe 要素は、使い方によっては安全性に懸念のある要素でもあります。信頼性の低いコンテンツを埋め込むことでサイトの安全性を損ねる可能性があるため、注意が必要です。セキュリティについては、本書の解説範囲を超えるため詳述しませんが、たとえばsandbox属性を使うことで、埋め込むコンテンツの機能を制限したり、特定の機能を許可したりすることが可能です。iframe 要素を使うことで生じるかもしれないリスクや、悪用された場合の事例など、Web サイトでの攻撃や、その対策などのセキュリティについては別途学習するようにしましょう。

3-7 | 本文から切り離せる図や写真

Webページの本文から独立したコンテンツとして参照され、切り離すことができる完結型の写真やイラスト、図、コードなどに使用する要素を学習しましょう。

▶ Step① 本文から切り離せる図や写真を表す要素を知ろう

　参照することで本文のイメージを助ける役割を持つものの、本文から切り離しても問題ない写真や図などがあります。こういった、挿絵のような役割の画像などには、figure要素を使います。また、figcaption要素を用いることで、画像にキャプションをつけることもできます。

本文から切り離せる画像

figure 要素 **●意味** 本文から切り離せるイラスト、図、写真、コードなどを表す。 **●カテゴリ** フロー・コンテンツ	**●コンテンツ・モデル（内包可能な要素）** 以下のいずれか ①figcaption 要素とそれに続くフロー・コンテンツ ②フロー・コンテンツとそれに続く figcaption 要素 ③フロー・コンテンツ **●利用できる属性** グローバル属性
figcaption 要素 **●意味** 親のfigure要素内にあるコンテンツのキャプションや凡例を表す。 **●カテゴリ** なし	**●コンテンツ・モデル（内包可能な要素）** フロー・コンテンツ **●利用できる属性** グローバル属性

Step❷ figure 要素の使い方を知ろう

移動しても本文の流れに差し障りのないイラスト、図表、写真、コードなどを figure 要素で囲みます。なお、figure という単語は主に図表や挿絵などを指しますが、HTML の figure 要素は、図表や写真以外の動画やプログラミングのコードなどにも使えます。

使い方 figure要素の使い方

```
<figure>
␣␣本文から切り離せるようなイラスト、図、写真、コードなど
</figure>
```

サンプル figure要素を使った例

```
<h2> 厳選したコーヒー豆。</h2>
<p>
␣美味しいコーヒーをお客様にご提供するために、厳選された最高のコーヒー豆のみを焙煎して使用しています。また、Dummy␣Cafeでは、お客様のお好みにあったコーヒ豆をご注文を承ってから一粒一粒時間を掛けてお選びし、その場でブレンドしてご提供しています。
</p>
<figure>
␣␣<img␣src="images/coffee.jpg"␣width="480"␣height="320"␣alt="厳選したコーヒー豆を使った淹れたてのブレンドコーヒーをお召し上がり下さい。"␣loading="lazy">
</figure>
```

　上記のサンプルでは、コーヒーの写真があることによってユーザのイメージをより具体的にする効果を生んでいますが、仮にコーヒーの写真がなかったとしても本文の流れは成り立ちます。また、figure要素でマークアップした画像が単体で成り立っているため、本文を参照せずに理解することが可能です。このように、本文と関連してるけれど、切り離しても支障が出ず、単体で成り立つ図や写真などにはfigure要素を使うことができます。

　それに対して下記は、figure要素を不適切な箇所に使用している例です。このサンプルは、コーヒーの写真が文の一部となっています。そのため、写真が無いと本文が成り立たないコンテンツになっています。このように、その画像や図などがなければ本文が成り立たない写真や図には、figure要素を使用しません。

サンプル　適切ではない箇所にfigure要素を使用した例

```
<h2>コーヒーの写真</h2>
<p>お客様に</p>
<figure>
␣␣<img␣src="images/coffee.jpg"␣width="480"␣height="320"␣alt="素敵なコーヒー
の写真"␣loading="lazy">
</figure>
<p>を撮影して頂きました。</p>
```

▶ 図や写真にキャプションをつける

figure要素内にfigcaption要素を配置することで、キャプションをつけることも可能です。figcaption要素は、figure要素内の最初か最後の子要素として配置します。内容の途中には配置できないので、注意してください。

使い方 figcaption要素の使い方（figure要素の最初の子要素として配置）

```
<figure>
␣␣<figcaption>キャプション</figcaption>
␣␣本文から切り離せるようなイラスト、図、写真、コードなど
</figure>
```

使い方 figcaption要素の使い方（figure要素の最後の子要素として配置）

```
<figure>
␣␣本文から切り離せるようなイラスト、図、写真、コードなど
␣␣<figcaption>キャプション</figcaption>
</figure>
```

サンプル figcaption要素を使った例

```
<h2>厳選したコーヒー豆。</h2>
<p>
␣␣美味しいコーヒーをお客様にご提供するために、厳選された最高のコーヒー豆のみを焙煎して使用しています。また、Dummy␣Cafeでは、お客様のお好みにあったコーヒ豆をご注文を承ってから一粒一粒時間を掛けてお選びし、その場でブレンドしてご提供しています。
</p>
<figure>
␣␣<img␣src="images/coffee.jpg"␣width="480"␣height="320"␣alt="厳選したコーヒー豆を使った淹れたてのブレンドコーヒーをお召し上がり下さい。"␣loading="lazy">
␣␣<figcaption>キミのブレンドコーヒー</figcaption>
</figure>
```

figcaption 要素を置く場所は、figure 要素の最初か最後なんですね。

そうだよ。内容を分断するような場所に置かないように気をつけよう。

厳選したコーヒー豆。

美味しいコーヒーをお客様にご提供するために、厳選された最高のコーヒー豆のみを焙煎して使用しています。また、Dummy Cafeでは、お客様のお好みにあったコーヒ豆をご注文を承ってから一粒一粒時間を掛けてお選びし、その場でブレンドしてご提供しています。

キミのブレンドコーヒー

figure 要素は、使いどころが難しそうですね。

判断方法としては、その写真や図などを本文から切り離したとしても、本文の理解に問題ないかどうかを確認しよう。また、figure でマークアップした箇所自体が、単体で意味が伝わるかどうかも確認してね。単体で意味が伝われば、figure を使って大丈夫だよ。

つまり、文の一部として機能している画像などには figure 要素を使えないということですね。

そういうことだよ！

それから、figure 要素を使用した部分が少し右にずれて表示されたのですが、なにかおかしいのでしょうか。

おかしくないよ。一般的なブラウザでは、figure 要素の範囲が少し右にずれて表示されるんだ。でも、figure 要素は右にずらすための要素ではないので、注意してね。

それでは、実際にfigure要素を使ってみましょう。

❶「html-lessons」→「chapter03」→「recipe」フォルダ内にある「karaage.html」をテキストエディタで開く。

❷ファイルの中にある下記の画像と動画をfigure要素でマークアップする。

figure要素でマークアップする写真や動画	キャプション
見出し「絶対に失敗しない架空のからあげ」の下にあるからあげの写真（p要素でマークアップしている場合は p要素をfigure要素に置き換える）	なし
作り方の「180℃に熱した油で4〜5分揚げる」の手前にある動画	からあげを揚げている様子

❸上書き保存する。

❹「html-lessons」→「chapter03」→「recipe」フォルダ内に保存した「karaage.html」をブラウザのウィンドウにドラッグ＆ドロップし、完成イメージのように表示されているかどうかを確認する。

完成イメージ

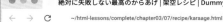

絶対に失敗しない最高のからあげ | 架空レシピ | Dummy Kitchen

~/html-lessons/complete/chapter03/07/recipe/karaage.html

作り方

1. 袋に一口サイズに切った鶏肉としょうゆとおろしにんにく、おろししょうがを入れてよく揉み込む
2. ボウルに片栗粉を入れ、鶏肉としっかりと絡める

からあげを揚げている様子

3. 180℃に熱した油で4〜5分揚げる
4. お皿に盛り付けて完成

解答例　complete/chapter03/07/recipe/karaage.html

```
007 <body>
008 ␣␣<p><a␣href="../index.html"><img␣src="../images/logo-dummy-kitchen.
    svg"␣width="240"␣height="48"␣alt="Dummy␣Kitchen"></a></p>
009 ␣␣<p>架空の絶品料理レシピサイト</p>
010
011 ␣␣<ul>
012 ␣␣␣␣<li><a␣href="./index.html">レシピを探す</a></li>
013 ␣␣␣␣<li><a␣href="../lesson/index.html">料理を学ぶ</a></li>
014 ␣␣␣␣<li><a␣href="../column/index.html">コラムを読む</a></li>
015 ␣␣␣␣<li><a␣href="../login/index.html">ログイン</a></li>
016 ␣␣␣␣<li><a␣href="../register/index.html">無料会員登録</a></li>
017 ␣␣</ul>
018
019 ␣␣<h1>絶対に失敗しない架空のからあげ</h1>
020 ␣␣<figure>
021 ␣␣␣␣<img␣src="../images/karaage.jpg"␣width="840"␣height="520"␣alt="揚
    げたてのからあげをお皿に盛り付けて、パセリを添えるとより美味しそうに見えますよ">
022 ␣␣</figure>
023
024 ␣␣<ul>
```

CHAPTER

3

リンクやコンテンツを埋め込もう

221

```
025  ␣␣␣␣<li><a␣href="#ingredients">材料</a></li>
026  ␣␣␣␣<li><a␣href="#directions">作り方</a></li>
027  ␣␣␣␣<li><a␣href="#faq">よくある質問</a></li>
028  ␣␣␣␣<li><a␣href="#comments">コメント</a></li>
029  ␣␣</ul>
030
031  ␣␣<p>絶対に失敗しない最高においしい架空のからあげの作り方がわかったのでみなさんに共有します。
     とっても簡単ですが<strong>架空のからあげなので絶対に真似しないでくださいね。</strong></
     p>
032
033  ␣␣<h2␣id="ingredients">材料(2人分)</h2>
034  ␣␣<ul>
035  ␣␣␣␣<li>鶏もも肉␣300g</li>
036  ␣␣␣␣<li>片栗粉␣適量</li>
037  ␣␣␣␣<li>サラダ油␣適量</li>
038  ␣␣␣␣<li>しょうゆ␣大さじ1</li>
039  ␣␣␣␣<li>おろしにんにく␣1片</li>
040  ␣␣␣␣<li>おろししょうが␣1片</li>
041  ␣␣</ul>
042
043  ␣␣<h2␣id="directions">作り方</h2>
044  ␣␣<ol>
045  ␣␣␣␣<li>袋に一口サイズに切った鶏肉としょうゆとおろしにんにく、おろししょうがを入れてよく揉み
     込む</li>
046  ␣␣␣␣<li>ボウルに片栗粉を入れ、鶏肉としっかりと絡める</li>
047  ␣␣␣␣<li>
048  ␣␣␣␣␣␣<figure>
049  ␣␣␣␣␣␣␣␣<video␣controls␣playsinline␣poster="../images/fly.
     jpg"␣width="400"␣height="400">
050  ␣␣␣␣␣␣␣␣␣␣<source␣src="../movies/fly.webm"␣type="video/webm"␣/>
051  ␣␣␣␣␣␣␣␣␣␣<source␣src="../movies/fly.mp4"␣type="video/mp4"␣/>
052  ␣␣␣␣␣␣␣␣␣␣<track␣kind="captions"␣src="../movies/caption-ja.
     vtt"␣srclang="ja"␣label="難聴者用の日本語">
053  ␣␣␣␣␣␣␣␣</video>
054  ␣␣␣␣␣␣␣␣<figcaption>からあげを揚げている様子</figcaption>
055  ␣␣␣␣␣␣</figure>
056  ␣␣␣␣␣␣180℃に熱した油で4〜5分揚げる
057  ␣␣␣␣</li>
058  ␣␣␣␣<li>お皿に盛り付けて完成</li>
059  ␣␣</ol>
060
061  ␣␣<h3>ダイジェスト動画(YouTube)</h3>
062  ␣␣<iframe␣width="560"␣height="315"␣src="https://www.youtube.com/
     embed/pjbNV7cPrYc"␣title="YouTube␣video␣player"␣frameborder="0"␣allow=
     "accelerometer;␣autoplay;␣clipboard-write;␣encrypted-
     media;␣gyroscope;␣picture-in-picture"␣allowfullscreen></iframe>
063
064  ␣␣<h2␣id="faq">このレシピに関するよくある質問</h2>
```

```
065   __<dl>
066   ____<dt>おろしにんにくはチューブタイプでもいいですか？</dt>
067   ____<dd>はい、チューブタイプでも大丈夫です。</dd>
068   ____<dt>鶏もも肉はどこで購入できますか？</dt>
069   ____<dd>お近くのスーパーマーケットなどでお買い求め下さい。</dd>
070   __</dl>
071
072   __<h2_id="comments">コメント</h2>
073
074   __<h3>料理が苦手な私でも出来ました！</h3>
075   __<p>投稿者:_さくら</p>
076   __<p><time_datetime="2022-03-25">2022.03.25</time></p>
077   __<p>
078   ____実際に作ってみたら本当においしくてびっくり！架空のレシピだから失敗することもなくてとって
      もいい。
079   __</p>
080
081   __<h3>簡単でおいしい！</h3>
082   __<p>投稿者:_とあるカフェの店長</p>
083   __<p><time_datetime="2022-03-24">2022.03.24</time></p>
084   __<p>
085   ____とっても簡単に作れて、めっちゃおいしいレシピをありがとう！
086   __</p>
087
088   __<p><a_href="#top">このページの先頭に戻る</a></p>
089   </body>
```

CHAPTER

3

リンクやコンテンツを埋め込もう

📝 Memo

ラベルを使って参照しよう

figure要素に対して「上の写真は」や「次の例では」などのような相対的な位置関係で参照する際は、注意が必要です。なぜなら、参照先の写真などがレイアウトの変更などによって移動した場合、ユーザに混乱を与えてしまう可能性があるためです。できればこのような相対的な参照は避け、ラベルを使って参照するのがおすすめです。

> **サンプル** HTMLのコードに`figure`要素を使った例

```
<p><a_href="#sample1">サンプル1</a>は、p要素を使った例です。</p>
<figure_id="sample1">
__<figcaption>サンプル1:p要素を使った例</figcaption>
__<pre><code_class="language-html">&lt;p&gt;Dummy_Cafeに一度でもご来店頂い
たお客様は、次回から「いつもの。」でご注文頂けます。もちろんあなたのお好きな、コーヒーの苦さ、お砂糖
やミルクの量もちゃんと把握しています。_あなたがDummy_Cafeにいる間は、「いつもの。」というたっ
たひとつの魔法の言葉で全てが通じる。そんな架空のサービスを提供しています。&lt;/p&gt;</
code></pre>
</figure>
```

※pre要素：書式が設定済みのテキストブロックであることを表す
※code要素：コンピュータコードの断片であることを表す

CHAPTER 3 の理解度をチェック!

章末練習問題

問　「html-lessons」→「chapter03」→「training」フォルダ内にある各HTMLファイルをテキストエディタで開き、下記の問題を解いてこのチャプターの理解度をチェックしましょう。

1. 下記のとおり、各HTMLファイルにある文字列にリンクを設定する。

リンクにする箇所	リンク先ファイル
Dummy Creations のロゴ	「index.html」
リスト項目「About Us」	「about」フォルダ内の「index.html」
リスト項目「Service」	「service」フォルダ内の「index.html」
リスト項目「Works」	「works」フォルダ内の「index.html」
リスト項目「Contact」	「contact」フォルダ内の「index.html」
著作権表記「Dummy Creations」	「contact」フォルダ内の「index.html」

2. 下記のとおり、各HTMLファイルにある文字列を画像に置き換え、適切な代替テキストを指定する。必要に応じて、そのほかの属性を設定する。

   余裕があれば　デコードの方法を非同期にしましょう。

画像にする箇所	参照ファイル
Dummy Creations のロゴ	「images」フォルダ内の「logo-dummy-creations.svg」

3. 下記のとおり、「training」フォルダ直下にある「index.html」にある文字列を画像に置き換えて適切な代替テキストを指定する。必要に応じて、そのほかの属性を設定する。

   余裕があれば　デバイスピクセル比が「2」のデバイスへの対応や、遅延読み込みにも対応しましょう。

画像にする箇所	参照ファイル
Dummy Kitchen 様の Web サイトの画像	「images」フォルダ内の「thumbnail-dummy-kitchen.jpg」 ■デバイスピクセル比が「2」の画像 「images」フォルダ内の「thumbnail-dummy-kitchen@2x.jpg」

4. 下記のとおり、「training」フォルダ直下にある「index.html」にある文字列を Google Map に置き換える。

地図にする箇所	表示する地図の住所
Dummy Creations の地図	東京都新宿区市谷左内町２１−１３

電子書籍を読んでみよう！

技術評論社　GDP	検索

と検索するか、以下のURLを入力してください。

https://gihyo.jp/dp

1 アカウントを登録後、ログインします。
【外部サービス(Google、Facebook、Yahoo!JAPAN)
でもログイン可能】

2 ラインナップは入門書から専門書、
趣味書まで 1,000点以上！

3 購入したい書籍を 🛒 に入れます。
カート

4 お支払いは「**PayPal**」「**YAHOO!**ウォレット」にて
決済します。

5 さあ、電子書籍の
読書スタートです！

●**ご利用上のご注意**　当サイトで販売されている電子書籍のご利用にあたっては、以下の点にご留意
■**インターネット接続環境**　電子書籍のダウンロードについては、ブロードバンド環境を推奨いたします。
■**閲覧環境**　PDF版については、Adobe Readerなどの PDFリーダーソフト、EPUB版については、EPUB
■**電子書籍の複製**　当サイトで販売されている電子書籍は、購入した個人のご利用を目的としてのみ、閲覧、
ご覧いただく人数分をご購入いただきます。
■**改ざん・複製・共有の禁止**　電子書籍の著作権はコンテンツの著作権者にありますので、許可を得ないで

電脳会議 紙面版

新規送付の
お申し込みは…

ウェブ検索またはブラウザへのアドレス入力の
どちらかをご利用ください。
Google や Yahoo! のウェブサイトにある検索ボックスで、

| 電脳会議事務局 | | 検　索 |

と検索してください。
または、Internet Explorer などのブラウザで、

https://gihyo.jp/site/inquiry/dennou

と入力してください。

一切
無料！

「電脳会議」紙面版の送付は送料含め費用は
一切無料です。
そのため、購読者と電脳会議事務局との間
には、権利&義務関係は一切生じませんので、
予めご了承ください。

🏢 技術評論社　　電脳会議事務局
〒162-0846　東京都新宿区市谷左内町21-13

完成イメージ②
完成イメージ③
完成イメージ④
完成イメージ⑤

私たちは*架空*サイトを作ることに、命を燃やすプロ集団です。

制作実績

Dummy Kitchen様

架空の料理レシピサイトである、Dummy Kitchen様のWebサイトを制作させて頂きました。

担当

- ディレクション
- デザイン
- コーディング

会社情報

住所：東京都新宿区市谷左内町２１−１３

© 2022 Dummy Creations

```
007  <body>
008    <h1><a␣href="index.html"><img␣src="images/logo-dummy-
       creations.svg"␣width="323"␣height="32"␣alt="Dummy␣Creations"></
       a></h1>
009
010    <ul>
011      <li><a␣href="about/index.html">About␣Us</a></li>
012      <li><a␣href="service/index.html">Service</a></li>
013      <li><a␣href="works/index.html">Works</a></li>
014      <li><a␣href="contact/index.html">Contact</a></li>
015    </ul>
016
017    <p>私たちは<em>架空サイト</em>を作ることに、命を燃やすプロ集団です。</p>
018
019    <h2>制作実績</h2>
020
021    <h3>Dummy␣Kitchen様</h3>
022    <p>架空の料理レシピサイトである、Dummy␣Kitchen様のWebサイトを制作させて頂きま
       した。</p>
023
024    <h4>担当</h4>
025    <ul>
026      <li>ディレクション</li>
027      <li>デザイン</li>
028      <li>コーディング</li>
029    </ul>
030
031    <figure>
032      <img␣src="images/thumbnail-dummy-kitchen.jpg"␣width="580"␣he
       ight="358"␣alt="シンプルなレイアウトでキーカラーのオレンジを適度に使った
       Dummy␣kitchen様のWebサイト">
033    </figure>
034
035    <h2>会社情報</h2>
036    <p>住所：東京都新宿区市谷左内町２１－１３</p>
037    <iframe␣src="https://www.google.com/maps/embed?pb=!1m18!1m12!1
       m3!1d865.2205601477515!2d139.73556507251465!3d35.693545405696995!
       2m3!1f0!2f0!3f0!3m2!1i1024!2i768!4f13.1!3m3!1m2!1s0x60188c5e41232
       9bb%3A0x7db38e6732953dc!2z44CSMTYyLTA4NDYg5p2x5Lqs6YO95paw5a6_5Yy
       65biC6LC35bem5YaF55S677yS77yR4oiS77yR77yT!5e0!3m2!1sja!2sjp!4v164
       6019011084!5m2!1sja!2sjp"␣title="東京都新宿区市谷左内町２１－１３"␣width=
       "600"␣height="450"␣style="border:0;"␣allowfullscreen=""␣loading="
       lazy"></iframe>
038
```

```
039  ␣␣<p><small>©␣<time>2022</time>␣<a␣href="contact/index.
     html">Dummy␣Creations</a></small></p>
040  </body>
```

余裕があれば

```
008  <h1><a␣href="index.html"><img␣src="images/logo-dummy-creations.
     svg"␣width="323"␣height="32"␣alt="Dummy␣Creations"␣decoding="asy
     nc"></a></h1>
```

```
031  <figure>
032  ␣␣<img␣src="images/thumbnail-dummy-kitchen.jpg"␣srcset="images/
     thumbnail-dummy-kitchen@2x.jpg␣2x"␣width="580"␣height="358"␣a
     lt="シンプルなレイアウトでキーカラーのオレンジを適度に使ったDummy␣kitchen様のWeb
     サイト"␣loading="lazy">
033  </figure>
```

解答例では、各ページへのリンクおよび画像の指定には、相対パスを使っているよ。「index.html」を起点に考えると、各リンク先のページのHTMLファイルや、画像ファイルは、それぞれフォルダの中に入った状態だね。フォルダに入っていない「index.html」がある階層の1つ下の階層にファイルが置かれているため、「下の階層のファイルへの相対パス」ということになるよね。

「Dummy Kitchen様」以下のWebサイトの画像は、本文から切り離せると解釈して、figure要素でマークアップしました。

そうだね。この部分にはfigure要素が使えそうだね。それから、地図の部分に、埋め込み用のコードを入れることも忘れずにね。Google Mapで住所を検索して、貼りつければOKだよ。

画像の指定ですが、問題文に画像のサイズがなかったので、書けませんでした。

画像のサイズも自分で確認できるようになろう！ロゴのサイズについては、180ページにヒントがあるよ。

きびしい〜！

About Us | Dummy Creations

← → C ~/html-lessons/complete/chapter03/training/about/index.html

Dummy Creations

- About Us
- Service
- Works
- Contact

About Us

© 2022 Dummy Creations

解答例② `complete/chapter03/training/about/index.html`

```
007  <body>
008  ␣␣<p><a␣href="../index.html"><img␣src="../images/logo-dummy-
     creations.svg"␣width="323"␣height="32"␣alt="Dummy␣Creations"></
     a></p>
009
010  ␣␣<ul>
011  ␣␣␣␣<li><a␣href="index.html">About␣Us</a></li>
012  ␣␣␣␣<li><a␣href="../service/index.html">Service</a></li>
013  ␣␣␣␣<li><a␣href="../works/index.html">Works</a></li>
014  ␣␣␣␣<li><a␣href="../contact/index.html">Contact</a></li>
015  ␣␣</ul>
016
017  ␣␣<h1>About␣Us</h1>
018
019  ␣␣<p><small>©␣<time>2022</time>␣<a␣href="../contact/index.
     html">Dummy␣Creations</a></small></p>
020  </body>
```

「About Us」ページを起点として考えると、ほかのページや画像ファイルに移動するには、まず「about」フォルダから出ないといけないね。「../」で「about」フォルダを出ると、トップページである「index.html」があるので、トップページへのリンクは、「index.html」というファイル名をそのまま指定すれば問題ないよね。そのほかのページや画像へのリンクは、それぞれのフォルダに「フォルダ名 /」で入って、その中にある各ページや画像のファイル名を指定するよ。

できました！

次は、「Service」のページに移動して、確認しよう！

完成イメージ③

```
Service | Dummy Creations
← → C   ~/html-lessons/complete/chapter03/training/Service/index.html
```

✗ **Dummy** Creations

- About Us
- Service
- Works
- Contact

Service

© 2022 Dummy Creations

解答例③ complete/chapter03/training/service/index.html

```
007  <body>
008  ␣␣<p><a␣href="../index.html"><img␣src="../images/logo-dummy-
     creations.svg"␣width="323"␣height="32"␣alt="Dummy␣Creations"></
     a></p>
009
010  ␣␣<ul>
011  ␣␣␣␣<li><a␣href="../about/index.html">About␣Us</a></li>
012  ␣␣␣␣<li><a␣href="index.html">Service</a></li>
013  ␣␣␣␣<li><a␣href="../works/index.html">Works</a></li>
014  ␣␣␣␣<li><a␣href="../contact/index.html">Contact</a></li>
015  ␣␣</ul>
016
017  ␣␣<h1>Service</h1>
018
019  ␣␣<p><small>©␣<time>2022</time>␣<a␣href="../contact/index.
     html">Dummy␣Creations</a></small></p>
020  </body>
```

「Service」ページでのリンクも、先ほどの「About Us」ページと同じ考え方だよ。まず「../」で「service」フォルダを出て、トップページへのリンクは「index.html」というファイル名を指定します。そのほかのページへのリンクや画像は、それぞれのページのフォルダに「フォルダ名/」で入って、各ページや画像のファイル名を指定します。

できました。相対パスにも慣れてきました。

よかった！それでは、次に「Works」のページに移動して、確認しよう！

Works | Dummy Creations

~/html-lessons/complete/chapter03/training/works/index.html

Dummy Creations

- About Us
- Service
- Works
- Contact

Works

© 2022 Dummy Creations

解答例④　complete/chapter03/training/works/index.html

```
007  <body>
008  ␣␣<p><a␣href="../index.html"><img␣src="../images/logo-dummy-
     creations.svg"␣width="323"␣height="32"␣alt="Dummy␣Creations"></
     a></p>
009
010  ␣␣<ul>
011  ␣␣␣␣<li><a␣href="../about/index.html">About␣Us</a></li>
012  ␣␣␣␣<li><a␣href="../service/index.html">Service</a></li>
013  ␣␣␣␣<li><a␣href="index.html">Works</a></li>
014  ␣␣␣␣<li><a␣href="../contact/index.html">Contact</a></li>
015  ␣␣</ul>
016
017  ␣␣<h1>Works</h1>
018
019  ␣␣<p><small>©␣<time>2022</time>␣<a␣href="../contact/index.
     html">Dummy␣Creations</a></small></p>
020  </body>
```

「Works」ページも、「About Us」ページや「Service」ページと同じですね。

そのとおり！わかってきたかな？次の「Contact」ページが最後だよ！

完成イメージ⑤

Contact | Dummy Creations

~/html-lessons/complete/chapter03/training/contact/index.html

✕ **Dummy** Creations

- About Us
- Service
- Works
- Contact

Contact

© 2022 Dummy Creations

解答例⑤　complete/chapter03/training/contact/index.html

```
007  <body>
008  ␣␣<p><a␣href="../index.html"><img␣src="../images/logo-dummy-
     creations.svg"␣width="323"␣height="32"␣alt="Dummy␣Creations"></
     a></p>
009
010  ␣␣<ul>
011  ␣␣␣␣<li><a␣href="../about/index.html">About␣Us</a></li>
012  ␣␣␣␣<li><a␣href="../service/index.html">Service</a></li>
013  ␣␣␣␣<li><a␣href="../works/index.html">Works</a></li>
014  ␣␣␣␣<li><a␣href="index.html">Contact</a></li>
015  ␣␣</ul>
016
017  ␣␣<h1>Contact</h1>
018
019  ␣␣<p><small>©␣<time>2022</time>␣<a␣href="index.
     html">Dummy␣Creations</a></small></p>
020  </body>
```

CHAPTER **3** リンクやコンテンツを埋め込もう

「Contact」ページも、ほかのページと同様にできました！

よくできました。今回の相対パスのパターンはどれも似ていたけれど、これから新しいページを作る時は、複雑な相対パスを書く場面もあるかもしれないね。でも、基本のパターンをしっかりと覚えておけば応用できるので、安心してね！

しっかりと復習しておきます！

勉強のモチベーション

　現在のWebサイト制作ではさまざまな知識や技術を組み合わせる必要があるため、習得にはそれなりの時間を要します。勉強が進むにつれて学習内容の難易度も上がっていくため、スムーズに理解できないポイントが登場すると、心が折れそうになる場面が何度も出てくるかと思います。それによりモチベーションが低下したり、勉強を挫折される方も多くいらっしゃいます。

　個人的に、Webの勉強は目的意識が大切だと感じます。「こんなサイトが作りたい」「こんなWebクリエイターになりたい」という意識があると、目的が明確になり、今勉強していることが、どこにつながるのか見えやすくなります。

　また、自分の挑戦を応援してくれる仲間の存在も大切です。今ではTwitterなどをはじめ、SNSを活用することで自身の勉強内容を報告したり、挑戦している内容を見てもらうこともできます。うまく活用することで、モチベーションを維持することにつなげられます。

　ただ、SNSの情報は日々、多くの情報が更新されるため、情報過多によって疲弊してしまうことや、誰かと自分を比べてしんどくなってしまうこともあります。SNSとうまく距離を保ちながら、周りの人とではなく昨日の自分と比べるようにしましょう。また、SNS以外にも最近ではオンラインコミュニティもたくさんあります。私も、Shibajukuという名前のオンラインサロンを運営していますが、Web制作の勉強を始めたばかりの方、すでにWeb制作会社で活躍されいている方、フリーランスのWebクリエイターとして活動されている方、Webデザインスクールを運営されている方や、講師をされている方など、さまざまな形でWebに関わっている方たちが在籍しています。こういった環境をうまく利用することで、日々誰かと一緒にWebの勉強をしたり、一緒に何かを作ったり、情報を共有したりするなかで、目的意識が明確になったり、モチベーションが向上するきっかけとなることもあります。

　Web制作の知識や技術を勉強することは、Webに関わるさまざまな人との縁を作ることにもつながるものだと思います。ぜひ、自身が勉強する目的意識を明確にし、自身にあった環境で勉強を続けて、未来を切り開く武器を身につけてもらえたらと思います。

4

表とフォームを作ろう

ここでは、表やフォーム、またユーザに入力してもらうテキストフィールドや複数の選択肢を提示するメニュー、送信ボタンなどの部品を作れるようになりましょう。さまざまな部品を作れるようになることで、対応できるフォームのバリエーションが広がります。

● このチャプターのゴール

このチャプターでは、時間割のような表や、お問い合わせフォームなどで使うフォーム関連の要素を学習しましょう。

▶ 完成イメージを確認

● ● ●　Recruit | Dummy Creations

← → C　~/html-lessons/complete/chapter04/training/index.html

Recruit

募集内容

職種	仕事内容	応募資格	募集人数
Webディレクター	企画立案やプロジェクトの進捗管理	・Webに関する幅広い知識がある方 ・コミュニケーションが得意な方	2人
Webデザイナー	未来を変えるWebサイトのデザイン	・PhotoshopやXD、Figmaなどの操作が出来る方 ・未来を変えるデザインが出来る方	1人
フロントエンドエンジニア	HTML、CSS、JavaScriptなどを用いた開発	・HTML、CSS、JavaScriptを使った開発が出来る方 ・新しい技術を積極的に取り入れられる方	2人

エントリーフォーム

お名前（必須項目） 架空 太郎

フリガナ（必須項目） カクウ タロウ

メールアドレス（必須項目） taro@example.com

電話番号（必須項目） 000-0000-0000

ポートフォリオサイトのURL https://example.com

希望職種（複数選択可能） ☐ Webディレクター ☐ Webデザイナー ☐ フロントエンドエンジニア

志望動機（必須項目）

応募する

※表部分には、CSSで枠線をつけたイメージを表示しています。

要素名	意味・役割	カテゴリ	コンテンツ・モデル
table	表を表す	フロー・コンテンツ	以下の順番で配置（本書で紹介していない要素は除く） ①任意でcaption要素 ②任意でthead要素 ③それに続く0個以上のtbody要素、または1つ以上のtr要素 ④任意でtfoot要素 ⑤任意で1つ以上のスクリプトサポーティング要素
tr	表の行を表す	なし	0個以上のth要素、td要素、スクリプトサポーティング要素
th	表の見出しセルを表す	なし	フロー・コンテンツ ただし、子孫にheader要素、footer要素、セクショニング・コンテンツの要素、ヘディング・コンテンツの要素は配置不可
td	内容のセルを表す	なし	フロー・コンテンツ
caption	表のキャプションを表す	なし	フロー・コンテンツ ただし、子孫にtable要素は配置不可
thead	表の見出し行であることを表す	なし	0個以上のtr要素とスクリプトサポーティング要素
tbody	表の内容の行であることを表す	なし	0個以上のtr要素とスクリプトサポーティング要素
tfoot	表のフッター行であることを表す	なし	0個以上のtr要素とスクリプトサポーティング要素
form	フォームを表す	フロー・コンテンツ	フロー・コンテンツ ただし、子孫にform要素は配置不可
input	フォームのコントロール部品を表す	フロー・コンテンツ フレージング・コンテンツ インタラクティブ・コンテンツ（type属性の値が"hidden"以外の場合）	なし

button	ボタンを表す	フロー・コンテンツ フレージング・コンテンツ インタラクティブ・コンテンツ	フレージング・コンテンツ 　ただし、子孫にインタラクティブ・コンテンツおよびtabindex属性が指定された要素は配置不可
textarea	複数行の入力フィールドを表す	フロー・コンテンツ フレージング・コンテンツ インタラクティブ・コンテンツ	テキスト
select	セレクトボックス（選択式メニュー）を表す	フロー・コンテンツ フレージング・コンテンツ インタラクティブ・コンテンツ	0個以上のoption要素、optgroup要素、スクリプトサポーティング要素
option	セレクトボックス（選択式メニュー）または、入力を補完する候補の選択肢を表す	なし	・label属性とvalue属性が指定されている場合は「空」 ・label属性は指定されているが、value属性は指定されていない場合は「テキスト」 ・label属性が指定されておらず、datalist要素の子要素でない場合は「空白ではないテキスト」 ・label属性が指定されておらず、datalist要素の子要素である場合は「テキスト」
optgroup	セレクトボックスの選択肢のグループを表す	なし	0個以上のoption要素とスクリプトサポーティング要素
label	コントロール部品のラベルを表す	フロー・コンテンツ フレージング・コンテンツ インタラクティブ・コンテンツ	フレージング・コンテンツ 　ただし、子孫にlabel要素は配置不可 　また、このラベルが示すコントロール部品（button要素、input要素（type属性が"hidden"以外）、meter要素、output要素、progress要素、select要素、textarea要素、フォームに関連づけられたカスタム要素）以外のコントロール部品の要素も配置不可

4-1 │ 表（テーブル）を作る

カレンダーや時間割など、表（テーブル）の作り方を学習しましょう。表は今まで紹介してきた要素と比べると少々難しいので、まずは基本的な作り方から紹介します。

▶ Step① 表を表す要素を知ろう

カレンダーや時間割などの表（テーブル）を作成するには、table 要素を使います。ただし、表は、table 要素単体では作ることができません。

まず、table 要素で表全体を囲み、各行を tr 要素でマークアップします。さらに、その行の中にある各セル（マス）を th 要素または td 要素で挟みます。th 要素は table の header cell の意味で、見出しとなるセルを挟みます。td 要素は table の data cell の意味で、見出しの内容を説明するセルを挟みます。また、caption 要素を使うことでテーブルにキャプションを指定することも可能です。

table 要素

●意味

表 (テーブル) を表す。

●カテゴリ

フロー・コンテンツ

●コンテンツ・モデル (内包可能な要素)

以下の順番で配置 (本書で紹介していない要素は除く)

①任意で caption 要素

②任意で thead 要素

③それに続く 0 個以上の tbody 要素、または 1 つ以上の tr 要素

④任意で tfoot 要素

⑤任意で 1 つ以上のスクリプトサポーティング要素

●利用できる属性

グローバル属性

---

tr 要素

●意味

table row の意味で、表の中の行を表す。

●カテゴリ

なし

●コンテンツ・モデル (内包可能な要素)

0 個以上の th 要素、td 要素、スクリプトサポーティング要素

●利用できる属性

グローバル属性

---

th 要素

●意味

table の header cell の意味で、見出しのセルを表す。

●カテゴリ

なし

●コンテンツ・モデル (内包可能な要素)

フロー・コンテンツ

　ただし、子孫に header 要素、footer 要素、セクショニング・コンテンツの要素、ヘディング・コンテンツの要素は配置できない。

●利用できる主な属性

グローバル属性

scope……………見出しの対象範囲を指定する

rowspan………行を結合する数を指定する

colspan…………列を結合する数を指定する

……など

---

td 要素

●意味

table の data cell の意味で、内容のセルを表す。

●カテゴリ

なし

●コンテンツ・モデル (内包可能な要素)

フロー・コンテンツ

●利用できる主な属性

グローバル属性

rowspan………行の結合を指定する

colspan…………列の結合を指定する

……など

---

caption 要素

●意味

表のキャプションを表す。

●カテゴリ

なし

●コンテンツ・モデル (内包可能な要素)

フロー・コンテンツ

　ただし、子孫に table 要素は配置不可

●利用できる属性

グローバル属性

　表を作ることに慣れていないうちは、作りたい表を紙に書き、必要なタグを書き込みながら構造を確認することをおすすめします。今回は、1つの見出しに2つの内容説明セルがある以下のような表を作ると仮定しましょう。

見出しセル	見出しセル
内容セル	内容セル
内容セル	内容セル

　まずは、table要素を使って表全体を挟みます。これにより、表全体の範囲を指定することができます。

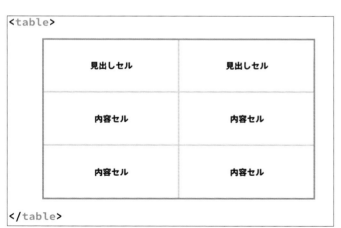

```
<table>
```

見出しセル	見出しセル
内容セル	内容セル
内容セル	内容セル

```
</table>
```

①表全体を囲む

使い方 ｜ table要素の使い方

```
<table>
␣見出しセル␣見出しセル
␣内容セル␣内容セル
␣内容セル␣内容セル
</table>
```

次に、表の各行を tr 要素で挟んでいきます。これで、表全体が 3 つの行で構成されることを指定できました。

②行ごとに囲む

使い方 ｜ tr 要素の使い方

```
<table>
  <tr>
    見出しセル 見出しセル
  </tr>
  <tr>
    内容セル 内容セル
  </tr>
  <tr>
    内容セル 内容セル
  </tr>
</table>
```

3 つの行で構成されるということは指定できましたが、このままでは、各行にどのようなセルが含まれているのかがわかりません。行に含まれているセルの種類を、見出しのセルと内容説明のセルに分けましょう。見出しのセルをth 要素で、内容のセルを td 要素で挟みます。

以上が、基本的な表の作り方です。フォーマットは以下のとおりです。

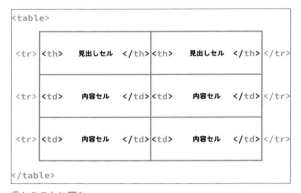

③セルごとに囲む

使い方 ｜ 基本的なテーブルの作り方（改行前）

```
<table>
  <tr>
    <th>見出しセル</th><th>見出しセル</th>
  </tr>
  <tr>
    <td>内容セル</td><td>内容セル</td>
  </tr>
  <tr>
    <td>内容セル</td><td>内容セル</td>
  </tr>
</table>
```

なお、このままではコードが読みづらいため、各セルが1行ずつになるように改行しておきましょう。

使い方 | 基本的なテーブルの作り方（改行後）

```
<table>
  <tr>
    <th>見出しセル</th>
    <th>見出しセル</th>
  </tr>
  <tr>
    <td>内容セル</td>
    <td>内容セル</td>
  </tr>
  <tr>
    <td>内容セル</td>
    <td>内容セル</td>
  </tr>
</table>
```

 以上の表の雛形にデータを入れると、以下のようになります。

サンプル　基本的なテーブルの例

```
<table>
  <tr>
    <th>商品番号</th>
    <th>商品名</th>
    <th>単価</th>
  </tr>
  <tr>
    <td>1001</td>
    <td>キミのブレンドコーヒー</td>
    <td>450円</td>
  </tr>
  <tr>
    <td>1002</td>
    <td>ダミーブレンドコーヒー</td>
    <td>420円</td>
  </tr>
  <tr>
    <td>1003</td>
    <td>スペシャルブレンドコーヒー</td>
    <td>420円</td>
  </tr>
</table>
```

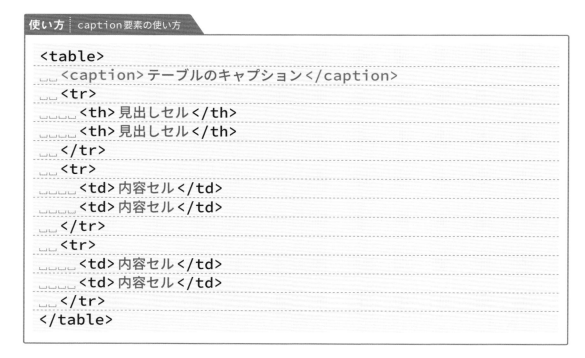

なお、HTMLのみでは表が枠線などで区切られないため、表の構成がわかりづらくなっています。CSSを使うことで、以下のように表示することができます。CSSの記述方法は、本書では解説しません。

▶ テーブルにキャプションをつける

table要素の最初の子要素にcaption要素を配置することで、表のタイトルや説明などをキャプション^{キャプション}としてつけることができます。

使い方 | caption要素の使い方

```
<table>
　　<caption>テーブルのキャプション</caption>
　　<tr>
　　　　<th>見出しセル</th>
　　　　<th>見出しセル</th>
　　</tr>
　　<tr>
　　　　<td>内容セル</td>
　　　　<td>内容セル</td>
　　</tr>
　　<tr>
　　　　<td>内容セル</td>
　　　　<td>内容セル</td>
　　</tr>
</table>
```

```html
<table>
  <caption>商品マスタ</caption>
  <tr>
    <th>商品番号</th>
    <th>商品名</th>
    <th>単価</th>
  </tr>
  <tr>
    <td>1001</td>
    <td>キミのブレンドコーヒー</td>
    <td>450円</td>
  </tr>
  <tr>
    <td>1002</td>
    <td>ダミーブレンドコーヒー</td>
    <td>420円</td>
  </tr>
  <tr>
    <td>1003</td>
    <td>スペシャルブレンドコーヒー</td>
    <td>420円</td>
  </tr>
</table>
```

```
●●●    商品一覧 | 管理画面 | Dummy Cafe
←  →  C    ~/html-lessons/sample/chapter04/01/index03.html

         商品マスタ
商品番号      商品名           単価
1001    キミのブレンドコーヒー      450円
1002    ダミーブレンドコーヒー      420円
1003    スペシャルブレンドコーヒー 420円
```

▶ 見出しの対象範囲を指定する

　シンプルな表であれば、見出しと内容の対応関係がわかりやすいのですが、上にも左にも見出しのセルがあるような複雑な表になった場合は、見出しと内容セルの対応関係を判断しづらくなります。そこで、th要素にscope属性を使って見出しと対応する内容セルを指定することで、表の構造をよりわかりやすく示すことができます。

📖 Keyword

scope属性

●役割

見出しの対象範囲を指定する。

●属性値

row……………同じ行のセルがこの見出しの対象

col………………同じ列のセルがこの見出しの対象

rowgroup……行グループ内のセルがこの見出しの対象

colgroup………列グループ内のセルがこの見出しの対象

```
<th␣scope="見出しの対象範囲">見出しセル</th>
```

サンプル scope属性を使った例

```
<table>
␣␣<tr>
␣␣␣␣<th␣scope="col">日替わりランチ</th>
␣␣␣␣<th␣scope="col">月</th>
␣␣␣␣<th␣scope="col">火</th>
␣␣␣␣<th␣scope="col">水</th>
␣␣␣␣<th␣scope="col">木</th>
␣␣␣␣<th␣scope="col">金</th>
␣␣␣␣<th␣scope="col">土</th>
␣␣␣␣<th␣scope="col">日</th>
␣␣</tr>
␣␣<tr>
␣␣␣␣<th␣scope="row">パスタ</th>
␣␣␣␣<td>スペシャルたらこパスタ</td>
␣␣␣␣<td>定休日</td>
␣␣␣␣<td>ボロネーゼ</td>
␣␣␣␣<td>定休日</td>
␣␣␣␣<td>きのこのパスタ</td>
␣␣␣␣<td>キミのカルボナーラ</td>
␣␣␣␣<td>キミのカルボナーラ</td>
␣␣</tr>
␣␣<tr>
␣␣␣␣<th␣scope="row">ライス</th>
␣␣␣␣<td>チーズとチキンのカレー</td>
␣␣␣␣<td>定休日</td>
␣␣␣␣<td>ロコモコ丼</td>
␣␣␣␣<td>定休日</td>
␣␣␣␣<td>野菜とチキンのスープカレー</td>
␣␣␣␣<td>特製ハヤシライス</td>
␣␣␣␣<td>ふわとろオムライス</td>
␣␣</tr>
</table>
```

商品一覧 | 管理画面 | Dummy Cafe

~/html-lessons/sample/chapter04/01/index05.html

日替わりランチ	月	火	水	木	金	土	日
パスタ	スペシャルたらこパスタ	定休日	ボロネーゼ	定休日	きのこのパスタ	キミのカルボナーラ	キミのカルボナーラ
ライス	チーズとチキンのカレー	定休日	ロコモコ丼	定休日	野菜とチキンのスープカレー	特製ハヤシライス	ふわとろオムライス

▶ セルを結合する

th要素、またはtd要素にcolspan属性やrowspan属性を用いることで、セルを結合することができます。複数の列を横方向に結合する場合は、結合する最初のセルのth要素またはtd要素にcolspan属性を使い、結合するセルの数を指定します。2つのセルを1つのセルにする時は「2」、3つのセルを1つのセルにする時は「3」を指定します。

複数の行を縦方向に結合する場合は、rowspan属性を使います。結合する最初のセルのth要素またはtd素にrowspan属性を使い、結合するセルの数を指定します。

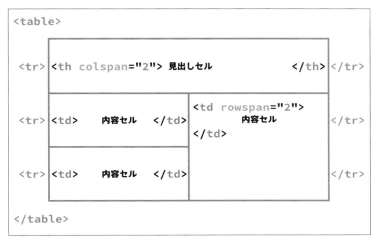

📖 Keyword

colspan属性
●役割
列を結合する数を指定する。

●属性値
結合するセルの数

rowspan属性
●役割
行を結合する数を指定する。

●属性値
結合するセルの数

使い方 | colspan属性の使い方

```
<td␣colspan="結合するセルの列数">セルの内容</td>
```

使い方 | rowspan属性の使い方

```
<td␣rowspan="結合するセルの行数">セルの内容</td>
```

なお、th要素にcolspan属性とrowspan属性を指定する場合も、書式は同様です。

```
<table>
␣␣<tr>
␣␣␣␣<th␣scope="col">日替わりランチ</th>
␣␣␣␣<th␣scope="col">月</th>
␣␣␣␣<th␣scope="col">火</th>
␣␣␣␣<th␣scope="col">水</th>
␣␣␣␣<th␣scope="col">木</th>
␣␣␣␣<th␣scope="col">金</th>
␣␣␣␣<th␣scope="col">土</th>
␣␣␣␣<th␣scope="col">日</th>
␣␣</tr>
␣␣<tr>
␣␣␣␣<th␣scope="row">パスタ</th>
␣␣␣␣<td>スペシャルたらこパスタ</td>
␣␣␣␣<td␣rowspan="2">定休日</td>
␣␣␣␣<td>ボロネーゼ</td>
␣␣␣␣<td␣rowspan="2">定休日</td>
␣␣␣␣<td>きのこのパスタ</td>
␣␣␣␣<td␣colspan="2">キミのカルボナーラ</td>
␣␣</tr>
␣␣<tr>
␣␣␣␣<th␣scope="row">ライス</th>
␣␣␣␣<td>チーズとチキンのカレー</td>
␣␣␣␣<td>ロコモコ丼</td>
␣␣␣␣<td>野菜とチキンのスープカレー</td>
␣␣␣␣<td>特製ハヤシライス</td>
␣␣␣␣<td>ふわとろオムライス</td>
␣␣</tr>
</table>
```

日替わりランチ	月	火	水	木	金	土	日
パスタ	スペシャルたらこパスタ	定休日	ボロネーゼ	定休日	きのこのパスタ	キミのカルボナーラ	
ライス	チーズとチキンのカレー		ロコモコ丼		野菜とチキンのスープカレー	特製ハヤシライス	ふわとろオムライス

要素がたくさんあり、ややこしいですね。

慣れないうちは、作りたい表を紙に書き出してみて、それに沿ってタグをつけていくことをおすすめするよ。

わかりました。

僕は、日常生活で目にするさまざまなグリッド状のモノに、頭の中でタグをつけながら生活していたよ。タイル張りになっている壁や床を表だと考えて、マークアップの練習をしていたんだ。

混乱しそうですね……

それから、タグを声に出しながらやるとより効果的かもね。

変な人だと思われないでしょうか?

Webクリエイターになるには、それくらいの代償は必要かもね!……僕はやっていなかったけれど!!

そんな!しかも、先生はやっていないのかい!

📝 Memo

レイアウトはCSSで行う
表は、td要素の中にさらに別の表を配置することで、表を入れ子にするなど、複雑なレイアウトも可能です。ただし、表に関連する各要素は、あくまで表の構造を明確にするために使用するものです。レイアウト目的で使用することは好ましくありません。視覚的なレイアウトは、すべてCSSで行うようにしましょう。

▶ Step ❸ 表を作る要素を使ってみよう

それでは、実際に表関連の要素を使ってみましょう。

❶「html-lessons」→「chapter04」フォルダ内にある「index.html」をテキストエディタで開く。

❷ファイルの中にある見出し「投稿したレシピ一覧」の下に、下記のような表を作る。

タイトル	カテゴリ	公開日
名店の味を再現！自宅で作る究極のTKG	ごはん	2022年04月01日
超簡単！究極の時短テクニックで作る本格架空ボロネーゼ	パスタ	2022年03月28日
シンプルにおいしい冷凍讃岐うどん	麺	2022年03月27日

❸上書き保存する。

❹「html-lessons」→「chapter04」フォルダ内に保存した「index.html」をブラウザのウィンドウにドラッグ＆ドロップし、完成イメージのように表になっているかどうかを確認する。

完成イメージ

投稿したレシピ一覧 | 管理画面 | Dummy Kitchen

~/html-lessons/complete/chapter04/01/index.html

投稿したレシピ一覧

タイトル	カテゴリ	公開日
名店の味を再現！自宅で作る究極のTKG	ごはん	2022年04月01日
超簡単！究極の時短テクニックで作る本格架空ボロネーゼ	パスタ	2022年03月28日
シンプルにおいしい冷凍讃岐うどん	麺	2022年03月27日

難しかったら、上の完成イメージに表の区切りなどを書き込んで整理しながら考えてみよう。

はい！

```
007  <body>
008  ␣␣<h1>投稿したレシピ一覧</h1>
009
010  ␣␣<table>
011  ␣␣␣␣<tr>
012  ␣␣␣␣␣␣<th>タイトル</th>
013  ␣␣␣␣␣␣<th>カテゴリ</th>
014  ␣␣␣␣␣␣<th>公開日</th>
015  ␣␣␣␣</tr>
016  ␣␣␣␣<tr>
017  ␣␣␣␣␣␣<td>名店の味を再現！自宅で作る究極のTKG</td>
018  ␣␣␣␣␣␣<td>ごはん</td>
019  ␣␣␣␣␣␣<td><time␣datetime="2022-04-01">2022年04月01日</time></td>
020  ␣␣␣␣</tr>
021  ␣␣␣␣<tr>
022  ␣␣␣␣␣␣<td>超簡単！究極の時短テクニックで作る本格架空ボロネーゼ</td>
023  ␣␣␣␣␣␣<td>パスタ</td>
024  ␣␣␣␣␣␣<td><time␣datetime="2022-03-28">2022年03月28日</time></td>
025  ␣␣␣␣</tr>
026  ␣␣␣␣<tr>
027  ␣␣␣␣␣␣<td>シンプルにおいしい冷凍讃岐うどん</td>
028  ␣␣␣␣␣␣<td>麺</td>
029  ␣␣␣␣␣␣<td><time␣datetime="2022-03-27">2022年03月27日</time></td>
030  ␣␣␣␣</tr>
031  ␣␣</table>
032  </body>
```

CHAPTER 4　表とフォームを作ろう

どうだった？

複雑で難しいけれど、頑張って覚えます！

お！気合入ってるね。

だって、これを覚えたら、セルをうまく使って写真や文章を好きな位置に配置して、どんなレイアウトのWebページも作れそうじゃないですか。

もしかして、table要素を使ってレイアウトしようとしてる？table要素はあくまでも表をマークアップするための要素で、レイアウトするための要素ではないよ。CSSを使うことで、自由度の高いレイアウトもできるので、今はHTMLに集中しようね。

わかりました。

4-2 | 表の構造を明確化する

前のセクションでは、基本的な表の作成方法を学習しました。ここでは、ヘッダーやフッターなど、表の全体構造をより明確にする要素について学習しましょう。

▶ Step❶ 表の構造を明確化する要素を知ろう

　基本的な表（テーブル）の作り方は、前のセクションで解説したとおりです。ここでは、表の構造をより明確にする方法を解説します。thead要素やtbody要素を使うことで、見出しと内容部分の範囲を明確にすることができます。

　また、作りたい表の内容によっては、1番上の行がすべて見出しになることがあると思いますが、このような表をプリンターで印刷しようとすると、項目が多い場合は複数ページにわたって出力されます。こういった場合は、すべてのページに見出しの行が印刷されているほうが便利なのではないかと思います。

　ブラウザによっては、thead要素とtbody要素を使うと、数ページにわたる表を印刷する際、すべてのページに見出しを印刷させることができます。

250

thead 要素

●意味

table header（テーブル ヘッダー）の意味で、表の見出し行であることを表す。

●カテゴリ

なし

●コンテンツ・モデル（内包可能な要素）

0個以上のtr要素とスクリプトサポーティング要素

●利用できる属性

グローバル属性

tbody 要素

●意味

table body（テーブル ボディ）の意味で、表の内容部分の行であることを表す。

●カテゴリ

なし

●コンテンツ・モデル（内包可能な要素）

0個以上のtr要素とスクリプトサポーティング要素

●利用できる属性

グローバル属性

▶ Step❷ 表の構造を表す要素の使い方を知ろう

テーブルの1番上の行がすべて見出しの場合は、そのtr要素を<thead>〜</thead>で囲むことで、それが見出し行であることを表すことができます。内容部分の各行に関しても、<tbody>〜</tbody>で囲むことで表の内容部分であることを表すことができます。

使い方 | thead要素の使い方

```
<table>
  <thead>
    <tr>
      <th>見出しセル</th>
      <th>見出しセル</th>
    </tr>
  </thead>
  <tr>
    <td>内容セル</td>
    <td>内容セル</td>
  </tr>
  <tr>
    <td>内容セル</td>
    <td>内容セル</td>
  </tr>
</table>
```

使い方 | tbody要素の使い方

```
<table>
  <thead>
    <tr>
      <th>見出しセル</th>
      <th>見出しセル</th>
    </tr>
  </thead>
  <tbody>
    <tr>
      <td>内容セル</td>
      <td>内容セル</td>
    </tr>
    <tr>
      <td>内容セル</td>
      <td>内容セル</td>
    </tr>
  </tbody>
</table>
```

```
<table>
␣␣<thead>
␣␣␣␣<tr>
␣␣␣␣␣␣<th>商品番号</th>
␣␣␣␣␣␣<th>商品名</th>
␣␣␣␣␣␣<th>単価</th>
␣␣␣␣</tr>
␣␣</thead>
␣␣<tbody>
␣␣␣␣<tr>
␣␣␣␣␣␣<td>1001</td>
␣␣␣␣␣␣<td>キミのブレンドコーヒー</td>
␣␣␣␣␣␣<td>450円</td>
␣␣␣␣</tr>
␣␣␣␣<tr>
␣␣␣␣␣␣<td>1002</td>
␣␣␣␣␣␣<td>ダミーブレンドコーヒー</td>
␣␣␣␣␣␣<td>420円</td>
␣␣␣␣</tr>
␣␣␣␣<tr>
␣␣␣␣␣␣<td>1003</td>
␣␣␣␣␣␣<td>スペシャルブレンドコーヒー</td>
␣␣␣␣␣␣<td>420円</td>
␣␣␣␣</tr>
␣␣</tbody>
</table>
```

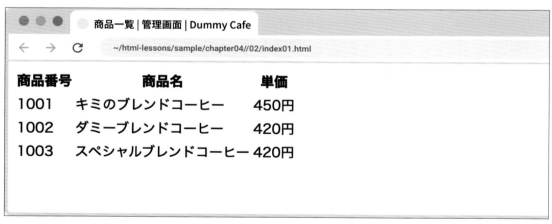

商品番号	商品名	単価
1001	キミのブレンドコーヒー	450円
1002	ダミーブレンドコーヒー	420円
1003	スペシャルブレンドコーヒー	420円

~/html-lessons/sample/chapter04//02/index01.html

商品一覧 | 管理画面 | Dummy Cafe

これで、表のヘッダー部分と内容部分を明示的に表すことができました。

なお、表のフッター部分を表すには tfoot 要素を使用し、フッターとする行を `<tfoot>`～`</tfoot>` で挟みます。それにより、「合計」欄などを表現することができます。

📖 Keyword

tfoot 要素

●意味	●コンテンツ・モデル（内包可能な要素）
table footer の略で表のフッター行であることを表す。 テーブル フッター	0個以上の tr 要素とスクリプトサポーティング要素
●カテゴリ	●利用できる属性
なし	グローバル属性

使い方 | tfoot 要素の使い方

```
<table>
  <thead>
    <tr>
      <th>見出しセル</th>
      <th>見出しセル</th>
    </tr>
  </thead>
  <tbody>
    <tr>
      <td>内容セル</td>
      <td>内容セル</td>
    </tr>
    <tr>
      <td>内容セル</td>
      <td>内容セル</td>
    </tr>
  </tbody>
  <tfoot>
    <tr>
      <td>内容セル</td>
      <td>内容セル</td>
    </tr>
  </tfoot>
</table>
```

サンプル tfoot 要素を使った例

```
<table>
  <thead>
    <tr>
      <th></th>
      <th>2019</th>
      <th>2020</th>
      <th>2021</th>
    </tr>
  </thead>
  <tbody>
    <tr>
      <th>売上</th>
      <td>926万円</td>
      <td>1005万円</td>
      <td>1422万円</td>
    </tr>
    <tr>
      <th>原価</th>
      <td>312万円</td>
      <td>329万円</td>
      <td>927万円</td>
    </tr>
  </tbody>
  <tfoot>
    <tr>
      <th>原価率</th>
      <td>33.7%</td>
      <td>32.7%</td>
      <td>65.2%</td>
    </tr>
  </tfoot>
</table>
```

CHAPTER

4

表とフォームを作ろう

253

	2019	2020	2021
売上	926万円	1005万円	1422万円
原価	312万円	329万円	927万円
原価率	33.7%	32.7%	65.2%

thead要素やtfoot要素でマークアップすれば、印刷する時、すべてのページに自動的にヘッダーやフッターがつくのですか？

Google Chromeなど、対応しているブラウザであればつくよ。

印刷時に、ヘッダーやフッターがすべてのページについてるかどうかを確認するにはどうすればいいのでしょうか？

tbody要素内のtr要素を、印刷時に複数ページになる程度に増やして、ブラウザの印刷プレビューを使って確認するといいよ。

ブラウザの印刷プレビュー？

そう。たとえばGoogle Chromeの場合は、「右クリック」→「印刷」か、Ctrl（Mac:⌘）を押しながらPを押すことで見られるよ。

ほんとだ！すべてのページにヘッダーとフッターがついています！

▶ Step❸ 表の構造を表す要素を使ってみよう

　それでは、実際に表の構造を表すための要素を使ってみましょう。

❶「html-lessons」→「chapter04」フォルダ内にある「index.html」をテキストエディタで開く。

❷ファイルの中にある表（CHAPTER4で作成したもの）の見出しや内容の範囲を示し、構造を明確にする。

❸上書き保存する。

❹「html-lessons」→「chapter04」フォルダ内に保存した「index.html」をブラウザのウィンドウ内にドラッグ＆ドロップし、完成イメージのような表になっているかどうかを確認する。また、レシピの行を拡張（もしくは複製）し、印刷プレビューで複数ページに見出し行が表示されるかどうかを確認する。

投稿したレシピ一覧

タイトル	カテゴリ	公開日
名店の味を再現！自宅で作る究極のTKG	ごはん	2022年04月01日
超簡単！究極の時短テクニックで作る本格架空ボロネーゼ	パスタ	2022年03月28日
シンプルにおいしい冷凍讃岐うどん	麺	2022年03月27日

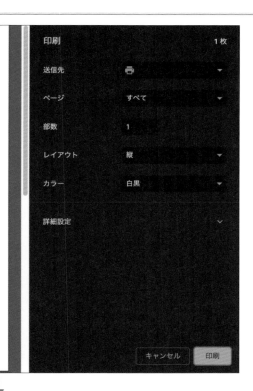

印刷プレビュー時のイメージ（1ページ目）

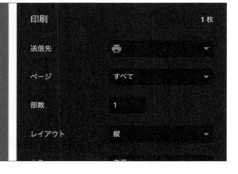

印刷プレビュー時のイメージ（2ページ目）

CHAPTER

4

表とフォームを作ろう

```
007  <body>
008  ␣␣<h1>投稿したレシピ一覧</h1>
009
010  ␣␣<table>
011  ␣␣␣␣<thead>
012  ␣␣␣␣␣␣<tr>
013  ␣␣␣␣␣␣␣␣<th>タイトル</th>
014  ␣␣␣␣␣␣␣␣<th>カテゴリ</th>
015  ␣␣␣␣␣␣␣␣<th>公開日</th>
016  ␣␣␣␣␣␣</tr>
017  ␣␣␣␣</thead>
018  ␣␣␣␣<tbody>
019  ␣␣␣␣␣␣<tr>
020  ␣␣␣␣␣␣␣␣<td>名店の味を再現！自宅で作る究極のTKG</td>
021  ␣␣␣␣␣␣␣␣<td>ごはん</td>
022  ␣␣␣␣␣␣␣␣<td><time␣datetime="2022-04-01">2022年04月01日</time></td>
023  ␣␣␣␣␣␣</tr>
024  ␣␣␣␣␣␣<tr>
025  ␣␣␣␣␣␣␣␣<td>超簡単！究極の時短テクニックで作る本格架空ボロネーゼ</td>
026  ␣␣␣␣␣␣␣␣<td>パスタ</td>
027  ␣␣␣␣␣␣␣␣<td><time␣datetime="2022-03-28">2022年03月28日</time></td>
028  ␣␣␣␣␣␣</tr>
029  ␣␣␣␣␣␣<tr>
030  ␣␣␣␣␣␣␣␣<td>シンプルにおいしい冷凍讃岐うどん</td>
031  ␣␣␣␣␣␣␣␣<td>麺</td>
032  ␣␣␣␣␣␣␣␣<td><time␣datetime="2022-03-27">2022年03月27日</time></td>
033  ␣␣␣␣␣␣</tr>
034  ␣␣␣␣</tbody>
035  ␣␣</table>
036  </body>
```

どうだった？

少しだけ表がガタガタになったり、セルが足りなかったりしましたが、HTMLは見た目を表現するためのものではないので大丈夫ですよね。

大丈夫じゃないよ！ちゃんと書けていたら、表はきれいに表示されるはずだから、しっかり見直してね。表がガタガタだったら、何かが間違っているよ。

はい……ごめんなさい……

表が直ったら、tbody要素内のtr要素を複製するなどして項目を増やしてから、ブラウザの印刷プレビューを見て、表の見出しが複数ページにわたって表示されているかどうかを確認してみてね。

4-3 | フォームとコントロール部品

お問い合わせフォームやアンケート、ブログの記事投稿画面などのように、ユーザがテキストを送信する際に利用するフォームと、ボタンなどの部品について学習しましょう。

▶ Step ❶ フォームを表す要素を知ろう

　　お問い合わせフォームやアンケートに用いられる、ユーザが情報を送信するためのフォームは、form_{フォーム}要素を使って作成します。また、フォームの送信先の設定にはaction属性を使い、属性値に送信先のURLを指定します。なお、送信ボタンやリセットボタン、テキスト入力欄やチェックボックスなどのコントロール部品は、input要素を使って配置します。input要素にtype属性を使うことで、部品の種類を指定することができます。

　　なお、HTMLは情報の送信は行えますが、情報を受け取ることができません。フォームによって送信された情報を受け取って、その情報をデータベースに格納したり、サーバ側で処理をする場合は、PHPなどのプログラミング言語が必要になることを覚えておいてください。

form要素

●意味

フォームを表す。

●カテゴリ

フロー・コンテンツ

●コンテンツ・モデル（内包可能な要素）

フロー・コンテンツ

　　ただし、子孫に form 要素は配置不可

●利用できる主な属性

グローバル属性

action 属性…………フォームデータの送信先を指定する

method 属性………フォームデータの送信方法を指定する

enctype 属性………フォームデータの送信形式を指定する

　　　　　　　　　　　　……など

input要素

●意味

フォームのコントロール部品を表す。

●カテゴリ

フロー・コンテンツ

フレージング・コンテンツ

インタラクティブ・コンテンツ

（type 属性の値が "hidden" 以外の場合）

●コンテンツ・モデル（内包可能な要素）

なし（空要素）

●利用できる主な属性

グローバル属性

type 属性………………部品の種類を指定する

name 属性………………部品の名前を指定する

value 属性………………部品の値を指定する

size 属性………………文字数で部品の幅を指定する（初期値：20）

maxlength 属性…………入力できる最大の文字数を指定する

checked 属性……………選択状態にする（ラジオボタンとチェックボックスのみ）

placeholder 属性………部品内に表示されるヒントを指定する

required………………入力を必須にする

autocomplete 属性……入力の自動補完に関するヒントを提供する

readonly 属性…………部品を読み取り専用にする

disabled 属性…………部品を無効にする

　　　　　　　　　　　　……など

HTMLでお問い合わせフォームまで作れるんですね！

フォームができると、よりWebページらしくなるよね。フォームにはさまざまな部品をつけることができるから、作りたいフォームに合わせて使ってみよう。ただ、HTMLでできるのはデータの送信までであって、データの受け取りには別のプログラミング言語が必要だよ。たとえば、ユーザが入力した内容をデータベースに格納する場合はPHPが必要になるので、覚えておいてね。

わかりました！

フォームは、ユーザがテキストを入力する範囲やボタン全体を<form>～</form>で挟むことで指定します。フォームの送信先はform要素にaction属性で指定します。また、action属性を省略した場合は、送信元ファイル（フォームがあるファイル）に送信される仕組みになっています。

📖 Keyword

action属性	
●役割 フォームデータの送信先を指定する。	●属性値 フォームデータを送信するプログラムファイルのURL

method属性	
●役割 フォームデータの送信方法を指定する。 ●属性値 get…………action属性で指定した送信先URLの後ろにデータをつけて送信する	post………HTTPリクエストのリクエストボディ部分にデータをつけて送信する dialog……フォームがdialog要素の中にある場合にダイアログボックスを閉じる（データはサーバに送信されない）

使い方 | form要素の基本的な使い方

```
<form action="フォームデータの送信先" method="送信方法">
  フォームのコントロール部品など
</form>
```

サンプル form要素を使った例

```
<form action="receive.php" method="post">
  ・・・
</form>
```

▶ get や post で送信方法を指定できる

method属性を使うことで、フォームデータの送信方法を指定することができます。基本的には、属性値に「get」か「post」のどちらかを指定します。なお、method属性を省略した場合は、getが指定されたものとして扱われます。これらの違いを深く理解するにはHTTPの知識が必要となるため、現時点では、それぞれの属性値の大まかな特徴を理解しておけばよいでしょう。

get

URLの後ろに、入力内容などのデータをつけて送信する方法。そのデータを利用したページにリンクを貼ることもできることから、サイト内検索や、ブログ記事一覧のページング機能などに利用される。

CHAPTER **4** 表とフォームを作ろう

post

HTTPリクエストのリクエストボディに、入力内容などのデータをつけて送信する方法。基本的には人の目に触れずにデータを送信できることから、お問い合わせフォームやログインフォームなど、ユーザの情報を送信するフォームに利用される。

※リクエストボディ：ブラウザがWebサーバに対してデータの送信先ファイルを要求する際の内容部分

> getとpostの使い分けがよくわかりません。

> 今の段階では、getがはがき、postは封筒のようにイメージするといいよ。

> getがはがきで、postは封筒？

> はがきは、表面に宛名を書いて、裏面に相手に伝えたい文を書くよね。見ようと思えば、どんなことが書いてあるのか見えてしまう。つまり、getはaction属性に指定した送信先のURLの後ろにデータをくっつけて送信するので、フォームに入力した内容が外から見えてしまうんだよ。

> もし、個人情報やクレジットカードの情報などが含まれていたりしたら、危険ですね！

> だから、基本的に個人情報などを送信するようなフォームには、getは使わないことが多いんだ。

> その場合はpostを使うのですか？

> そう。postは封筒の中にフォームデータを入れてデータを送信するようなイメージで、基本的には外から見えないんだよ。なので、個人情報を送信するようなフォームではpostを使うことが多いよ。もしかすると、封筒を光に当てて中を透かしたりしたら少しは見えるかもしれないけれどね……

> それは困る……

> postであっても、そういった危険性がまったくないとは言い切れないんだ。そのため、通信を暗号化するなどして対策をするよ。このあたりの内容をしっかりと理解するには「HTTP」の知識が必要になるんだ。セキュリティにも関わるので、HTTPの勉強やサーバサイドのプログラミング言語の勉強をする際に、あらためて学習することをおすすめするよ。

▶ さまざまなコントロール部品

主なフォームのコントロール部品は、input要素を使うことで生成されます。部品の種類は、type属性を使って選択します。たとえばtextという値を使った場合、名前を入力する項目などによく使われる、1行分のテキストフィールドになります。radioという値を使った場合、性別を選択する項目などで見かけるラジオボタンになります。ほかにも、さまざまな用途に対応した部品があります。また、各コントロール部品の見た目や対応状況はブラウザによって異なるため、あらかじめ確認してから利用するようにしましょう。

使い方 input要素の基本的な使い方

```
<input␣type="コントロール部品の種類">
```

📖 Keyword

type属性
●役割
コントロール部品の種類を指定する。
●属性値
【入力系】
①text…1行分のテキストフィールド

text：

②password…1行分のパスワードフィールド
（表示上は「●」などで隠される）

password：

③tel…1行分の電話番号フィールド

tel：

④url…1行分のURLフィールド

url：

⑤email…1行分のメールアドレスフィールド

email：

⑥search…1行分の検索フィールド

search：

⑦datetime-local…日時入力用部品

datetime-local： 年 /月 /日 --:--

⑧date…年月日入力用部品

date： 年 /月 /日

⑨month…年月入力用部品

month： ----年--月

⑩week…週入力用部品

week： ----年第--週

⑪time…時刻入力用部品

time： --:--

⑫number…数値入力用部品

number：

⑬range…スライド型入力部品

range：

⑭color…色入力用部品

color：

【選択系 (on/off)】
①radio…ラジオボタン
（複数選択できない選択部品）

radio： ○

②checkbox…チェックボックス
（複数選択可能な選択部品）

checkbox： □

【ボタン系】
①submit…送信ボタン

submit： 送信

②reset…リセットボタン

reset： リセット

③button…汎用ボタン

button： □

④image…画像を使った送信ボタン

image： 送信

※別途src属性を用いてボタンとして利用する画像のファイルパスを指定する

⑤file…ファイル添付用ボタン

file： ファイルを選択 選択されていません

【そのほか】
①hidden…非表示項目

hidden：

※コントロール部品の見た目はブラウザによって異なります。

▶ input 要素は type 属性の値によってその役割が変わる

　type属性がtext、password、email、urlなどテキスト入力系のコントロール部品は、どれも一見すると普通のテキストフィールドに見えます。しかし、たとえばpasswordの場合は、入力した文字が「●」で隠されることで、ディスプレイの覗き込みなどによって入力内容が見えてしまうことを防ぐことができます。

password： ●●●●●

Google Chromeで「password」のテキストフィールドに文字を入力した例

また、メールアドレスやURLを入力するテキストフィールドの場合は、入力内容がそれらの形式に合っているかどうかをチェックすることができます。特定の形式ではない文字列を入力して送信ボタンを押すと、以下のようなエラーメッセージが表示されます。

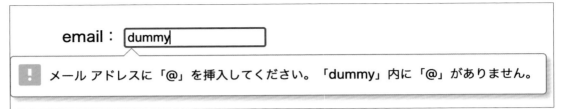

Google Chromeでメールアドレスのエラーを表示した例

　また、datetime-localのような日時関連の値では、日時を入力しやすいカレンダーのようなUI（ユーザインターフェース）が表示されます。colorを指定した場合は、カラーピッカーが表示されます。適切なtype属性を指定することで、ユーザはWebページを使いやすくなるのです。

Google Chromeで「datetime-local」のUIを表示した例

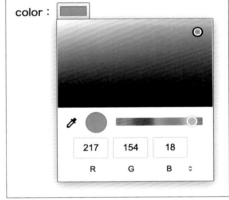

Google Chromeで「color」のUIを表示した例

　なお、送信ボタンに画像を使用したい時は、type属性にimageを、またinput要素にsrc属性を指定することで、利用する画像ファイルのURLを指定します。その際、img要素で画像を指定した時と同様に、alt属性を使用して、代替テキストを忘れずに指定するようにしましょう。最近では、画像を使わなくても、CSSで十分素敵なボタンを表現することができるので、CSSで送信ボタンを装飾するほうがよいかもしれません。

　また、fileを使ってファイルの添付を行う時は、form要素にデータの送信形式を指定するenctype属性を指定し、属性値に「multipart/form-data」を指定することで、さまざまな形式のデータを送信できるようになります。

サンプル　ファイルの添付を行う例

```
<form action="recive.php" method="post" enctype="multipart/form-data">
  <p>ファイル: <input type="file"></p>
</form>
```

input要素にname属性を使うことで、コントロール部品に名前を指定することができます。名前には好きな文字列を指定できるのですが、そのコントロール部品で質問する内容を英語で表したものを指定することが一般的です。たとえば、メールアドレスを入力してもらう部品なら「email」、電話番号を入力してもらう部品なら「tel」にするなどです。部品に名前をつける時は、フォームデータを送信する際に、name属性で指定した名前の部屋に送信内容が保存されるようなイメージで考えると、わかりやすいかもしれません。

そして、フォームデータを受け取ったPHPなどのプログラミング言語が、name属性に指定された名前の部屋に、送信されたデータを取りに行くイメージです。したがって、ボタン系（type="file"は除く）以外のinput要素にはname属性がほぼ必須となります。

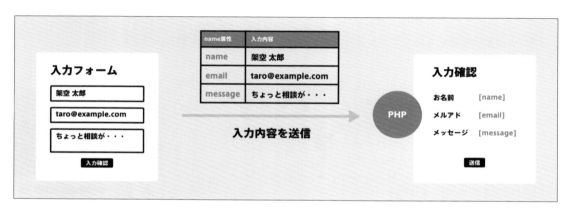

📖 Keyword

name属性

●役割
部品の名前を指定する。

●属性値
文字列

使い方 | name属性の使い方

```
<input␣type="コントロール部品の種類"␣name="部品の名前">
```

サンプル　name属性を使った例

```
<form␣action="receive.php"␣method="post">
␣␣<p>お名前：␣<input␣type="text"␣name="name"></p>
␣␣<p>
␣␣␣␣Dummy␣Cafe␣は如何ですか？：
␣␣␣␣<input␣type="radio"␣name="review">␣最高
␣␣␣␣<input␣type="radio"␣name="review">␣普通
␣␣␣␣<input␣type="radio"␣name="review">␣最低
␣␣</p>
```

```
␣␣<p><input␣type="submit"></p>
</form>
```

📝 Memo

選択肢として提供するコントロール部品のname属性はすべて同じ値にする

同じ質問に対して複数の選択肢を提供するようなコントロール部品の場合は、name属性の値を共通の名前にしましょう。ラジオボタンなどのように、複数の選択肢の中から1つだけ選択できるようなコントロール部品の場合、name属性の値が一致していないと、それぞれが別の質問に属する選択肢として扱われ、複数選択することができてしまいます。name属性の値を一致させることで、同じ質問に対する選択肢として扱われ、すべての選択肢のうち1つだけ選択できるようになります。なお、チェックボックスは複数選択が可能なコントロール部品ですが、name属性が一致していないと、ラジオボタンと同様に違う質問として扱われてしまいます。同じ質問に対してのコントロール部品は、name属性の値も同一にするようにしましょう。

| サンプル | 「review」というname属性が指定されている選択肢の中で1つだけ選択できる |

```
<input␣type="radio"␣name="review">␣最高
<input␣type="radio"␣name="review">␣普通
<input␣type="radio"␣name="review">␣最低
```

▶ コントロール部品の値を指定する

input要素にはvalue属性をつけることが多いです。選択系のコントロール部品に対しては、ほぼ必ずvalue属性を指定すると覚えておいてよいでしょう。

📖 Keyword

value属性

●役割
コントロール部品の値（デフォルト値や送信する値、ボタンのラベル）。

●属性値
文字列

| 使い方 | value属性の使い方 |

```
<input␣type="コントロール部品の種類"␣name="コントロール部品の名
前"␣value="初期値/送信する値/ボタンのラベル">
```

　入力系の要素にvalue属性を指定すると、指定した値がテキストフィールドに初期値として表示されます。たとえば、名前を入力してもらうテキストフィールドのvalue属性に「架空 太郎」と指定しておくと、最初からそのテキストフィールドに「架空 太郎」という文字が入力された状態になります。架空 太郎さんだけは、名前を入力しなくても最初からそのフィールドに「架空 太郎」と入っている状態になるので、そのままでよいかもしれません。しかし、架空 太郎さん以外は、入力されている「架空 太郎」をすべて消して、改めて自分の名前を入力する必要があります。ということで、あまり最初からテキストフィールドにvalue属性を指定しておく必要はありません。たとえば、一度名前などを入力したあと、入力確認のページで間違いに気づき、修正しようと入力フォームのページに戻った場合に、入力した内容がすべて消えていると不便です。このような場合のためにvalue属性を指定しておくことで、プログラミング言語を活用して一度入力された値を復帰させることができます。

▶ type 属性が選択系（「radio」や「checkbox」）の場合

　コントロール部品にチェックが入った状態の時、value属性の属性値が、実際に送信される値になります。たとえば、下記のサンプルの場合、画面に表示されるのはinput要素によって生成された◯のような選択部品と、その横にある「最高」や「普通」「最低」のテキストです。

サンプル　value属性を使わずラジオボタンを配置した例

```
<input_type="radio"_name="review">_最高
<input_type="radio"_name="review">_普通
<input_type="radio"_name="review">_最低
```

　ですが、input要素の横にある「最高」「普通」「最低」のテキストは、あくまでユーザがそのコントロール部品を選択するためのラベルとして表示されているにすぎません。input要素にできるのは、あくまでもその部品が選択されたか選択されていないか判断するところまでです。そのため、いずれかを選択して「送信」ボタンを押しても、デフォルトでは「on」という文字列が送信されるだけで、「最高」「普通」「最低」のどれが選択されたかはわからないのです。そこでvalue属性を使って、そのコントロール部品が選択された時に送信される値を指定します。

サンプル　value属性を使ってラジオボタンを配置した例

```
<input_type="radio"_name="review"_value="最高">_最高
<input_type="radio"_name="review"_value="普通">_普通
<input_type="radio"_name="review"_value="最低">_最低
```

value属性に属性値を指定することで、選択の有無だけではなく、選択された部品の内容も伝わるんですね。

そうだね。type属性が選択系の部品の場合は、value属性と、その属性値を必ず指定するようにしよう。

ボタン系の要素に value 属性を指定すると、value 属性の値がそのボタンに表示されるラベルになります。

サンプル　ボタンのラベルを「送る」にした例

```
<input␣type="submit"␣value="送る">
```

上記のようにすることで、ボタンの文字を「送る」にすることができます。ただし、ボタンの機能自体は、すでに type 属性で決まっていることは覚えておいてください。たとえば type 属性が「reset」であるのに value 属性を「送る」としてしまうと、「送る」と書かれたボタンを押したのに、今まで入力してきたデータがすべて消えるという、ユーザの逆鱗に触れる事態にもなりかねません。

なお type 属性に「image」を用いた送信ボタンの場合は、value 属性でボタンの文字を指定するのではなく、src 属性を使ってボタンとなる画像を指定します。その際、img 要素で画像を指定した際と同様に、alt 属性を使って代替テキストも指定しましょう。また、type 属性が「file」の場合は、ユーザによって選択された画像のファイル名が value 属性に入るようになっています。

サンプル　value 属性を使った例

```
<form␣action="receive.php"␣method="post">
␣␣<p>お名前：␣<input␣type="text"␣name="name"␣value="架空␣太郎"></p>
␣␣<p>
␣␣␣␣Dummy␣Cafe␣は如何ですか？：
␣␣␣␣<input␣type="radio"␣name="review"␣value="最高">␣最高
␣␣␣␣<input␣type="radio"␣name="review"␣value="普通">␣普通
␣␣␣␣<input␣type="radio"␣name="review"␣value="最低">␣最低
␣␣</p>
␣␣<p><input␣type="submit"␣value="送信する"></p>
</form>
```

アンケート | Dummy Cafe

~/html-lessons/sample/chapter04/03/index02.html

お名前: 架空 太郎

Dummy Cafe は如何ですか？: ○ 最高 ○ 普通 ○ 最低

送信する

あっ！type 属性が「reset」なのに、value 属性の値を「送信」にしていました！

フォームを送信しようとしたら、そこまでの入力内容がリセットされるなんて、恐ろしい……

▶ あらかじめ選択された状態にする

　ラジオボタンやチェックボックスを、あらかじめ選択状態にしておきたい場合があるかもしれません。その場合は、type属性で「radio」または「checkbox」を指定しているinput要素に対してchecked属性を用いることで、はじめから選択状態にすることができます。

使い方 | checked属性の使い方

```
<input␣type="コントロール部品の種類(checkbox␣か␣radio)
"␣name="コントロール部品の名前"␣value="送信する値"␣checked>
```

サンプル　checked属性を使った例

```
<form␣action="receive.php"␣method="post">
␣␣<p>お名前：<input␣type="text"␣name="name"></p>
␣␣<p>
␣␣␣␣Dummy␣Cafe␣は如何ですか？：
␣␣␣␣<input␣type="radio"␣name="review"␣value="最高"␣checked>␣最高
␣␣␣␣<input␣type="radio"␣name="review"␣value="普通">␣普通
␣␣␣␣<input␣type="radio"␣name="review"␣value="最低">␣最低
␣␣</p>
␣␣<p><input␣type="submit"␣value="送信する"></p>
</form>
```

```
● ● ●    アンケート | Dummy Cafe
← → C    ~/html-lessons/sample/chapter04/03/index03.html

お名前: [          ]

Dummy Cafe は如何ですか？:  ◉ 最高  ○ 普通  ○ 最低

[送信する]
```

　上記のようにすることで、最初から「最高」にチェックが入っている状態になります。このchecked属性も、テキストフィールドの初期値（266ページ参照）と同様、入力確認画面に遷移したのち、何かを修正しようと入力フォームに戻った時などに選択内容を復帰させる目的で使われていたりします。

▶ テキストフィールドにヒントを記述する

プレースホルダー
placeholder属性を使うことで、テキストフィールドなどに短いヒントを表示することができます。ただし、コントロール部品にユーザが入力すると、このヒントは非表示になります。したがって、ラベルとして使用することは控えましょう。入力内容の説明や長文のヒントは、ユーザに見えるような位置（入力欄の前など）に記述するようにしてください。

📖 Keyword

placeholder属性

●役割
コントロール部品の短いヒント。

●属性値
文字列

使い方 | placeholder属性の使い方

```
<input␣type="コントロール部品の種類"␣name="コントロール部品の名
前"␣placeholder="短いヒント">
```

サンプル placeholder属性を使った例

```
<form␣action="receive.php"␣method="post">
␣␣<p>お名前：<input␣type="text"␣name="name"␣placeholder="架空␣太郎"></p>
␣␣<p>
␣␣␣␣Dummy␣Cafe␣は如何ですか？：
␣␣␣␣<input␣type="radio"␣name="review"␣value="最高">␣最高
␣␣␣␣<input␣type="radio"␣name="review"␣value="普通">␣普通
␣␣␣␣<input␣type="radio"␣name="review"␣value="最低">␣最低
␣␣</p>
␣␣<p><input␣type="submit"␣value="送信する"></p>
</form>
```

● ● ● アンケート | Dummy Cafe
← → C ~/html-lessons/sample/chapter04/03/index04.html

お名前: 架空 太郎
Dummy Cafe は如何ですか？: ○ 最高 ○ 普通 ○ 最低

送信する

ヒントがあると、入力の間違いを防ぐだけではなく、フォームをパッと見ただけで、何を入力するテキストフィールドなのかが伝わるよね。

ユーザにやさしいフォームになりそうです！

　お問い合わせフォームでは、名前やメールアドレスなど、入力を必須にしたい項目があると思います。required属性を使えば、それらの項目が空の状態で送信された場合に、エラーを表示することができます。ただし、ブラウザに搭載されたデベロッパーツールなどを使用すれば、自分が見ているページのHTMLを書き換えることができるため、このrequired属性を消してしまえば、空っぽでも送信できてしまいます。こういったユーザの入力内容のチェックは、フロント側（HTMLやJavaScript）だけではなく、PHPなどのサーバサイドでもチェックをするようにしましょう。

📖 Keyword

required属性

●役割
送信時にこの部品の入力を必須にする。

●属性値
ブール型属性（"required"または""、属性値自体の省略も可）

使い方 | required属性の使い方

```
<input␣type="コントロール部品の種類"␣name="コントロール部品の名前"␣required>
```

サンプル　required属性を使った例

```
<form␣action="receive.php"␣method="post">
␣␣<p>お名前(必須項目)：␣<input␣type="text"␣name="name"␣placeholder="架空␣太郎"␣required></p>
␣␣<p>
␣␣␣␣Dummy␣Cafe␣は如何ですか？：
␣␣␣␣<input␣type="radio"␣name="review"␣value="最高">␣最高
␣␣␣␣<input␣type="radio"␣name="review"␣value="普通">␣普通
␣␣␣␣<input␣type="radio"␣name="review"␣value="最低">␣最低
␣␣</p>
␣␣<p><input␣type="submit"␣value="送信する"></p>
</form>
```

そのほかにもたくさんの属性がある

ここまで紹介した内容で、皆さんはお腹いっぱいかと思いますが、input要素には、ここで紹介したもの以外にもたくさんの属性があります。たとえば、テキストフィールド系のinput要素にminlength属性やmaxlength属性を使うことで、入力文字数を制限することができたり、pattern属性を使えば正規表現と呼ばれる記法によって入力できる文字を制限することも可能です。ただし、これらもデベロッパーツールで書き換えられてしまえば、制限を無視して送信できてしまいます。入力内容はHTMLやJavaScriptなどのフロント側だけでなく、PHPなどのサーバサイドでもチェックをするようにしましょう。

サンプル　テキストフィールドを8文字以上24文字以下の半角英数字しか入力できないようにした例

```
<p>
␣␣パスワードを8文字以上24文字以下の半角英数字で入力して下さい。<br>
␣␣<input␣type="password"␣minlength="8"␣maxlength="24"␣pattern="^[0-9A-Za-z]+$"␣title="8文字以上24文字以下の半角英数字で入力"␣required>
</p>
```

また、autocomplete属性を活用することで、入力を自動補完するヒントを提供することもできます。これを活用することで、たとえば別のフォームで入力した名前やメールアドレスなどの情報をブラウザが記憶し、それをまた別のフォームで入力する際に自動で補完してくれるといったユーザビリティの向上に役立ちます。

ほかにも、readonly属性を使って読み取り専用にしたり、disabled属性を使ってコントロール部品を無効にすることもできます。また、基本的にinput要素はform要素の中に配置しますが、form属性を用いることでform要素の外にも配置することができます。

このように、input要素にはさまざまな属性が用意されており、それらを活用することでユーザの入力内容を制限したり、入力を支援したりすることが可能です。ただし、はじめてHTMLのフォーム関連を学習する人にとっては少々難しい話が多いので、HTMLの学習をひととおり終えて、フォームを実際に作ることになった時にあらためて仕様書などで調べ、理解を深めてもらえたらと思います。

CHAPTER
4
表とフォームを作ろう

▶ 送信ボタンやリセットボタンはbutton要素でも作れる

ここまで、送信ボタンなどのボタンはinput要素で紹介しましたが、button要素を使って作ることもできます。button要素はinput要素と異なり空要素ではないため、ほかのフレージング・コンテンツの要素（インタラクティブ・コンテンツの要素およびtabindex属性が指定されている要素を除く）を含めることができます。これを利用して、ボタンにアイコンを表示するための要素を配置することもできます。button要素では、type属性を使うことでボタンの種類を指定することができ、「submit」を指定すると送信ボタン、「reset」を指定するとリセットボタンになります。

なお、type属性を省略した場合は、submitが指定されたものとして扱われます。リセットボタンなど、送信ボタンのほかのボタンとして設定したい場合は、必ずtype属性を指定するようにしましょう。

button要素

●意味

ボタンを表す。

●カテゴリ

フロー・コンテンツ

フレージング・コンテンツ

インタラクティブ・コンテンツ

●コンテンツ・モデル（内包可能な要素）

フレージング・コンテンツ

　　ただし、子孫にインタラクティブ・コンテンツ

　　およびtabindex属性が指定された要素は不可

●利用できる主な属性

グローバル属性

type属性……ボタンの種類を指定する

name属性……ボタンの名前を指定する

……など

type属性

●役割

ボタンの種類を指定する。

●属性値

submit…………送信ボタン

reset……………リセットボタン

button…………汎用ボタン

使い方 | button要素の使い方

```
<button type="ボタンの種類">ボタンのテキスト</button>
```

サンプル　button要素を使った例

```
<form action="receive.php" method="post">
  <p>お名前(必須項目)：<input type="text" name="name" placeholder="架空 太郎" required></p>
  <p>
    Dummy Cafe は如何ですか？：
    <input type="radio" name="review" value="最高"> 最高
    <input type="radio" name="review" value="普通"> 普通
    <input type="radio" name="review" value="最低"> 最低
  </p>
  <p><button>送信する</button></p>
</form>
```

アンケート | Dummy Cafe

~/html-lessons/sample/chapter04/03/index06.html

お名前（必須項目）：架空 太郎

Dummy Cafe は如何ですか？: ○ 最高 ○ 普通 ○ 最低

送信する

ボタンの種類を送信ボタン以外にしたい場合は、type属性を必ず記述してください。

📑 Memo

button要素はフォーム以外にも使える

button要素は、type属性の値に「button」と指定することにより、汎用的なボタンとなります。たとえば、スマートフォン用のサイトでよく見かける、ハンバーガーボタンと呼ばれるメニューを展開するための3本線のボタンのように、フォーム以外の場所でJavaScriptと組み合わせて使うことも多いです。

サンプル　ハンバーガーボタンの例

```
001  <button␣type="button"␣aria-expanded="false"␣aria-controls="drawer">
002  ␣␣メニュー
003  </button>
```

上記のサンプルに含まれるaria-expanded属性やaria-controls属性はアクセシビリティの向上のために利用される属性で、WAI-ARIAという仕様で定義されています。上記のようなボタンで操作するメニューは、ページを開いた状態では非表示になっていて、メニューを展開するためのボタンをタップすることでメニューが表示されるのが一般的です。視覚的に読むユーザはメニューが表示されたことに気づけますが、スクリーンリーダーなどを利用しているユーザは、メニューが展開しているのか閉じているのか判断することができません。そこでaria-expanded属性を使うことで、ボタンによって操作される要素が現在展開されているのか、閉じているのかといった状態を示すことができます。

また、ハンバーガーボタンなどは、そのボタン自体がメニューとして展開するのではなく、別の場所に書いたメニューのHTMLが、ボタンを押すことによって画面に登場する仕組みになっています。メニューのHTMLとは離れた場所にあるボタンには、aria-controls属性を指定することで、それがメニューの部分のHTMLを操作するためのボタンであると関連づけることができます。

ユーザが入力を絶対に忘れないように、required属性を使おうっと！

HTMLは、ブラウザに搭載されているデベロッパーツールという開発者向けのツールを使うことで、閲覧者が書き換えることもできるんだ。たとえばrequired属性を消すこともできるよ。

ええっ！私が書いたHTMLが、誰かに書き換えられる可能性があるということですか？

その可能性はゼロではないね。たとえば、テキストフィールドに入力する文字列を限定したとしても、デベロッパーツールでtype属性をtextに変更してしまえば、定めた形式じゃなくても送信できてしまうよ。なので、こういったユーザの入力内容のチェックはHTMLやJavaScriptなどのフロント側の言語だけではなく、PHPなどのサーバサイドでもチェックするようにしようね。

わかりました！

それでは、実際にform要素、input要素、button要素を使ってみましょう。

❶「html-lessons」→「chapter04」フォルダ内にある「post.html」をテキストエディタで開く。

❷ファイルの中にあるp要素とリストの部分をフォームの送信内容として、下記の送信先に送信されるようにform要素をマークアップする。なお、データ送信方法（method）やデータの送信形式（enctype）は、送信内容から適切だと思うものを指定する。

送信先	receive.php

❸下記のとおり、p要素の各項目に対するコントロール部品を配置する。

項目	コントロール部品の種類	コントロール部品の名前	そのほか
タイトル（必須項目）	1行分のテキストフィールド	title	・プレースホルダー：「タイトルを入力」・入力必須項目
サムネイル画像	ファイル添付用ボタン	thumbnail	
キーワード（複数選択可）	チェックボックス（各リスト項目を選択肢としてください）	keywords[ ] ※名前の後ろに「[ ]」がついているのは、受け取る側のPHPというプログラミング言語が複数の選択肢をすべて取得できるようにするためのもの。詳しくは、PHPなどのフォームデータを受け取る側のプログラミング言語で学習しましょう。	

❹ファイル内にある文字列「投稿する」を下記の文字列の送信ボタンにする。

投稿する

❺上書き保存する。

❻「html-lessons」→「chapter04」フォルダ内に保存した「post.html」をブラウザのウィンドウ内にドラッグ＆ドロップし、完成イメージのようにフォームが表示されているかどうかを確認する。

完成イメージ

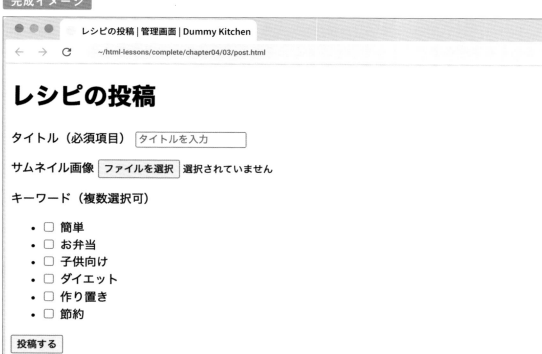

解答例　complete/chapter04/03/post.html

```
007 <body>
008 ␣␣<h1>レシピの投稿</h1>
009
010 ␣␣<form␣action="receive.php"␣method="post"␣enctype="multipart/form-
    data">
011 ␣␣␣␣␣<p>
012 ␣␣␣␣␣␣␣タイトル(必須項目)
013 ␣␣␣␣␣␣␣<input␣type="text"␣name="title"␣placeholder="タイトルを入力
    "␣required>
014 ␣␣␣␣␣</p>
015
016 ␣␣␣␣␣<p>
017 ␣␣␣␣␣␣␣サムネイル画像
018 ␣␣␣␣␣␣␣<input␣type="file"␣name="thumbnail">
019 ␣␣␣␣␣</p>
020
021 ␣␣␣␣␣<p>キーワード(複数選択可)</p>
022 ␣␣␣␣␣<ul>
023 ␣␣␣␣␣␣␣<li><input␣type="checkbox"␣name="keywords[]"␣value="簡単">␣簡単
    </li>
```

CHAPTER 4 表とフォームを作ろう

275

```
024        <li><input␣type="checkbox"␣name="keywords[]"␣value="お弁当">␣お弁
    当</li>
025        <li><input␣type="checkbox"␣name="keywords[]"␣value="子供向け">␣子
    供向け</li>
026        <li><input␣type="checkbox"␣name="keywords[]"␣value="ダイエット">␣
    ダイエット</li>
027        <li><input␣type="checkbox"␣name="keywords[]"␣value="作り置き">␣作
    り置き</li>
028        <li><input␣type="checkbox"␣name="keywords[]"␣value="節約">␣節約
    </li>
029    </ul>
030
031    <p><button>投稿する</button></p>
032  </form>
033 </body>
```

難しかったけれど、なんとかできました。

着実にできることが増えていっているね！

よし！CSSを勉強して「タイトル」という文字を赤文字にしよっと。

……どうして？

だって、「必須項目」という文字をわざわざ書くのが面倒くさいんですもん。「赤文字は必須項目です」ってどこかに1回書いておけば、いちいち必須項目と書かなくても伝わりますよね！

う〜ん、それはあまりよくないよ。

どうしてですか！

もし、色覚特性のあるユーザが読んだら、そこが赤文字かどうか判断できないことがあるかもしれないよね。

確かに……それはよくないですね……

Webページを作る時は、色に依存しないように気をつけようね。

4-4 | 複数行の入力フィールド

お問い合わせ内容を書く項目や、ブログ記事の投稿欄などで見かける複数行からなるテキストエリアの作り方を学習しましょう。

▶ Step❶ 複数行の入力フィールドを表す要素を知ろう

お問い合わせフォームの内容や、SNSなどの投稿を記述するテキストフィールドには、複数行の記述ができるテキストフィールドが用いられています。これらは、textarea要素を使って表すことができます。

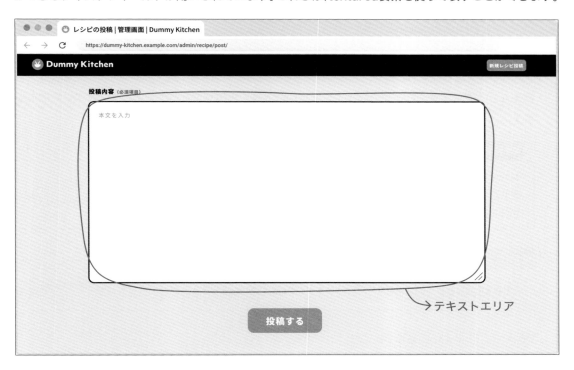

→テキストエリア

textarea要素

●意味

複数行の入力フィールドを表す。

●カテゴリ

フロー・コンテンツ

フレージング・コンテンツ

インタラクティブ・コンテンツ

●コンテンツ・モデル（内包可能な要素）

テキスト

●利用できる主な属性

グローバル属性

name属性················名前を指定する

cols属性··················1行あたりに表示する最大文字数を指定する

rows属性················表示する行数を指定する

maxlength属性········入力できる最大の文字数を指定する

placeholder属性·····部品内に表示されるヒントを指定する

required属性···········入力を必須にする

　　　　　　　　　　　　······など

▶ Step❷ textarea要素の使い方を知ろう

　textarea要素はinput要素と同様、form要素内に配置するのが基本です。texarea要素には終了タグが必要ですが、基本的に要素内容には何も配置しません。入力フィールドの値が、textarea要素の要素内容として扱われます。また、要素内容にあらかじめテキストを入れておくことで、そのテキストを初期値として表示させることができます。またname属性を使うことで、テキストエリアに名前を指定します。

📖 Keyword

name属性

●役割

名前を指定する。

●属性値

文字列

使い方 ｜ textarea要素の基本的な使い方

```
<textarea␣name="名前"></textarea>
```

サンプル　textarea要素の例

```
<form␣action="receive.php"␣method="post">
␣␣<p>
␣␣␣␣Dummy␣Cafeへのご意見やご感想をお聞かせ下さい。<br>
␣␣␣␣<textarea␣name="message"></textarea>
␣␣</p>
␣␣<p><button>送信</button></p>
</form>
```

▶ テキストを初期値として設定する

要素内容にテキストを入れると、初期値としてテキストエリアに表示されます。

使い方 textarea要素に初期値を設定する方法

```
<textarea␣name="名前">初期値</textarea>
```

サンプル textarea要素に初期値を設定した例

```
<form␣action="receive.php"␣method="post">
␣␣<p>
␣␣␣␣Dummy␣Cafeへのご意見やご感想をお聞かせ下さい。<br>
␣␣␣␣<textarea␣name="message">Dummy␣Cafeは最高すぎる！</textarea>
␣␣</p>
␣␣<p><button>送信</button></p>
</form>
```

▶ テキストエリアの大きさを設定する

テキストエリアの大きさはcols属性やrows属性を使うことで、1行あたりの文字数と、表示する行数を指定することができます。

cols属性は列方向の文字数を指定する属性で、1行あたりに表示する最大文字数を指定します。なお、必ずしも指定した文字数のとおりに表示されるというわけではなく、半角や全角の混在や文字の幅によって異なります。

rows属性は表示する行数を指定する属性で、スクロールせずに何行まで表示するかを指定できます。あくまでもスクロールせずに表示する行数であり、指定した行数までしか文字が入力できないわけではありません。指定した行数を超えたテキストは、スクロールバーつきで表示されます。

なお、cols属性を省略した場合は1行当たり20文字、rows属性を省略した場合はスクロールせずに2行まで表示するよう指定されたものとして扱われます。

📖 Keyword

cols属性	
●役割	●属性値
1行あたりに表示する最大文字数を指定する。	数値

rows属性	
●役割	●属性値
表示する行数を指定する。	数値

使い方 cols属性とrows属性の使い方

```
<textarea␣name="名前"␣cols="1行あたりに表示する最大文字数"␣
rows="表示する行数"></textarea>
```

サンプル cols属性とrows属性を使った例

```
<form␣action="receive.php"␣method="post">
␣␣<p>
␣␣␣␣Dummy␣Cafeへのご意見やご感想をお聞かせ下さい。<br>
␣␣␣␣<textarea␣name="message"␣cols="40"␣rows="8"></textarea>
␣␣</p>
␣␣<p><button>送信</button></p>
</form>
```

● ● ● ご意見・ご感想 | Dummy Cafe

← → C ~/html-lessons/sample/chapter04/04/index03.html

Dummy Cafeへのご意見やご感想をお聞かせ下さい。

送信

▶ テキストエリアにヒントを記述する

textarea要素には、input要素と同様、placeholder属性を指定することで、テキストエリアに何も
記述が無い時に短いヒントを表示することができます。このテキストは、コントロール部品にユーザが入
力すると非表示になるので、簡単な入力見本などの短いヒントにとどめましょう。また、入力内容の説明
や長いテキストなどは、ユーザに見えるような位置（入力欄の前など）に記述するようにしてください。

📖 Keyword

placeholder属性

●役割
テキストエリアの短いヒント。

●属性値
文字列

使い方 | placeholder属性の使い方

```
<textarea␣name="名前"␣placeholder="短いヒント">
</textarea>
```

サンプル placeholder属性を使った例

```
<form␣action="receive.php"␣method="post">
␣␣<p>
␣␣␣␣Dummy␣Cafeへのご意見やご感想をお聞かせ下さい。<br>
␣␣␣␣<textarea␣name="message"␣cols="40"␣rows="8"␣placeholder="Dummy␣Cafe
が大好きです"></textarea>
␣␣</p>
␣␣<p><button>送信</button></p>
</form>
```

CHAPTER
4

表とフォームを作ろう

▶ 入力必須項目のチェックを行う

textarea要素には、input要素と同様、required属性を使うことで、項目が空の状態で送信された場合に、エラーを表示させることができます。ただし、270ページでも解説したとおり、ブラウザに搭載されたデベロッパーツールなどを使用すれば、自分が見ているページのHTMLを書き換えることができてしまいます。デベロッパーツールでこのrequired属性を消してしまえば、空の状態でも送信できてしまうため、こういったユーザの入力内容のチェックはHTMLやJavaScriptなどのフロント側だけでなく、PHPなどのサーバサイドでもチェックをするようにしましょう。

📖 Keyword

required属性

● 役割
送信時にこの部品の入力を必須にする。

● 属性値
ブール型属性("required"または""、属性値自体の省略も可)

使い方 | required属性の使い方

```
<textarea␣name="名前"␣required></textarea>
```

サンプル required属性を使った例

```
<form␣action="receive.php"␣method="post">
␣␣<p>
␣␣␣␣Dummy␣Cafeへのご意見やご感想をお聞かせ下さい。<br>
␣␣␣␣<textarea␣name="message"␣cols="40"␣rows="8"␣required></textarea>
␣␣</p>
␣␣<p><button>送信</button></p>
</form>
```

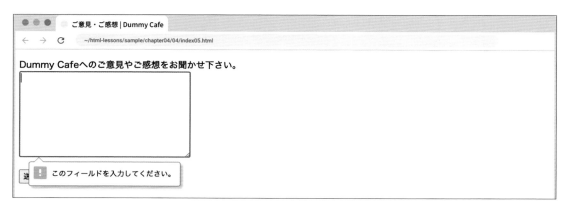

282

ほかにもたくさんの属性がある

textarea要素には、ここで紹介した属性以外に、入力文字数を制限するminlength属性やmaxlength属性、自動補完のヒントを提供するautocomplete属性、テキストエリアを無効にするdisabled属性、textarea要素をform要素の外に配置して利用できるようにするform属性など、たくさんの属性があります。

input要素には終了タグがなくて、textarea要素は終了タグがあるんですね。

そう。あとは、textarea要素の要素内容にテキストを書くと、初期値として使えることも覚えておいてね。

でも、あまりそういうケースはないですよね？

そうだね。あらかじめ文字を入力しておきたいケースは少ないんだけど、たとえばtextarea要素で作ったブログの記事の入力欄があり、その下に「入力確認画面へ」というラベルの送信ボタンがあるとしよう。

はい。

記事をすべて入力し終えて、送信ボタンをクリックして、入力確認画面にデータを送信したとします。その入力確認画面で、もしも、入力した内容に誤りがあることに気づいて、再び入力画面に戻った時に、入力した内容が保持されず、すべて消えてしまったらどうする？

あんなに時間をかけたのに……というショックで、もうブログを書きたくなくなるかもしれません！

そうだよね。そこで、PHPなどのプログラミング言語を使って、一度入力された内容をtextarea要素の要素内容に入れておくことで、記事の入力画面に戻っても、内容を初期値として表示しておくことができるんだよ。

なるほど！そうすれば、ブログをやめなくて済みますね！

そ、そうだね！

それでは、実際に textarea 要素を使ってみましょう。

❶「html-lessons」→「chapter04」フォルダ内にある「post.html」をテキストエディタで開く。

❷「投稿する」ボタンの上に、下記のようなテキストエリアを配置する。

項目 （ラベル）	テキスト エリアの名前	1 行あたりの 表示文字数	行数	そのほか
投稿内容 （必須項目）	content	50	15	・プレースホルダー：「本文を入力」 ・入力必須項目

❸ 上書き保存する。

❹「html-lessons」→「chapter04」フォルダ内に保存した「post.html」をブラウザのウィンドウ内にドラッグ＆ドロップし、完成イメージのようにテキストエリアが表示されているかどうかを確認する。

完成イメージ

解答例　complete/chapter04/04/post.html

```
007  <body>
008  ␣␣<h1> レシピの投稿 </h1>
```

```
009
010    ␣␣<form␣action="receive.php"␣method="post"␣enctype="multipart/form-
       data">
011    ␣␣␣␣<p>
012    ␣␣␣␣␣␣タイトル(必須項目)
013    ␣␣␣␣␣␣<input␣type="text"␣name="title"␣placeholder="タイトルを入力
       "␣required>
014    ␣␣␣␣</p>
015
016    ␣␣␣␣<p>
017    ␣␣␣␣␣␣サムネイル画像
018    ␣␣␣␣␣␣<input␣type="file"␣name="thumbnail">
019    ␣␣␣␣</p>
020
021    ␣␣␣␣<p>キーワード(複数選択可)</p>
022    ␣␣␣␣<ul>
023    ␣␣␣␣␣␣<li><input␣type="checkbox"␣name="keywords[]"␣value="簡単">␣簡単
       </li>
024    ␣␣␣␣␣␣<li><input␣type="checkbox"␣name="keywords[]"␣value="お弁当">␣お弁
       当</li>
025    ␣␣␣␣␣␣<li><input␣type="checkbox"␣name="keywords[]"␣value="子供向け">␣子
       供向け</li>
026    ␣␣␣␣␣␣<li><input␣type="checkbox"␣name="keywords[]"␣value="ダイエット">␣
       ダイエット</li>
027    ␣␣␣␣␣␣<li><input␣type="checkbox"␣name="keywords[]"␣value="作り置き">␣作
       り置き</li>
028    ␣␣␣␣␣␣<li><input␣type="checkbox"␣name="keywords[]"␣value="節約">␣節約
       </li>
029    ␣␣␣␣</ul>
030
031    ␣␣␣␣<p>
032    ␣␣␣␣␣␣投稿内容(必須項目)
033    ␣␣␣␣␣␣<textarea␣name="content"␣cols="50"␣rows="15"␣placeholder="本文を
       入力"␣required></textarea>
034    ␣␣␣␣</p>
035
036    ␣␣␣␣<p><button>投稿する</button></p>
037    ␣␣</form>
038    </body>
```

テキストエリアの右下をドラッグすると、テキストエリアの大きさを変えられるのですね!

そうそう。一般的なブラウザでは、ユーザの好みのテキストエリアの大きさに変えられるよ。
cols属性やrows属性に指定した文字数や行数も、それに応じて変化するんだ。

4-5 選択式メニュー

プロフィール入力欄でよく見かける「お住まいの都道府県」など、たくさんの選択肢の中から項目を選択する時に使う選択式メニューについて学習しましょう。

▶ Step ❶ 選択式メニューを表す要素を知ろう

　　たくさんの選択肢の中から、項目を選択するような選択式メニューを見かけることがあると思います。このようなメニューはセレクトボックスなどとも呼ばれ、select 要素を用いて表すことができます。select 要素は ul 要素や ol 要素のように各選択肢を囲む要素で、各選択肢は select 要素の中に、option 要素を用いて配置します。なお、option 要素は、optgroup 要素を用いてグループ化することもできます。

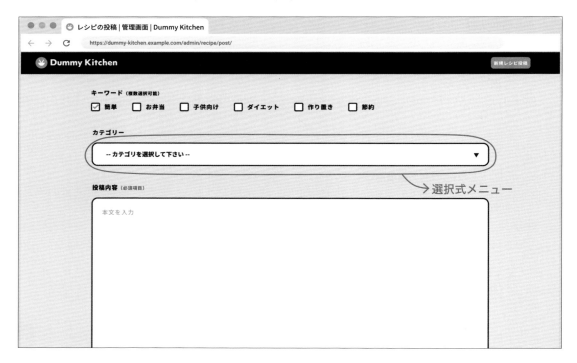

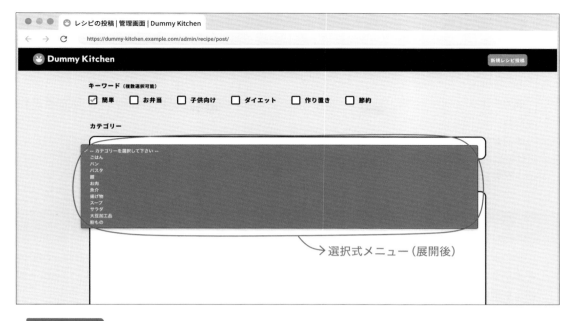

→ 選択式メニュー（展開後）

📖 Keyword

select要素

●意味

セレクトボックス（選択式メニュー）を表す。

●カテゴリ

フロー・コンテンツ

フレージング・コンテンツ

インタラクティブ・コンテンツ

●コンテンツ・モデル（内包可能な要素）

0個以上のoption要素、optgroup要素、スクリプトサポーティング要素

●利用できる主な属性

グローバル属性

name属性…………名前を指定する

multiple属性………複数の値を選択できるかを指定する

required属性……送信時にこの部品の選択を必須にする

　　　　　　　　　　　　　　　……など

---

option要素

●意味

セレクトボックス（選択式メニュー）の選択肢、または入力を補完する候補を表す。

●カテゴリ

なし

●コンテンツ・モデル（内包可能な要素）

・label属性とvalue属性が指定されている場合は「空」

・label属性は指定されているが、value属性は指定されていない場合は「テキスト」

・label属性が指定されておらず、datalist要素の

子要素でない場合は「空白ではないテキスト」

・label属性が指定されておらず、datalist要素の子要素である場合は「テキスト」

●利用できる主な属性

グローバル属性

label属性……………ユーザに表示するラベルを指定する

selected属性………選択状態にする

value属性…………送信される値を指定する

　　　　　　　　　　　　　　　……など

optgroup要素
●意味
セレクトボックスの選択肢のグループを表す。
●カテゴリ
なし
●コンテンツ・モデル（内包可能な要素）
0個以上のoption要素とスクリプトサポーティング要素

●利用できる主な属性
グローバル属性
label属性…ユーザに表示するラベルを指定する
　　　　　　　　　　　　　　　　　……など

▶ Step❷ 選択式メニューの使い方を知ろう

　select要素は、form要素の中に配置します。なお、基本的には、select要素の場合も、name属性を用いることでセレクトボックスに名前を指定します。そして、そのselect要素の中に、option要素を使って選択肢を配置します。

使い方 ｜ セレクトボックスの使い方

```
<select␣name="名前">
␣␣<option>選択肢1</option>
␣␣<option>選択肢2</option>
␣␣<option>選択肢3</option>
</select>
```

サンプル セレクトボックスを使った例

```
<form␣action="recive.php"␣method="post">
␣␣<p>
␣␣␣␣希望勤務地
␣␣␣␣<select␣name="area">
␣␣␣␣␣␣<option>北海道エリア</option>
␣␣␣␣␣␣<option>東北エリア</option>
␣␣␣␣␣␣<option>関東エリア</option>
␣␣␣␣␣␣<option>中部エリア</option>
␣␣␣␣␣␣<option>近畿エリア</option>
␣␣␣␣␣␣<option>中国エリア</option>
␣␣␣␣␣␣<option>四国エリア</option>
␣␣␣␣␣␣<option>九州エリア</option>
␣␣␣␣</select>
␣␣</p>
␣␣<p><button>送信</button></p>
</form>
```

▶ 表示と実際の送信内容が異なる場合

　select要素では、ユーザに表示している文字と実際に送信したい文字が異なる場合があるかもしれません。たとえば先ほどのサンプルの場合、ユーザに対して「〇〇エリア」としてエリア名を表示したいけれど、実際に送信する値としては「〇〇」の部分だけでよく、「エリア」という文字がいらなかったり、エリアを表す記号やID番号のようなものを送信したいこともあります。そのような場合は、option要素にvalue属性を使うことで、その選択肢が選択された場合に実際に送信する値を指定することができます。

📖 **Keyword**

value属性

●役割
送信される値を指定する。

●属性値
文字列

使い方 value属性の使い方

```
<select name="名前">
␣␣<option␣value="送信する値1">表示するラベル1</option>
␣␣<option␣value="送信する値2">表示するラベル2</option>
␣␣<option␣value="送信する値3">表示するラベル3</option>
</select>
```

サンプル　value属性を使った例

```
<form␣action="recive.php"␣method="post">
␣␣<p>
```

```
␣␣␣␣希望勤務地
␣␣␣␣<select␣name="area">
␣␣␣␣␣␣<option␣value="未選択">--␣エリアを選択して下さい␣--</option>
␣␣␣␣␣␣<option␣value="北海道">北海道エリア</option>
␣␣␣␣␣␣<option␣value="東北">東北エリア</option>
␣␣␣␣␣␣<option␣value="関東">関東エリア</option>
␣␣␣␣␣␣<option␣value="中部">中部エリア</option>
␣␣␣␣␣␣<option␣value="近畿">近畿エリア</option>
␣␣␣␣␣␣<option␣value="中国">中国エリア</option>
␣␣␣␣␣␣<option␣value="四国">四国エリア</option>
␣␣␣␣␣␣<option␣value="九州">九州エリア</option>
␣␣␣␣</select>
␣␣</p>
␣␣<p><button>送信</button></p>
</form>
```

▶あらかじめ選択した状態にする

select要素では、最初から選択された状態にしておきたい選択肢もあるかもしれません。その場合は、option要素に selected 属性を用います。selected 属性は、選択状態にしたい選択肢のみに指定します。

📖 Keyword

selected 属性

●役割
選択状態にしておく。

●属性値
ブール型属性("selected"または""、属性値自体の省略も可)

```
<select␣name="名前">
␣␣<option>選択肢1</option>
␣␣<option␣selected>選択肢2</option>
␣␣<option>選択肢3</option>
</select>
```

サンプル　selected属性を使った例

```
<form␣action="recive.php"␣method="post">
␣␣<p>
␣␣␣␣希望勤務地
␣␣␣␣<select␣name="area">
␣␣␣␣␣␣<option␣value="未選択">--␣エリアを選択して下さい␣--</option>
␣␣␣␣␣␣<option␣value="北海道">北海道エリア</option>
␣␣␣␣␣␣<option␣value="東北">東北エリア</option>
␣␣␣␣␣␣<option␣value="関東"␣selected>関東エリア</option>
␣␣␣␣␣␣<option␣value="中部">中部エリア</option>
␣␣␣␣␣␣<option␣value="近畿">近畿エリア</option>
␣␣␣␣␣␣<option␣value="中国">中国エリア</option>
␣␣␣␣␣␣<option␣value="四国">四国エリア</option>
␣␣␣␣␣␣<option␣value="九州">九州エリア</option>
␣␣␣␣</select>
␣␣</p>
␣␣<p><button>送信</button></p>
</form>
```

採用エントリーフォーム | Dummy Cafe
~/html-lessons/sample/chapter04/05/index03.html

希望勤務地 関東エリア ⌄

送信

CHAPTER 4
表とフォームを作ろう

　上記のようにすることで、最初から「関東エリア」が選択されている状態になります。このselected属性も、テキストフィールドの初期値と同様、一度入力確認画面に遷移したけれど、何かを修正しようと入力フォームに戻った時などに、すべての選択が解除されていることのないよう、一度選択された値をプログラミング言語などを活用して復帰させる目的で使われることが多いです。

選択肢がたくさんある場合は、グループ化することで、ユーザが選択肢を探しやすくなる場合があります。グループにしたいoption要素を<optgroup>〜</optgroup>で囲むことで、選択肢をグループにすることができます。その際は、optgroup要素にlabel属性を使って、グループの名前を指定する必要があります。

📖 **Keyword**

label属性（optgroup要素には必須）

● 役割 | ● 属性値
ユーザに表示するラベルを指定する。 | 文字列

使い方 | optgroup要素の使い方

```
<select␣name="名前">
␣␣<optgroup␣label="表示するラベル">
␣␣␣␣<option>選択肢1</option>
␣␣␣␣<option>選択肢2</option>
␣␣␣␣<option>選択肢3</option>
␣␣</optgroup>
</select>
```

サンプル optgroup要素を使った例

```
<form␣action="recive.php"␣method="post">
␣␣<p>
␣␣␣␣都道府県
␣␣␣␣<select␣name="prefs">
␣␣␣␣␣␣<optgroup␣label="北海道エリア">
␣␣␣␣␣␣␣␣<option>北海道</option>
␣␣␣␣␣␣</optgroup>
␣␣␣␣␣␣<optgroup␣label="東北エリア">
␣␣␣␣␣␣␣␣<option>青森県</option>
␣␣␣␣␣␣␣␣<option>岩手県</option>
␣␣␣␣␣␣␣␣<option>宮城県</option>
␣␣␣␣␣␣␣␣<option>秋田県</option>
␣␣␣␣␣␣␣␣<option>山形県</option>
␣␣␣␣␣␣␣␣<option>福島県</option>
␣␣␣␣␣␣</optgroup>
␣␣␣␣␣␣<optgroup␣label="関東エリア">
␣␣␣␣␣␣␣␣<option>茨城県</option>
␣␣␣␣␣␣␣␣<option>栃木県</option>
␣␣␣␣␣␣␣␣<option>群馬県</option>
```

```
        <option>埼玉県</option>
        <option>千葉県</option>
        <option>東京都</option>
        <option>神奈川県</option>
      </optgroup>
      <optgroup label="中部エリア">
        <option>新潟県</option>
        <option>富山県</option>
        <option>石川県</option>
        <option>福井県</option>
        <option>山梨県</option>
        <option>長野県</option>
        <option>岐阜県</option>
        <option>静岡県</option>
        <option>愛知県</option>
      </optgroup>
      <optgroup label="近畿エリア">
        <option>三重県</option>
        <option>滋賀県</option>
        <option>京都府</option>
        <option>大阪府</option>
        <option>兵庫県</option>
        <option>奈良県</option>
        <option>和歌山県</option>
      </optgroup>
      <optgroup label="中国エリア">
        <option>鳥取県</option>
        <option>島根県</option>
        <option>岡山県</option>
        <option>広島県</option>
        <option>山口県</option>
      </optgroup>
      <optgroup label="四国エリア">
        <option>徳島県</option>
        <option>香川県</option>
        <option>愛媛県</option>
        <option>高知県</option>
      </optgroup>
      <optgroup label="九州エリア">
        <option>福岡県</option>
        <option>佐賀県</option>
        <option>長崎県</option>
        <option>熊本県</option>
        <option>大分県</option>
        <option>宮崎県</option>
        <option>鹿児島県</option>
        <option>沖縄県</option>
      </optgroup>
```

```
    </select>
  </p>
  <p><button>送信</button></p>
</form>
```

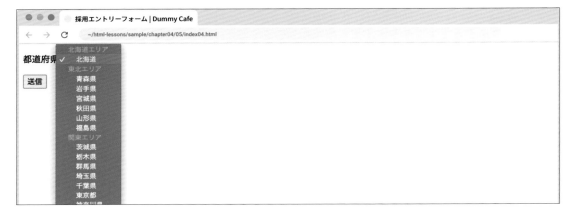

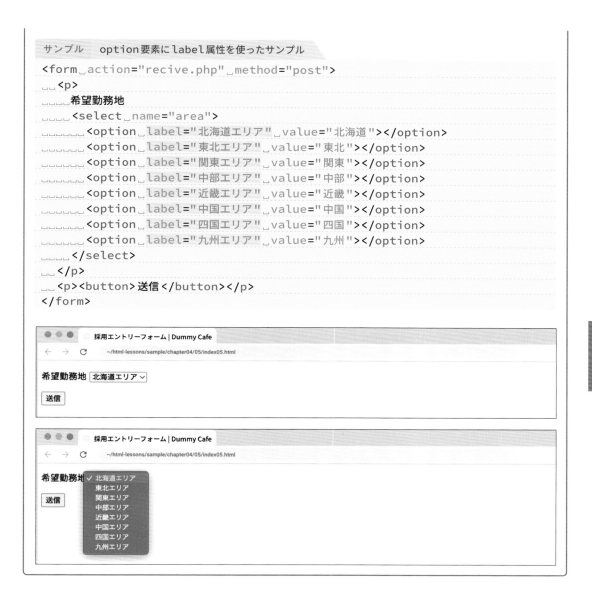

サンプル　option要素にlabel属性を使ったサンプル

```
<form␣action="recive.php"␣method="post">
␣␣<p>
␣␣␣␣希望勤務地
␣␣␣␣<select␣name="area">
␣␣␣␣␣␣<option␣label="北海道エリア"␣value="北海道"></option>
␣␣␣␣␣␣<option␣label="東北エリア"␣value="東北"></option>
␣␣␣␣␣␣<option␣label="関東エリア"␣value="関東"></option>
␣␣␣␣␣␣<option␣label="中部エリア"␣value="中部"></option>
␣␣␣␣␣␣<option␣label="近畿エリア"␣value="近畿"></option>
␣␣␣␣␣␣<option␣label="中国エリア"␣value="中国"></option>
␣␣␣␣␣␣<option␣label="四国エリア"␣value="四国"></option>
␣␣␣␣␣␣<option␣label="九州エリア"␣value="九州"></option>
␣␣␣␣</select>
␣␣</p>
␣␣<p><button>送信</button></p>
</form>
```

▶ 選択肢を複数選べるようにする

　セレクトボックスは、基本的に選択肢のうち1つしか選択できません。しかし、select要素にmultiple属性を指定することで、リスト形式の選択メニューとなり、⌘（Windowsの場合：Ctrl）または Shift を押しながら選択することで、複数選択が可能になります。ただし、この選択方法を知らないユーザもいるため、可能であれば同じ複数選択が可能なチェックボックス（<input type="checkbox">）の使用を検討するのがよいでしょう。

multiple属性
●役割
複数の値を選択できるかどうかを指定する。

●属性値
ブール型属性（"multiple"または""、属性値自体
の省略も可）

使い方 | multiple属性の使い方

```
<select␣name="名前"␣multiple>
␣␣<option>選択肢1</option>
␣␣<option>選択肢2</option>
␣␣<option>選択肢3</option>
</select>
```

サンプル　multiple属性を使った例

```
<form␣action="recive.php"␣method="post">
␣␣<p>
␣␣␣␣希望勤務地
␣␣␣␣<select␣name="areas[]"␣multiple>
␣␣␣␣␣␣<option␣value="北海道">北海道エリア</option>
␣␣␣␣␣␣<option␣value="東北">東北エリア</option>
␣␣␣␣␣␣<option␣value="関東">関東エリア</option>
␣␣␣␣␣␣<option␣value="中部">中部エリア</option>
␣␣␣␣␣␣<option␣value="近畿">近畿エリア</option>
␣␣␣␣␣␣<option␣value="中国">中国エリア</option>
␣␣␣␣␣␣<option␣value="四国">四国エリア</option>
␣␣␣␣␣␣<option␣value="九州">九州エリア</option>
␣␣␣␣</select>
␣␣</p>
␣␣<p><button>送信</button></p>
</form>
```

📝 **Memo**

属性値の「[ ]」
select要素に指定したname属性の属性値（上のサンプルでは4行目）に「[ ]」がついているのは、受け取る側のPHPというプログラミング言語が複数の選択肢をすべて取得できるようにするためのものです。現時点では気にせず、詳しくはPHPなどのフォームデータを受け取る側のプログラミング言語で学習しましょう。

📝**Memo**

入力候補を提供するdatalist要素

本書では詳しく解説しませんが、option要素は、datalist要素の中に配置することも可能です。datalist
要素は、input要素のコントロール部品に入力候補を提供することができる要素です。datalist要素の子
要素にoption要素を使うことで、選択肢を指定することができます。

input要素にdatalist要素を紐づけるには、まずdatalist要素にid属性を使ってid名を指定します。そして、
input要素には、list属性を使ってその属性値にdatalist要素に指定したid名を指定します。ただし、
datalist要素は古いブラウザには対応していない可能性もあるため、利用する際は対応ブラウザを確認
しましょう。

使い方 | datalist要素の使い方

```
<datalist id="固有の名前">
  <option>選択肢1</option>
  <option>選択肢2</option>
  <option>選択肢3</option>
</datalist>
```

使い方 | input要素にdatalist要素を関連付ける方法

```
<input type="入力系のコントロール部品" list="datalist要素
に指定したid属性の値">
```

```
サンプル    datalist要素を使った例
<form␣action="recive.php"␣method="post">
␣␣<p>
␣␣␣␣Dummy␣Cafeの好きなメニューを教えて下さい。<br>
␣␣␣␣<input␣type="text"␣list="options">
␣␣</p>

␣␣<datalist␣id="options">
␣␣␣␣<option>キミのブレンドコーヒー</option>
␣␣␣␣<option>ダミーブレンドコーヒー</option>
␣␣␣␣<option>スペシャルブレンドコーヒー</option>
␣␣</datalist>
</form>
```

● ● ●　アンケート	Dummy Cafe
← → C　~/html-lessons/sample/chapter04/05/index07.html

Dummy Cafeの好きなメニューを教えて下さい。

[　　　　　　　　　　▼]
　　キミのブレンドコーヒー

　　ダミーブレンドコーヒー

　　スペシャルブレンドコーヒー

こういった選択項目はよく見かけます。

 そうだね。たとえば、都道府県などを選択する時にはこれがよく使われているよね。

性別を選択する場合にも使っていいんですか？

 ダメではないけれど、性別のように選択肢が少ない場合は、わざわざセレクトボックスを展開して選んでもらうより、ラジオボタンのほうがわかりやすいので、ユーザの手間がかからないかもしれないね。

確かにそうですね。

 反対に、都道府県のように選択肢が多いものをラジオボタンで表示すると、選択肢を探すのも大変だし、フォーム内にすべての選択肢が表示されていて見づらいページになるかもしれないね。選択肢が多い時ほどセレクトボックスの使いどきだと思うよ。

覚えておきます！

それでは、実際に選択式メニューを使ってみましょう。

❶「html-lessons」→「chapter04」フォルダ内にある「post.html」をテキストエディタで開く。

❷「投稿内容」の上に、下記のような選択式メニューを配置する。

項目（ラベル）	選択式メニューの名前
カテゴリ	category

●選択肢

項目（ラベル）	送信する値
-- カテゴリを選択して下さい --	未選択
ごはん	ごはん
パン	パン
パスタ	パスタ
麺	麺
お肉	お肉
魚介	魚介
揚げ物	揚げ物
スープ	スープ
サラダ	サラダ
大豆加工品	大豆加工品
粉もの	粉もの

❸上書き保存する。

❹「html-lessons」→「chapter04」フォルダ内に保存した「post.html」をブラウザのウィンドウ内にドラッグ＆ドロップし、完成イメージのように選択肢メニューが表示されているかどうかを確認する。

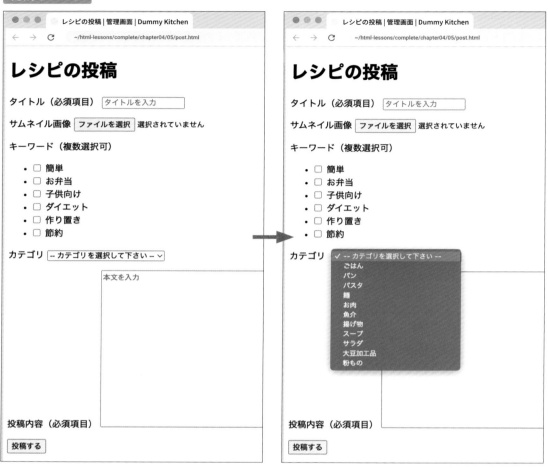

解答例　complete/chapter04/05/post.html

```
007 <body>
008 __<h1>レシピの投稿</h1>
009
010 __<form_action="receive.php"_method="post"_enctype="multipart/form-
    data">
011 ____<p>
012 _____タイトル(必須項目)
013 _____<input_type="text"_name="title"_placeholder="タイトルを入力
    "_required>
014 ____</p>
015
016 ____<p>
017 _____サムネイル画像
018 _____<input_type="file"_name="thumbnail">
019 ____</p>
```

```
020
021         <p>キーワード（複数選択可）</p>
022         <ul>
023             <li><input type="checkbox" name="keywords[]" value="簡単"> 簡単</li>
024             <li><input type="checkbox" name="keywords[]" value="お弁当"> お弁当</li>
025             <li><input type="checkbox" name="keywords[]" value="子供向け"> 子供向け</li>
026             <li><input type="checkbox" name="keywords[]" value="ダイエット"> ダイエット</li>
027             <li><input type="checkbox" name="keywords[]" value="作り置き"> 作り置き</li>
028             <li><input type="checkbox" name="keywords[]" value="節約"> 節約</li>
029         </ul>
030
031         <p>
032         カテゴリ
033         <select name="category">
034             <option value="未選択">-- カテゴリを選択して下さい --</option>
035             <option>ごはん</option>
036             <option>パン</option>
037             <option>パスタ</option>
038             <option>麺</option>
039             <option>お肉</option>
040             <option>魚介</option>
041             <option>揚げ物</option>
042             <option>スープ</option>
043             <option>サラダ</option>
044             <option>大豆加工品</option>
045             <option>粉もの</option>
046         </select>
047         </p>
048
049         <p>
050         投稿内容（必須項目）
051         <textarea name="content" cols="50" rows="15" placeholder="本文を入力" required></textarea>
052         </p>
053
054         <p><button>投稿する</button></p>
055     </form>
056 </body>
```

4-6 | コントロール部品のラベル

ラベルは、フォームに何を入力すればよいのか示すための部品です。フォームの各コントロール部品に対してラベルを関連づけることで、アクセシビリティやユーザビリティの向上につながります。

▶ Step❶ コントロール部品のラベルを表す要素を知ろう

label要素は、コントロール部品のラベルとなるテキストを表すための要素です。一般的なフォームは、ユーザが何を入力・選択すればよいのかを表すラベルと、実際に入力・選択を行うコントロール部品で構成されています。label要素を用いてこれらを関連づけることで、ユーザが何を入力すればよいのかがより明確になります。たとえば、視覚的にWebページを閲覧することが困難なユーザに対しても、どのラベルに対してのコントロール部品なのかを伝えるサポートができるようになります。また、ラベルをクリックした時に、関連づけられたコントロール部品を選択状態にすることも可能です。

📖 Keyword

label要素
●意味
コントロール部品のラベルを表す。
●カテゴリ
フロー・コンテンツ
フレージング・コンテンツ
インタラクティブ・コンテンツ
●コンテンツ・モデル (内包可能な要素)
フレージング・コンテンツ
　ただし、子孫にlabel要素は配置不可。
　また、このラベルが示すコントロール部品

(button要素、input要素 (type属性がhidden
以外)、meter要素、output要素、progress
要素、select要素、textarea要素、フォーム
に関連づけられたカスタム要素) 以外のコント
ロール部品の要素も配置不可
●利用できる属性
グローバル属性
for属性…ラベルと関連するコントロール部品を
　　　　指定する

▶ Step❷ label要素の使い方を知ろう

label要素は、コントロール部品のラベルとなるテキストを表す要素です。label要素を使った関連づけには、ラベルにしたいテキストとコントロール部品の両方を囲む方法と、label要素にfor属性を使って、コントロール部品のid名を指定して関連づける方法の2種類があります。

使い方 | label要素の使い方①ラベルにしたいテキストとコントロール部品の両方を囲む方法

```
<label>
␣␣ラベル␣<コントロール部品の要素>
</label>
```

※コントロール部品の要素：<button>、<input>（type属性がhidden以外）、<meter>、<output>、<progress>、<select>、<textarea>

サンプル ラベルとコントロール部品をlabel要素で囲んだ例

```
<form␣action="receive.php"␣method="post">
␣␣<p>
␣␣␣␣<label>
␣␣␣␣␣␣お名前:␣<input␣type="text"␣name="your_name">
␣␣␣␣</label>
␣␣</p>
␣␣<p><button>送信</button></p>
</form>
```

● ● ● | お問い合わせ | Dummy Cafe

← → C ~/html-lessons/sample/chapter04/06/index01.html

お名前： [_____]

[送信]

```
<label␣for="関連づけるコントロール部品の id 属性の値">
␣␣ラベル
</label>
<コントロール部品の要素␣id="固有名">
```

※コントロール部品の要素：<button>、<input>（type 属性が hidden 以外）、<meter>、<output>、<progress>、<select>、<textarea>

サンプル form 属性を使ってコントロール部品を関連づけた label 要素の例

```
<form␣action="receive.php"␣method="post">
␣␣<p>
␣␣␣␣<label␣for="your_name">お名前:</label>
␣␣␣␣<input␣type="text"␣id="your_name"␣name="your_name">
␣␣</p>
␣␣<p><button>送信</button></p>
</form>
```

```
● ● ●        お問い合わせ | Dummy Cafe
←  →  C      ~/html-lessons/sample/chapter04/06/index02.html

お名前： [                    ]

[ 送信 ]
```

2種類の指定方法がありますが、何を基準に使い分ければよいでしょうか？

ラベルとコントロール部品が離れた場所にある場合は、for 属性を使う方法でないと指定できないので、パターン②になるね。でも、label 要素でラベルもコントロール部品も問題なく囲める場合は、パターン①でいいよ。

わかりました！

こうやって、ラベルとコントロール部品を関連づけることで、視覚的に見ているユーザ以外にも、それらが関連づいていることを知らせるためのサポートができるし、ラベルをクリックしたら関連するコントロール部品が選択状態になるので、アクセシビリティやユーザビリティの向上につながるね。

それでは、実際にlabel要素を使ってみましょう。

❶「html-lessons」→「chapter04」フォルダ内にある「post.html」をテキストエディタで開く。

❷form要素内にある各コントロール部品とそのラベルをlabel要素でマークアップする。

❸上書き保存する。

❹「html-lessons」→「chapter04」フォルダ内に保存した「post.html」をブラウザのウィンドウ内にドラッグ＆ドロップし、ラベルをクリックすることで関連するコントロール部品が選択状態になるかどうかを確認する。

完成イメージ

```
007  <body>
008    <h1>レシピの投稿</h1>
009
010    <form action="receive.php" method="post" enctype="multipart/form-
       data">
011      <p>
012        <label>
013          タイトル(必須項目)
014          <input type="text" name="title" placeholder="タイトルを入力
       " required>
015        </label>
016      </p>
017
018      <p>
019        <label>
020          サムネイル画像
021          <input type="file" name="thumbnail">
022        </label>
023      </p>
024
025      <p>キーワード(複数選択可)</p>
026      <ul>
027        <li>
028          <label>
029            <input type="checkbox" name="keywords[]" value="簡単"> 簡単
030          </label>
031        </li>
032        <li>
033          <label>
034            <input type="checkbox" name="keywords[]" value="お弁当"> お弁当
035          </label>
036        </li>
037        <li>
038          <label>
039            <input type="checkbox" name="keywords[]" value="子供向け"> 子
       供向け
040          </label>
041        </li>
042        <li>
043          <label>
044            <input type="checkbox" name="keywords[]" value="ダイエット"> 
       ダイエット
045          </label>
046        </li>
047        <li>
048          <label>
049            <input type="checkbox" name="keywords[]" value="作り置き"> 作
```

り置き

```
050 _____      </label>
051 _____    </li>
052 _____    <li>
053 _____      <label>
054 _____        <input_type="checkbox"_name="keywords[]"_value="節約">_節約
055 _____      </label>
056 _____    </li>
057 ____    </ul>
058
059 ____  <p>
060 _____    <label>
061 _____      カテゴリ
062 _____      <select_name="category">
063 _____      <option_value="未選択">--_カテゴリを選択して下さい_--</option>
064 _____      <option>ごはん</option>
065 _____      <option>パン</option>
066 _____      <option>パスタ</option>
067 _____      <option>麺</option>
068 _____      <option>お肉</option>
069 _____      <option>魚介</option>
070 _____      <option>揚げ物</option>
071 _____      <option>スープ</option>
072 _____      <option>サラダ</option>
073 _____      <option>大豆加工品</option>
074 _____      <option>粉もの</option>
075 _____      </select>
076 _____    </label>
077 ____    </p>
078
079 ____  <p>
080 _____    <label>
081 _____      投稿内容(必須項目)
082 _____      <textarea_name="content"_cols="50"_rows="15"_placeholder="本
    文を入力"_required></textarea>
083 _____    </label>
084 ____    </p>
085
086 ____  <p><button>投稿する</button></p>
087 __  </form>
088 </body>
```

コントロール部品をグループ化する

フォームのコントロール部品をグループ化する、fieldset^{フィールドセット}という要素があります。この要素を使うことで、ラジオボタンやチェックボックスのコントロール部品をグループ化することができます。そこにdisabled属性を追加することで、グループ内のすべてのコントロール部品を無効化することが可能です。また、先頭の子要素として、filedset要素にlegend要素というfieldset要素のキャプションを指定する要素を配置すれば、グループ化したラジオボタンやチェックボックスのブロックにラベルをつけることもできます。

サンプル　fieldset要素とlegend要素を使った例

```
<fieldset>
  <legend>キーワード（複数選択可）</legend>
  <ul>
    <li><label><input type="checkbox" name="keywords[]" value="簡単"> 簡単</label></li>
    <li><label><input type="checkbox" name="keywords[]" value="お弁当"> お弁当</label></li>
    <li><label><input type="checkbox" name="keywords[]" value="子供向け"> 子供向け</label></li>
    <li><label><input type="checkbox" name="keywords[]" value="ダイエット"> ダイエット</label></li>
    <li><label><input type="checkbox" name="keywords[]" value="作り置き"> 作り置き</label></li>
    <li><label><input type="checkbox" name="keywords[]" value="節約"> 節約</label></li>
  </ul>
</fieldset>
```

レシピの投稿 | 管理画面 | Dummy Kitchen

~/html-lessons/sample/chapter04/06/index03.html

┌─ キーワード（複数選択可） ─────────────────────

- ☐ 簡単
- ☐ お弁当
- ☐ 子供向け
- ☐ ダイエット
- ☐ 作り置き
- ☐ 節約

章末練習
問題

CHAPTER 4 の理解度をチェック!

問 「html-lessons」→「chapter04」→「training」フォルダ内にある「index.html」をテキストエディタで開き、下記の問題を解いてこのチャプターの理解度をチェックしましょう。

1. 見出し「募集内容」の下に、下記の構成の表を配置する。

職種	仕事内容	応募資格	募集人数
Webディレクター	企画立案やプロジェクトの進捗管理	・Webに関する幅広い知識がある方 ・コミュニケーションが得意な方	2人
Webデザイナー	未来を変えるWebサイトのデザイン	・PhotoshopやXD、Figmaなどの操作ができる方 ・未来を変えるデザインが出来る方	1人
フロントエンドエンジニア	HTML、CSS、JavaScriptなどを用いた開発	・HTML、CSS、JavaScriptを使った開発が出来る方 ・新しい技術を積極的に取り入れられる方	2人

2. 見出し「エントリーフォーム」の下に、下記のフォームを配置し、必要に応じてラベルにヒントを記述する。なお、フォームの送信先は「receive.php」とする。

ラベル	コントロール部品	プレースホルダー	必須項目
お名前	1行分のテキストフィールドに名前を入力してもらう	架空 太郎	○
フリガナ	1行分のテキストフィールドにフリガナを入力してもらう	カクウ タロウ	○
メールアドレス	1行分のテキストフィールドにメールアドレスを入力してもらう	taro@example.com	○
電話番号	1行分のテキストフィールドに電話番号を入力してもらう	000-0000-0000	○
ポートフォリオサイトのURL	1行分のテキストフィールドにURLを入力してもらう	https://example.com	
希望職種 Webディレクター Webデザイナー フロントエンドエンジニア	「Webディレクター」「Webデザイナー」「フロントエンドエンジニア」の中から希望職種を選択してもらう（複数選択可）		
志望動機	テキストエリアに志望動機を入力してもらう（1行あたりの表示文字数や行数は任意）		○
応募する	送信ボタン		

CHAPTER

4

表とフォームを作ろう

```
007  <body>
008  ⎵⎵<h1>Recruit</h1>
009
010  ⎵⎵<h2>募集内容</h2>
011  ⎵⎵<table>
012  ⎵⎵⎵⎵<thead>
013  ⎵⎵⎵⎵⎵⎵<tr>
014  ⎵⎵⎵⎵⎵⎵⎵⎵<th>職種</th>
015  ⎵⎵⎵⎵⎵⎵⎵⎵<th>仕事内容</th>
016  ⎵⎵⎵⎵⎵⎵⎵⎵<th>応募資格</th>
017  ⎵⎵⎵⎵⎵⎵⎵⎵<th>募集人数</th>
018  ⎵⎵⎵⎵⎵⎵</tr>
019  ⎵⎵⎵⎵</thead>
020  ⎵⎵⎵⎵<tbody>
021  ⎵⎵⎵⎵⎵⎵<tr>
022  ⎵⎵⎵⎵⎵⎵⎵⎵<td>Webディレクター</td>
023  ⎵⎵⎵⎵⎵⎵⎵⎵<td>企画立案やプロジェクトの進捗管理</td>
024  ⎵⎵⎵⎵⎵⎵⎵⎵<td>
025  ⎵⎵⎵⎵⎵⎵⎵⎵⎵⎵<ul>
026  ⎵⎵⎵⎵⎵⎵⎵⎵⎵⎵⎵⎵<li>Webに関する幅広い知識がある方</li>
027  ⎵⎵⎵⎵⎵⎵⎵⎵⎵⎵⎵⎵<li>コミュニケーションが得意な方</li>
028  ⎵⎵⎵⎵⎵⎵⎵⎵⎵⎵</ul>
029  ⎵⎵⎵⎵⎵⎵⎵⎵</td>
030  ⎵⎵⎵⎵⎵⎵⎵⎵<td>2人</td>
031  ⎵⎵⎵⎵⎵⎵</tr>
032  ⎵⎵⎵⎵⎵⎵<tr>
033  ⎵⎵⎵⎵⎵⎵⎵⎵<td>Webデザイナー</td>
034  ⎵⎵⎵⎵⎵⎵⎵⎵<td>未来を変えるWebサイトのデザイン</td>
035  ⎵⎵⎵⎵⎵⎵⎵⎵<td>
036  ⎵⎵⎵⎵⎵⎵⎵⎵⎵⎵<ul>
037  ⎵⎵⎵⎵⎵⎵⎵⎵⎵⎵⎵⎵<li>PhotoshopやXD、Figmaなどの操作が出来る方</li>
038  ⎵⎵⎵⎵⎵⎵⎵⎵⎵⎵⎵⎵<li>未来を変えるデザインが出来る方</li>
039  ⎵⎵⎵⎵⎵⎵⎵⎵⎵⎵</ul>
040  ⎵⎵⎵⎵⎵⎵⎵⎵</td>
041  ⎵⎵⎵⎵⎵⎵⎵⎵<td>1人</td>
042  ⎵⎵⎵⎵⎵⎵</tr>
043  ⎵⎵⎵⎵⎵⎵<tr>
044  ⎵⎵⎵⎵⎵⎵⎵⎵<td>フロントエンドエンジニア</td>
045  ⎵⎵⎵⎵⎵⎵⎵⎵<td>HTML、CSS、JavaScriptなどを用いた開発</td>
046  ⎵⎵⎵⎵⎵⎵⎵⎵<td>
047  ⎵⎵⎵⎵⎵⎵⎵⎵⎵⎵<ul>
048  ⎵⎵⎵⎵⎵⎵⎵⎵⎵⎵⎵⎵<li>HTML、CSS、JavaScriptを使った開発が出来る方</li>
049  ⎵⎵⎵⎵⎵⎵⎵⎵⎵⎵⎵⎵<li>新しい技術を積極的に取り入れられる方</li>
050  ⎵⎵⎵⎵⎵⎵⎵⎵⎵⎵</ul>
```

```
051 ␣␣␣␣␣␣␣</td>
052 ␣␣␣␣␣␣␣<td>2人</td>
053 ␣␣␣␣␣␣</tr>
054 ␣␣␣␣</tbody>
055 ␣␣</table>
056
057
058 ␣␣<h2>エントリーフォーム</h2>
059 ␣␣<form␣action="receive.php"␣method="post">
060 ␣␣␣␣<p>
061 ␣␣␣␣␣␣<label>
062 ␣␣␣␣␣␣␣␣お名前(必須項目)
063 ␣␣␣␣␣␣␣␣<input␣type="text"␣name="name"␣placeholder="架空␣太郎
    "␣required>
064 ␣␣␣␣␣␣</label>
065 ␣␣␣␣</p>
066 ␣␣␣␣<p>
067 ␣␣␣␣␣␣<label>
068 ␣␣␣␣␣␣␣␣フリガナ(必須項目)
069 ␣␣␣␣␣␣␣␣<input␣type="text"␣name="furigana"␣placeholder="カクウ␣タ
    ロウ"␣required>
070 ␣␣␣␣␣␣</label>
071 ␣␣␣␣</p>
072 ␣␣␣␣<p>
073 ␣␣␣␣␣␣<label>
074 ␣␣␣␣␣␣␣␣メールアドレス(必須項目)
075 ␣␣␣␣␣␣␣␣<input␣type="email"␣name="email"␣placeholder="taro@
    example.com"␣required>
076 ␣␣␣␣␣␣</label>
077 ␣␣␣␣</p>
078 ␣␣␣␣<p>
079 ␣␣␣␣␣␣<label>
080 ␣␣␣␣␣␣␣␣電話番号(必須項目)
081 ␣␣␣␣␣␣␣␣<input␣type="tel"␣name="tel"␣placeholder="000-0000-
    0000"␣required>
082 ␣␣␣␣␣␣</label>
083 ␣␣␣␣</p>
084 ␣␣␣␣<p>
085 ␣␣␣␣␣␣<label>
086 ␣␣␣␣␣␣␣␣ポートフォリオサイトのURL
087 ␣␣␣␣␣␣␣␣<input␣type="url"␣name="portfolio"␣placeholder="https://
    example.com">
088 ␣␣␣␣␣␣</label>
089 ␣␣␣␣</p>
090 ␣␣␣␣<p>
```

```
091 ⎵⎵⎵⎵⎵⎵希望職種（複数選択可能）
092 ⎵⎵⎵⎵⎵⎵<label>
093 ⎵⎵⎵⎵⎵⎵⎵⎵<input⎵type="checkbox"⎵name="jobs[]"⎵value="Webディレクター
    ">⎵Webディレクター
094 ⎵⎵⎵⎵⎵⎵</label>
095 ⎵⎵⎵⎵⎵⎵<label>
096 ⎵⎵⎵⎵⎵⎵⎵⎵<input⎵type="checkbox"⎵name="jobs[]"⎵value="Webデザイナー
    ">⎵Webデザイナー
097 ⎵⎵⎵⎵⎵⎵</label>
098 ⎵⎵⎵⎵⎵⎵<label>
099 ⎵⎵⎵⎵⎵⎵⎵⎵<input⎵type="checkbox"⎵name="jobs[]"⎵value="フロントエンド
    エンジニア">⎵フロントエンドエンジニア
100 ⎵⎵⎵⎵⎵⎵</label>
101 ⎵⎵⎵⎵</p>
102
103 ⎵⎵⎵⎵<p>
104 ⎵⎵⎵⎵⎵⎵志望動機（必須項目）
105 ⎵⎵⎵⎵⎵⎵<textarea⎵name="motivation"⎵cols="30"⎵rows="10"⎵requir
    ed></textarea>
106 ⎵⎵⎵⎵</p>
107
108 ⎵⎵⎵⎵<p><button>応募する</button></p>
109 ⎵⎵</form>
110 </body>
```

「募集内容」では、table要素を用いて4行4列のテーブルを作るよ。

はい。「応募資格」の部分にul要素を使い、リストにしました。「エントリーフォーム」の部分はform要素やinput要素、textarea要素などを使ってフォームを作り、ラベルと各コントロール部品をlabel要素で関連づけました。

完璧だね！今回のフォームは個人情報を含む内容なので、送信方法は「post」にするよ。必須項目の指示があるコントロール部品には、required属性を指定できたかな？

できました！

よし！それから、送信ボタンは解答例ではbutton要素を使っているけれど、<input type="submit" value="応募する"> でも問題ないからね。ここまでに紹介してきたフォーム関連の要素を使えば、基本的なお問い合わせフォームのHTMLは作れると思うよ。

フォームのユーザ体験の向上

　ここまで、たびたびアクセシビリティについて触れてきました。中でもフォームはユーザの操作が多く求められる箇所であるため、その使いやすさはユーザの満足度に大きく影響します。サイトに与えられた目的、たとえば予約や登録などをスムーズに達成できるかどうかも、大事なポイントです。また、マウスの破損などによって一時的に操作が困難になった時、キーボードのみで操作できるフォームになっているかどうかも考慮するべきです。

　たとえば、各コントロール部品に label 要素を使うことで、ユーザ体験の向上が見込めます。スクリーンリーダーを使用した際にコントロール部品に対応するラベルが伝わりますし、マウスを使っているユーザに対しても、ラベルをクリックすることで対応するコントロール部品にフォーカスを当てることができるため、クリック領域が広がります。ほかにも placeholder 属性を使って入力時のヒントを提供したり、autocomplete 属性を活用することで、入力を自動補完するヒントを提供するなど、ユーザ体験を向上させる余地は多く残されています。

　一方、見た目を重視するあまり、誤った使い方をすれば、ブラウザが持っている機能を妨げてしまう可能性もあります。たとえば CSS を使用することで、label 要素をオリジナルのコントロール部品のような見た目にすることが可能で、さらにそのラベルと対応した部品を非表示にすることもできます。非表示にすることで、画面には label 要素を使ったオリジナルのコントロール部品のみが表示されます。しかし、ここには落とし穴があるのです。label 要素を使っているため、オリジナルのコントロール部品をクリックすればフォーカスも当たり、一見問題ないように思えるかもしれませんが、一般的に a 要素や、フォームのコントロール部品の要素は、キーボードの tab キー押すことで、フォーカスが当たるようになっています。しかし、CSS の表示を切り替える方法でコントロール部品の要素を非表示にしてしまうと、tab キーを使用しても、そのコントロール部品にフォーカスが当たらなくなってしまいます。つまり、キーボードを使った操作ができなくなるのです。

　このように、本来ブラウザが持っている機能を妨げないように、注意しながら構築することが重要です。フォームにはさまざまな要素や属性があるので、これらの要素や属性をうまく活用して、ユーザの混乱を防ぎ、直感的に操作できるようなフォームを目指すとよいでしょう。

CHAPTER

5

セクションとページ構成を
整理しよう

CHAPTER2では、見出しを表すhn要素について学びまし
た。ここでは、hn要素のみでは示しきれなかったページ内
の話題の範囲をさらに明確に示し、章・節・項をわかりや
すく構成しましょう。そのためには、コーディングするセ
クションの位置づけや意味をしっかりと理解しておく必要
があります。アウトラインを意識しながら、より伝わりや
すいページを目指しましょう。

このチャプターのゴール

章・節・項などの話題の範囲を明確にすることができるセクショニング・コンテンツの要素や、ページやセクションの構造を表す要素について学習しましょう。

▶ 完成イメージを確認

Dummy Creations | 架空サイトを作る架空のWeb制作会社

~/html-lessons/complete/chapter05/training/index.html

ぷ Dummy Creations

- About Us
- Service
- Works
- Contact

私たちは*架空サイト*を作ることに、命を燃やすプロ集団です。

最新の制作実績

Dummy Kitchen様

架空の料理レシピサイトである、Dummy Kitchen様のWebサイトを制作させて頂きました。

担当

- ディレクション
- デザイン
- コーディング

Dummy Cafe様

架空のカフェ、Dummy Cafe様のWebサイトを制作させて頂きました。

担当

- ディレクション
- デザイン
- コーディング

すべての制作実績を見る

- プライバシーポリシー
- サイトマップ

*Dummy Creations*へのお問い合わせは、*お問い合わせフォーム*よりお願い致します。

© 2022 Dummy Creations

要素名	意味・役割	カテゴリ	コンテンツ・モデル
section	章・節・項などの一般的なセクションを表す	フロー・コンテンツ セクショニング・コンテンツ	フロー・コンテンツ
article	ブログやニュース記事などの独立したセクションを表す	フロー・コンテンツ セクショニング・コンテンツ	フロー・コンテンツ
aside	メインコンテンツから切り離すことが可能な補足的なセクションを表す	フロー・コンテンツ セクショニング・コンテンツ	フロー・コンテンツ
nav	主要なナビゲーションを表す	フロー・コンテンツ セクショニング・コンテンツ	フロー・コンテンツ
header	ヘッダーを表す	フロー・コンテンツ	フロー・コンテンツ 　ただし、子孫に header 要素、footer 要素は配置不可
footer	フッターを表す	フロー・コンテンツ	フロー・コンテンツ ただし、子孫に header 要素、footer 要素は配置不可
main	メインコンテンツを表す	フロー・コンテンツ	フロー・コンテンツ
address	連絡先情報を表す	フロー・コンテンツ	フロー・コンテンツ 　ただし、子孫にヘディング・コンテンツ、セクショニング・コンテンツ、header 要素、footer 要素、address 要素は配置不可

このチャプターで紹介する address 以外の要素は、HTML5から登場した比較的新しい要素だよ。

そうなんだ！

5-1 | セクショニングに関する要素

ページ内の話題の範囲を明示的に表し、整理することができるセクショニング・コンテンツの要素を学習しましょう。

▶ Step❶ セクショニングに関する要素を知ろう

HTML5よりも前のバージョンでは、見出しを表すh1要素〜h6要素を使うことで、話題の階層を表していました。しかし、見出しがマークアップされているだけでは、話題がどこから始まり、どこで終わったのか、明確に判断することは困難です。そこでHTML5では、章・節・項などのセクションの範囲をわかりやすく示すことができる要素が新しく登場しました。それが、一般的なセクションを表すsection要素、ブログやニュースの記事のように、内容が完結した独立可能なセクションを表すarticle要素、メインコンテンツから切り離せる補足的なセクションを表すaside要素、主要なナビゲーションであることを表すnav要素の4つです。これらの要素を使い分けることで、話題の範囲を整理していきます。なお、これら4つの要素は、すべてセクショニング・コンテンツというカテゴリに分類されています。

section 要素

●意味

章・節・項などの一般的なセクションを表す。

●カテゴリ

フロー・コンテンツ

セクショニング・コンテンツ

●コンテンツ・モデル（内包可能な要素）

フロー・コンテンツ

●利用できる属性

グローバル属性

article 要素

●意味

ブログやニュース記事などの独立したセクションを表す。

●カテゴリ

フロー・コンテンツ

セクショニング・コンテンツ

●コンテンツ・モデル（内包可能な要素）

フロー・コンテンツ

●利用できる属性

グローバル属性

aside 要素

●意味

メインコンテンツから切り離すことが可能な補足的なセクションを表す。

●カテゴリ

フロー・コンテンツ

セクショニング・コンテンツ

●コンテンツ・モデル（内包可能な要素）

フロー・コンテンツ

●利用できる属性

グローバル属性

nav 要素

●意味

主要なナビゲーションを表す。

●カテゴリ

フロー・コンテンツ

セクショニング・コンテンツ

●コンテンツ・モデル（内包可能な要素）

フロー・コンテンツ

●利用できる属性

グローバル属性

CHAPTER

5

セクションとページ構成を整理しよう

それでは、section 要素、article 要素、aside 要素、nav 要素の使い方を、順番に見ていきましょう。

▶ **section 要素**

section 要素では、章、節、項などの範囲ごとに<section>～</section>で挟みます。基本的には、h1 要素～h6 要素でマークアップした話題の階層を、より明確にするようなイメージです。通常、section 要素の中には見出しが置かれることになります。

使い方 | section 要素の使い方

```
<section>
  章・節・項などの一般的なセクション
</section>
```

サンプル　section 要素の例

```
<h1> コーヒーを選ぶ </h1>
<p> お好きな飲み方やお好きなコーヒー豆から本日の最高の一杯をお選び下さい。</p>

<section>
  <h2> 飲み方から選ぶ </h2>
  <p> コーヒーの抽出方法別にメニューをお選び頂けます。</p>

  <section>
    <h3> エスプレッソ </h3>
    <p> 圧力をかけてコーヒーを抽出する方法で濃厚な味わいです。</p>

    <section>
      <h4> カフェラテ </h4>
      <p> エスプレッソのコーヒーにスチームで温めたミルクをたっぷり加えたコーヒーです。</p>
    </section>

    <section>
      <h4> カプチーノ </h4>
      <p> カフェラテよりもミルクの泡が多く味わいが濃いコーヒーです。</p>

        ... 省略
    </section>
  </section>

  <section>
    <h3> ドリップ </h3>
      ... 省略
  </section>
```

```
    </section>

    <section>
        <h2>コーヒー豆から選ぶ</h2>
        ... 省略
    </section>
```

● ● ●　コーヒーを選ぶ | Dummy Cafe

← → C　~/html-lessons/sample/chapter05/01/index01.html

コーヒーを選ぶ

お好きな飲み方やお好きなコーヒー豆から本日の最高の一杯をお選び下さい。

飲み方から選ぶ

コーヒーの抽出方法別にメニューをお選び頂けます。

エスプレッソ

圧力をかけてコーヒーを抽出する方法で濃厚な味わいです。

カフェラテ

エスプレッソのコーヒーにスチームで温めたミルクをたっぷり加えたコーヒーです。

カプチーノ

カフェラテよりもミルクの泡が多く味わいが濃いコーヒーです。

... 省略

ドリップ

... 省略

コーヒー豆から選ぶ

... 省略

見出しの要素を使ってすでに話題の階層を分けているのに、なぜセクショニング関連の要素を使うんでしょう？

h1 要素からh6 要素までを適切に使うことによって、どこから話題が始まっているかはわかるけれど、見出しの箇所を示すだけでは、どこまでがその話題の範囲なのかがわかりづらい時があるんだよ。

そっか。h1 〜h6 要素のみだと、話題があることはわかっても、どこまでその話題が続いているのかがハッキリしないんですね！これで、話題の範囲がどこからどこまでなのか、わかりやすくなりますね。

文章の全体を話題ごとに分ける時は section 要素を使いますが、ブログやニュース記事のように独立したセクションの場合は、article 要素のほうがふさわしいです。article 要素は、マークアップした範囲を切り離しても独立したコンテンツとして成り立つ場合に使うことができます。なお、ページのヘッダーやフッター、ナビゲーション、サイドバーを除くメインコンテンツが、すべて独立可能なセクションの場合は、article 要素は必要ありません。

使い方 | article 要素の使い方

```
<article>
␣␣ブログやニュース記事などの独立したセクション
</article>
```

サンプル article 要素を使った例

```
<h1>ブログ</h1>
<article>
␣␣<h2>常連さんに聞いた当店の好きなフードメニューベスト3</h2>
␣␣<p><time␣datetime="2022-01-10">2022.01.10</time></p>

␣␣<p>Dummy␣Cafeの常連さんに当店の好きなフードメニューをお伺いし統計を取ってみました</p>
␣␣<p>...</p>

␣␣<p>この記事を書いた人：店長</p>
</article>
```

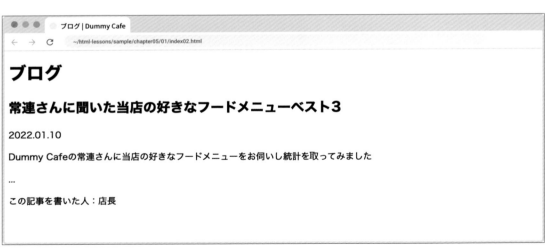

article 要素を入れ子にする場合は、原則として内側の article 要素は外側の article 要素と関連するコンテンツとして表します。たとえばブログ記事についたコメントなどは、次のサンプルのように表します。

```
<h1>ブログ</h1>

<article>
␣␣<h2>常連さんに聞いた当店の好きなフードメニューベスト3</h2>
␣␣<p><time␣datetime="2022-01-10">2022.01.10</time></p>

␣␣<p>Dummy␣Cafeの常連さんに当店の好きなフードメニューをお伺いし統計を取ってみました</p>
␣␣<p>...</p>

␣␣<p>この記事を書いた人:店長</p>

␣␣<section>
␣␣␣␣<h3>コメント</h3>

␣␣␣␣<article>
␣␣␣␣␣␣<h4>パスタが最高！</h4>
␣␣␣␣␣␣<p>投稿者：␣桜␣さん</p>
␣␣␣␣␣␣<p><time␣datetime="2022-03-03 10:00">15分前</time></p>
␣␣␣␣␣␣<p>Dummy␣Cafeのパスタは毎日食べたくなるくらい美味しいです。</p>
␣␣␣␣</article>

␣␣␣␣<article>
␣␣␣␣␣␣<h4>一口でファンになりました</h4>
␣␣␣␣␣␣<p>投稿者：␣ダミー␣さん</p>
␣␣␣␣␣␣<p><time␣datetime="2022-03-03 07:15">3時間前</time></p>
␣␣␣␣␣␣<p>モーニングで食べたトーストの味が忘れられません。</p>
␣␣␣␣</article>
␣␣</section>
</article>
```

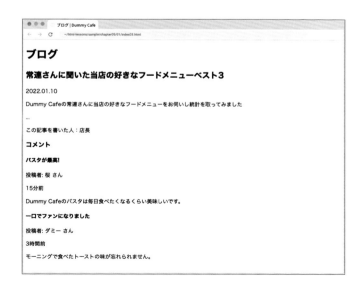

▶ aside 要素

　メインコンテンツから切り離すことが可能、かつ補足的なセクションの場合は、aside 要素がふさわしいです。具体的には、補足情報や余談、広告などに利用します。なお、文章内にあるカッコ書きのような箇所は、本文の流れに必要なものであるため、aside 要素は使用しません。

使い方 | aside要素の使い方

```
<aside>
␣␣メインコンテンツから切り離すことが可能な補足的なセクション
</aside>
```

サンプル aside要素を使った例

```
<aside>
␣␣<h2>スポンサー</h2>
␣␣<p>
␣␣␣␣<a␣href="https://gihyo.jp/book"␣target="_blank"␣rel="sponsored">
␣␣␣␣␣␣技術評論社(新しいタブで開く)
␣␣␣␣</a>
␣␣</p>
</aside>
```

```
● ● ●    Dummy Cafe - 「いつもの。」が通じる、あなたのカフェ。
←  →  C    ~/html-lessons/sample/chapter05/01/index04.html

スポンサー

技術評論社（新しいタブで開く）
```

▶ nav 要素

　ページ内にある主要なナビゲーションリンクのセクションには、nav 要素がふさわしいです。具体的には、サイトのすべてのページに一貫して表示されるグローバルナビゲーションや、ページ内のほかの場所にジャンプする目次のようなナビゲーションに利用します。ページ内で1つしか使ってはいけないということはありませんが、nav 要素は、たとえばスクリーンリーダーを使用しているユーザがページを移動する時、毎回読み上げられるナビゲーションを読み飛ばしたり、いつでもその地点に戻ることができるようにするために用意されています。そのため、主要なナビゲーションのみにマークアップすることが推奨されています。また、フッターに配置された利用規約やプライバシーポリシーなどは、通常は nav 要素でマークアップする必要はありません。

```
<nav>
␣␣主要ナビゲーション
</nav>
```

サンプル すべてのページに一貫して表示されるメニューに nav 要素を使った例

```
<nav>
␣␣<ul>
␣␣␣␣<li><a␣href="commitment/">こだわり</a></li>
␣␣␣␣<li><a␣href="menu/">メニュー</a></li>
␣␣␣␣<li><a␣href="space/">空間</a></li>
␣␣␣␣<li><a␣href="blog/">ブログ</a></li>
␣␣␣␣<li><a␣href="contact/">お問い合わせ</a></li>
␣␣</ul>
</nav>
```

Dummy Cafe - 「いつもの。」が通じる、あなたのカフェ。

← → C   ~/html-lessons/sample/chapter05/01/index05.html

- こだわり
- メニュー
- 空間
- ブログ
- お問い合わせ

　上記は、サイト内のすべてのページに一貫して表示されるグローバルナビゲーションに nav 要素を使った例です。このほかにも記事の中の目次や、サイト内の現在地を表すパンくずナビゲーションと呼ばれるものにも使われたりします。

サンプル 記事の目次に nav 要素を使った例

```
<h1>常連さんに聞いた当店の好きなフードメニューベスト3</h1>
<p><time␣datetime="2022-01-10">2022.01.10</time></p>

<nav>
␣␣<h2>目次</h2>
␣␣␣<ul>
␣␣␣␣<li><a␣href="#best3">フードメニューベスト3</a></li>
␣␣␣␣<li><a␣href="#unranked">ベスト3に入れなかったメニュー</a></li>
␣␣␣␣<li><a␣href="#impression">感想</a></li>
␣␣</ul>
</nav>
```

~/html-lessons/sample/chapter05/01/index06.html

常連さんに聞いた当店の好きなフードメニューベスト3

2022.01.10

目次

- フードメニューベスト3
- ベスト3に入れなかったメニュー
- 感想

なお、一般的に nav 要素にはリストが入ることが多いですが、必ずしもリストである必要はありません。

nav 要素の「すべてのページに一貫して表示されるメニューに nav 要素を使った例」には、見出しがありませんでした。あのようなナビゲーションのリストも話題という扱いになるのでしょうか？

確かに section 要素や article 要素と違って、ナビゲーションには話題という感じがしないかもしれないね。でも、ナビゲーションもページのセクションの1つとして考えるんだよ。

そうなんですね。

うん。ちゃんと nav 要素でマークアップしておけば、スクリーンリーダーによっては、nav 要素の部分を読み込んだ時、そこがナビゲーションであることも読み上げてくれるしね。

▶ Step❸ セクショニング関連の要素を使ってみよう

それでは、実際にセクショニング関連の要素を使ってみましょう。

❶「html-lessons」→「chapter05」フォルダ内にある「index.html」をテキストエディタで開く。

❷ファイルの中にある文章をよく読み、section 要素、article 要素、aside 要素、nav 要素をマークアップする。

❸上書き保存する。

❹「html-lessons」→「chapter05」フォルダ内に保存した「index.html」をブラウザのウィンドウ内にドラッグ＆ドロップし、表示崩れが起きていないかどうかを確認する。

Dummy Kitchen | 架空の絶品料理レシピサイト

~/html-lessons/complete/chapter05/01/index.html

Dummy Kitchen

架空の絶品料理レシピサイト

- レシピを探す
- 料理を学ぶ
- コラムを読む
- ログイン
- 無料会員登録

Pick Up

絶対に失敗しない架空のからあげ

2022.03.22

生姜&ニンニクをたっぷり使い下味をしっかりつけた鶏もも肉のからあげです。2度揚げすることで外はカリッと中はジューシーでビールとの相性もバッチリですよ。

かな

ごはんが進むイカと大葉のバター醤油炒め

2022.02.19

ぷりぷりのイカに大葉がアクセントになって、ごはんが*何杯でも*食べられる逸品です！お弁当に入れても、おつまみとしてもその役割を全うします。

斎藤 あかね

新着の絶品架空レシピ

最近投稿された絶品レシピをご紹介。

名店の味を再現！自宅で作る究極のTKG

2022.04.01

架空のたまごかけご飯専門店「だみい屋」さんのTKGを*家庭*で再現してみました。隠し味のごま油がワンランク上のTKGに仕上げてくれます。

さくら

スポンサー

当架空サイトは下記のスポンサー様のお力で運営しております。

- 技術評論社（新しいタブで開く）
- Shibajuku（新しいタブで開く）

Dummy Kitchenへのお問い合わせは、お問い合わせフォームか下記の住所宛にご連絡下さい。

〒100-XXXX
東京都架空区架空町1-2-3-2001

© 2022 Dummy Kitchen

```
007  <body>
008  ␣␣<h1><a␣href="index.html"><img␣src="images/logo-dummy-kitchen.svg"␣w
     idth="240"␣height="48"␣alt="Dummy␣Kitchen"␣decoding="async"></a></h1>
009  ␣␣<p>架空の絶品料理レシピサイト</p>
010
011  ␣␣<nav>
012  ␣␣␣␣<ul>
013  ␣␣␣␣␣␣<li><a␣href="recipe/index.html">レシピを探す</a></li>
014  ␣␣␣␣␣␣<li><a␣href="lesson/index.html">料理を学ぶ</a></li>
015  ␣␣␣␣␣␣<li><a␣href="column/index.html">コラムを読む</a></li>
016  ␣␣␣␣␣␣<li><a␣href="login/index.html">ログイン</a></li>
017  ␣␣␣␣␣␣<li><a␣href="register/index.html">無料会員登録</a></li>
018  ␣␣␣␣</ul>
019  ␣␣</nav>
020
021  ␣␣<section>
022  ␣␣␣␣<h2>Pick␣Up</h2>
023
024  ␣␣␣␣<article>
025  ␣␣␣␣␣␣<h3>絶対に失敗しない架空のからあげ</h3>
026  ␣␣␣␣␣␣<p><time␣datetime="2022-03-22">2022.03.22</time></p>
027  ␣␣␣␣␣␣<p>生姜&amp;ニンニクをたっぷり使い下味をしっかりつけた鶏もも肉のからあげです。2度揚
     げすることで外はカリッと中はジューシーで<em>ビールとの</em>相性もバッチリですよ。</p>
028  ␣␣␣␣␣␣<p>かな</p>
029  ␣␣␣␣</article>
030
031  ␣␣␣␣<article>
032  ␣␣␣␣␣␣<h3>ごはんが進むイカと大葉のバター醤油炒め</h3>
033  ␣␣␣␣␣␣<p><time␣datetime="2022-02-19">2022.02.19</time></p>
034  ␣␣␣␣␣␣<p>ぷりぷりのイカに大葉がアクセントになって、ごはんが<em>何杯でも</em>食べられる逸
     品です！お弁当に入れても、おつまみとしてもその役割を全うします。</p>
035  ␣␣␣␣␣␣<p>斎藤␣あかね</p>
036  ␣␣␣␣</article>
037  ␣␣</section>
038
039  ␣␣<section>
040  ␣␣␣␣<h2>新着の絶品架空レシピ</h2>
041  ␣␣␣␣<p>最近投稿された絶品レシピをご紹介。</p>
042
043  ␣␣␣␣<article>
044  ␣␣␣␣␣␣<h3>名店の味を再現！自宅で作る究極のTKG</h3>
045  ␣␣␣␣␣␣<p><time␣datetime="2022-04-01">2022.04.01</time></p>
046  ␣␣␣␣␣␣<p>架空のたまごかけご飯専門店「だみい屋」さんのTKGを<em>家庭で</em>再現してみました。
     隠し味のごま油がワンランク上のTKGに仕上げてくれます。</p>
047  ␣␣␣␣␣␣<p>さくら</p>
048  ␣␣␣␣</article>
049  ␣␣</section>
```

```
050  ␣␣
051  ␣␣<aside>
052  ␣␣␣␣<h2>スポンサー</h2>
053  ␣␣␣␣<p>当架空サイトは下記のスポンサー様のお力で運営しております。</p>
054  ␣␣␣␣<ul>
055  ␣␣␣␣␣␣<li><a␣href="https://gihyo.jp/book"␣target="_blank">技術評論社(新し
     いタブで開く)</a></li>
056  ␣␣␣␣␣␣<li><a␣href="https://shibajuku.net"␣target="_blank">Shibajuku(新
     しいタブで開く)</a></li>
057  ␣␣␣␣</ul>
058  ␣␣</aside>
059
060  ␣␣<p>Dummy␣Kitchenへのお問い合わせは、<a␣href="contact/index.html">お問い合わ
     せフォーム</a>か下記の住所宛にご連絡下さい。</p>
061  ␣␣<p>
062  ␣␣␣␣〒100-XXXX<br>
063  ␣␣␣␣東京都架空区架空町1-2-3-2001
064  ␣␣</p>
065  ␣␣<p><small>©␣<time>2022</time>␣Dummy␣Kitchen</small></p>
066  </body>
```

 どうだった？

 section要素とarticle要素の使い分けが難しいのですが、どうすればいいのでしょうか？

 確かに、迷うよね。section要素とarticle要素については、実装者の解釈によって意見が分かれる部分でもあるんだ。

 どうやって使い分ければいいですか？

 コンテンツをどう解釈するのかにもよるけれど、マークアップしたいコンテンツが話題を構成する一部だとしたら、section要素がふさわしいね。一方、そのコンテンツをブログやSNSのタイムラインなどに投稿した場合に、それだけで1つのコンテンツとして成り立つ、独立した内容であればarticle要素がふさわしいと言えるよ。

 なるほど。なんとなくイメージがつかめました。

5-2 | アウトラインを意識する

ここまで、話題の階層構造に関する要素を学んできました。ここでは、見出しの要素によって生成されるアウトラインについて学習しましょう。なお、このセクションで新たに学習する要素はありません。

▶ Step❶ アウトラインとは何か知ろう

　　HTMLでは、話題の階層構造を意識することが重要になります。この階層構造のことをアウトラインといい、ヘディング・コンテンツのh1〜h6要素を使うことによって生成されます。たとえば、前のセクションのsection要素のサンプル（320ページ参照）にあったコードのアウトラインは、以下のようになります。

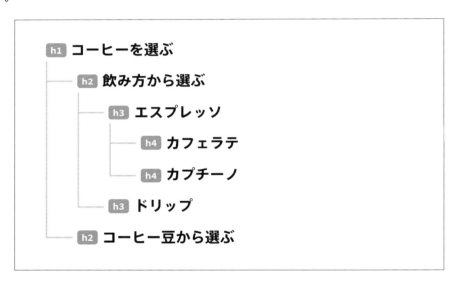

このように、各セクションの見出しが本の目次のように表されます。HTMLをマークアップする際は、本の目次を作るように、アウトラインを意識しながらマークアップすることが大切です。

　アウトラインは、ドキュメント内のh1〜h6要素すべての見出しをツリー状に並べたものになります。使われているhn要素のレベルによって、新たなセクションの見出しになるか、サブセクションの見出しになるかが異なります。具体的には、見出しの数字が前の見出しと同じ数字か、それより小さい数字であれば、新たなセクションの見出しとなります。また、見出しの数字が前の見出しより1つ大きければ、現在のセクションのサブセクションの見出しということになります。このように、作りたいアウトラインに合わせて適切にh1〜h6要素を使う必要があります。なお、ドキュメントに複数の見出しがある場合は、少なくとも1つの見出しにはh1要素を指定し、かつドキュメントの最初の見出しがh1要素になるようにしましょう。たとえば、ドキュメントの中に見出しがあるのに、h1要素が1つもなかったり、最初の見出しがh1要素になっていないといったことにならないように気をつけましょう。

サンプル　話題の階層に合わせた見出しレベルでアウトラインを生成した例

```
<h1>コーヒーを選ぶ</h1>
<p>お好きな飲み方やお好きなコーヒー豆から本日の最高の一杯をお選び下さい。</p>

<section>
  <h2>飲み方から選ぶ</h2>
  <p>コーヒーの抽出方法別にメニューをお選び頂けます。</p>

  <section>
    <h3>エスプレッソ</h3>
    <p>圧力をかけてコーヒーを抽出する方法で濃厚な味わいです。</p>

    <section>
      <h4>カフェラテ</h4>
      <p>エスプレッソのコーヒーにスチームで温めたミルクをたっぷり加えたコーヒーです。</p>
    </section>

    <section>
      <h4>カプチーノ</h4>
      <p>カフェラテよりもミルクの泡が多く味わいが濃いコーヒーです。</p>

        ... 省略
    </section>
  </section>

  <section>
    <h3>ドリップ</h3>
    ... 省略
  </section>
</section>

<section>
  <h2>コーヒー豆から選ぶ</h2>
    ... 省略
</section>
```

トップレベルの見出し

一般的に、h1 要素は 1 つのページに 1 つのみ配置されることが多いです。しかし仕様では、下記のようにトップレベルの見出しであるh1 要素を複数使うことも可能であるとされています。

サンプル　h1要素を複数使用した例

```
<body>
  <h1>コーヒー</h1>
  <p>コーヒー豆を焙煎して...</p>
  <h1>紅茶</h1>
  <p>お茶の葉や芽を摘んで...</p>
  <h1>ミルク</h1>
  <p>牛から絞った...</p>
</body>
```

こうすることで、以下のようにトップレベルのセクションが3つあるように表されます。

`h1` **コーヒー**

`h1` **紅茶**

`h1` **ミルク**

アウトラインは、ドキュメント内の見出しの要素であるh1〜h6要素で生成されるのですね。

うん。なので、基本はセクショニング・コンテンツの要素を使って話題の範囲を明示的に表して、階層に合わせて適切な見出しのレベルを使うようにしようね。

わかりました。ちなみにh1要素は必ず必要なんですか？

ドキュメントに1つ以上見出しがあるんだったら、少なくとも1つの見出しはh1要素になるようにしようね。また、ドキュメントの最初の見出しがh1要素になるようにしてね。

わかりました！

▶ Step ❸ アウトラインを確認してみよう

それでは、実際にアウトラインを確認してみましょう。

❶「html-lessons」→「chapter05」フォルダ内にある「index.html」をテキストエディタで開く。

❷「Nu Html Checker」のWebサイト「https://validator.w3.org/nu/」にアクセスし、「Show」の「outline」にチェックを入れる。「Check by」の「file upload」から上記の「index.html」を添付するか、「check by」の「text input」を選択し、テキストエディタに表示されたコードをコピーするなどし、「Check」ボタンを押す。

❸ページ下部に以下のようなアウトラインが表示されるので、意図した構造になっているかどうかを確認する。

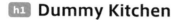

h1 Dummy Kitchen
- **h2 Pick Up**
  - **h3 絶対に失敗しない架空のからあげ**
  - **h3 ごはんが進むイカと大葉のバター醤油炒め**
- **h2 新着の絶品架空レシピ**
  - **h3 名店の味を再現！自宅で作る究極のTKG**
- **h2 スポンサー**

確認できた？

はい。ちゃんときれいな構造になっています。

以前は、セクショニング・コンテンツを使ったアウトラインの生成方法もあったのだけれど、2022年7月に仕様が変わってなくなったんだよ。

そうなんですか。ということは、今は見出しの要素のみでアウトラインを生成するんですね！

そう。このように、自身で作ったHTMLが、しっかりとアウトラインを意識した構造になっているかを確認するようにしようね。

CHAPTER
5
セクションとページ構成を整理しよう

333

かつてのセクショニング・コンテンツ

　以前は、セクショニング・コンテンツの要素によって適切に階層をマークアップできていれば、見出しの階層（見出し要素の数字）に関係なくアウトラインが生成されていました。つまり、すべての見出しがh1要素でも問題ありませんでした。

　こうした仕様は現在は削除されましたが、セクショニング・コンテンツの要素自体が削除されたわけではありません。セクショニング・コンテンツの要素を適切に使用した上で、話題の階層に合わせて適切なレベルの見出しを使うようにしましょう。以下のサンプルは、セクションの範囲をセクショニング・コンテンツの要素で示し、すべての見出しをh1要素にしてアウトラインを生成した例です。繰り返しますが、こうした使い方は現在は仕様から削除されています。

サンプル　セクショニング・コンテンツでアウトラインを生成していた時の例

```
<h1>コーヒーを選ぶ</h1>
<p>お好きな飲み方やお好きなコーヒー豆から本日の最高の一杯をお選び下さい。</p>

<section>
  <h1>飲み方から選ぶ</h1>
  <p>コーヒーの抽出方法別にメニューをお選び頂けます。</p>

  <section>
    <h1>エスプレッソ</h1>
    <p>圧力をかけてコーヒーを抽出する方法で濃厚な味わいです。</p>

    <section>
      <h1>カフェラテ</h1>
      <p>エスプレッソのコーヒーにスチームで温めたミルクをたっぷり加えたコーヒーです。</p>
    </section>

    <section>
      <h1>カプチーノ</h1>
      <p>カフェラテよりもミルクの泡が多く味わいが濃いコーヒーです。</p>

        ... 省略
    </section>
  </section>


  <section>
```

```
        <h1>ドリップ</h1>
        ... 省略
      </section>
</section>

<section>
    <h1>コーヒー豆から選ぶ</h1>
        ... 省略
</section>
```

かつて存在していた「セクショニング・ルート」カテゴリ

　HTMLには、以前、セクショニング・ルートというカテゴリがありました。body要素をはじめ、引用を表すblockquote要素や、Chapter3で紹介したfigure要素などが属しており、要素内に独自にアウトラインを持つことを特徴としていました。

　なぜ、これらの要素が独自にアウトラインを持っていたかというと、メインコンテンツに対し独立した引用文、画像や図、コードなどにすでに含まれるアウトラインが、メインコンテンツのアウトラインに影響することを防ぐためです。たとえば、blockquote要素の要素内容となる引用元の文章のアウトラインが、メインコンテンツのアウトラインに影響する可能性や、figure要素内の内容がドキュメントのアウトラインを乱す可能性などが考えられます。

　そのため、セクショニング・ルートというカテゴリに属している要素は、要素内に独自のアウトラインを持ち、メインコンテンツのアウトラインに影響しない仕組みになっていました。
　しかし、1つ前のコラムにあるように、セクショニング・コンテンツによってアウトラインを生成する仕組みの廃止に伴い、このセクショニング・ルートというカテゴリも仕様から削除されました。

サイトの全体構造として共通するヘッダーやフッター、メインコンテンツなど、ページやセクションの基本構造を表す要素について学習しましょう。

▶ Step❶ ページやセクションの基本構造を表す要素を知ろう

多くのWebサイトには、ページの上部にロゴなどを配置するヘッダーや、サイト管理者の連絡先情報、著作権表記などを配置するフッターがあります。これらのページやセクションの基本構造を表す要素は、HTML5から新たに追加されました。ページやセクションのヘッダーを表すheader要素やページやセクションのフッターを表すfooter要素のほか、ページのメインコンテンツを表すmain要素などがあります。

全ページ共通のフッター

トップページ ＞ 架空レシピ ＞ 絶対に失敗しない架空のからあげ

📖 **Keyword**

header 要素	
●意味	**●コンテンツ・モデル（内包可能な要素）**
ヘッダーを表す。	フロー・コンテンツ
●カテゴリ	ただし、子孫に header 要素、footer 要素は配置不可
フロー・コンテンツ	**●利用できる属性**
	グローバル属性

footer 要素	
●意味	**●コンテンツ・モデル（内包可能な要素）**
フッターを表す。	フロー・コンテンツ
●カテゴリ	ただし、子孫に header 要素、footer 要素は不可
フロー・コンテンツ	**●利用できる属性**
	グローバル属性

main 要素	
●意味	**●コンテンツ・モデル（内包可能な要素）**
メインコンテツを表す。	フロー・コンテンツ
●カテゴリ	**●利用できる属性**
フロー・コンテンツ	グローバル属性

CHAPTER 5 セクションとページ構成を整理しよう

▶ Step ❷ ページやセクションの基本構造を表す要素の使い方を知ろう

▶ header 要素

　ページやセクションのヘッダーは、header 要素を使って表します。ヘッダーには、タイトルやナビゲーションなどが含まれることが多いです。たとえば、サイト内に一貫して表示されるサイト名やロゴ、ページのグローバルナビゲーションや、ブログ記事のタイトルや公開日時に用います。これらを <header> ～ </header> で挟むことで、そこがページやセクションのヘッダーであることを表します。なお、header 要素には見出しが入ることが一般的ですが、必ずしも見出しの要素が含まれている必要はありません。

使い方 ｜ header 要素の使い方

```
<header>
  サイトやセクションのヘッダー情報
</header>
```

サンプル　サイト内で一貫して表示されるヘッダーに header 要素を使った例

```
<header>
  <h1><img src="images/logo-dummy-cafe.svg" alt="Dummy Cafe"></h1>
  <nav>
    <ul>
      <li><a href="commitment/">こだわり</a></li>
      <li><a href="menu/">メニュー</a></li>
      <li><a href="space/">空間</a></li>
      <li><a href="blog/">ブログ</a></li>
      <li><a href="contact/">お問い合わせ</a></li>
    </ul>
  </nav>
</header>
```

　上記は、サイト内のすべてのページに共通して表示させたいヘッダーを header 要素でマークアップしたサンプルです。次ページのサンプルのようにセクショニング・コンテンツの要素（ここではブログ記事）の中で利用することで、そのセクションのヘッダーを明確にすることもできます。

```
<h1>ブログ</h1>
<article>
␣␣<header>
␣␣␣␣<h2>常連さんに聞いた当店の好きなフードメニューベスト3</h2>
␣␣␣␣<p><time␣datetime="2022-01-10">2022.01.10</time></p>
␣␣</header>

␣␣<p>Dummy␣Cafeの常連さんに当店の好きなフードメニューをお伺いし統計を取ってみました</p>
␣␣<p>...</p>

␣␣<p>この記事を書いた人：店長</p>
</article>
```

ブログ | Dummy Cafe

~/html-lessons/sample/chapter05/03/index02.html

ブログ

常連さんに聞いた当店の好きなフードメニューベスト3

2022.01.10

Dummy Cafeの常連さんに当店の好きなフードメニューをお伺いし統計を取ってみました

...

この記事を書いた人：店長

ヘッダーやフッターがどのようなものか、いまいちわからないです。

たとえば、一般的なWebページには、ページの冒頭にロゴや各ページへのナビゲーションがあったり、ページの最下部にはサイト運営者の情報やプライバシーポリシーなどへのリンク、著作権表記などがあるよね。

確かに、サイト内の複数ページにわたって、共通で表示されている場合が多いですよね。

そういったドキュメントの冒頭にあるタイトルやコンテンツの導入部分をヘッダー、ドキュメントの下部にある運営者や著者の情報、著作権表記などの部分をフッターというんだ。

CHAPTER **5** セクションとページ構成を整理しよう

▶ footer 要素

　ページやセクションのフッターは、footer 要素を使って表します。フッターには、連絡先の情報や関連するページへのリンク、著作権表記などが含まれることが多いです。たとえば、サイト内のすべてのページの下部に一貫して表示される、サイトの連絡先情報や関連ページへのリンク、著作権表記などのフッターや、ブログ記事の著者への連絡先などが含まれている記事のフッターなどがあります。これらを <footer>～</footer> で挟むことで、そこがページやセクションのフッターであることを表します。なお、footer 要素は一般的にはページやセクションの1番最後に表示されますが、必ずしも最後にある必要はありません。

使い方 | footer 要素の使い方

```
<footer>
␣␣サイトやセクションのフッター情報
</footer>
```

　以下は、サイト内に一貫して存在するフッターを footer 要素でマークアップしたサンプルです。

サンプル サイト内で一貫して表示されるフッターに footer 要素を使った例

```
<footer>
␣␣<ul>
␣␣␣␣<li><a␣href="privacy/">プライバシーポリシー</a></li>
␣␣␣␣<li><a␣href="sitemap/">サイトマップ</a></li>
␣␣</ul>
␣␣<p>
␣␣␣␣〒100-XXXX<br>
␣␣␣␣東京都架空区架空町1-1-1
␣␣</p>
␣␣<p><small>©␣2022␣Dummy␣Cafe</small></p>
</footer>
```

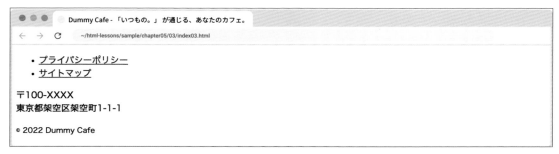

　また、次ページのサンプルのように、セクショニング・コンテンツの表示（ここではブログ記事）の中で利用することもできます。

```
<h1>ブログ</h1>
<article>
  <header>
    <h2>常連さんに聞いた当店の好きなフードメニューベスト3</h2>
    <p><time datetime="2022-01-10">2022.01.10</time></p>
  </header>

  <p>Dummy Cafeの常連さんに当店の好きなフードメニューをお伺いし統計を取ってみました</p>
  <p>...</p>

  <footer>
    <p>この記事を書いた人：店長</p>
  </footer>
</article>
```

また、次のサンプルでは、誰が、いつコメントしたのかを示す箇所をfooter要素でマークアップしています。このような使い方の場合は、footer要素がセクションの先頭にあっても問題ありません。また、header要素でマークアップしても間違いではありません。

サンプル　コメントの投稿者、投稿時間にfooter要素を使った例

```
<h1>ブログ</h1>
<article>
  <header>
    <h2>常連さんに聞いた当店の好きなフードメニューベスト3</h2>
    <p><time datetime="2022-01-10">2022.01.10</time></p>
  </header>

  <p>Dummy Cafeの常連さんに当店の好きなフードメニューをお伺いし統計を取ってみました</p>
  <p>...</p>

  <footer>
```

CHAPTER 5　セクションとページ構成を整理しよう

```html
      <p>この記事を書いた人：店長</p>
    </footer>

    <section>
      <h3>コメント</h3>

      <article>
        <footer>
          <p>投稿者：桜 さん</p>
          <p><time datetime="2022-03-03 10:00">15分前</time></p>
        </footer>
        <p>Dummy Cafeのパスタは毎日食べたくなるくらい美味しいです。</p>
      </article>

      <article>
        <footer>
          <p>投稿者：ダミー さん</p>
          <p><time datetime="2022-03-03 07:15">3時間前</time></p>
        </footer>
        <p>モーニングで食べたトーストの味が忘れられません。</p>
      </article>
    </section>
</article>
```

ブログ | Dummy Cafe

`~/html-lessons/sample/chapter05/03/index05.html`

ブログ

常連さんに聞いた当店の好きなフードメニューベスト3

2022.01.10

Dummy Cafeの常連さんに当店の好きなフードメニューをお伺いし統計を取ってみました

...

この記事を書いた人：店長

コメント

投稿者: 桜 さん

15分前

Dummy Cafeのパスタは毎日食べたくなるくらい美味しいです。

投稿者: ダミー さん

3時間前

モーニングで食べたトーストの味が忘れられません。

ページの主要コンテンツは、main 要素を使って表します。main 要素は、そのページ固有のメインコンテンツのみに用います。どのページにも配置されるような、ヘッダーやナビゲーションやサイドバー、フッターなどを含めることはできません。また、header 要素や footer 要素と違い、main 要素は article 要素などのセクショニング・コンテンツの要素の中にも配置できません。基本的に、main 要素は body 要素に直接挟まれるような形で配置します。

また、基本的に main 要素はページ内に1つしか配置できません。複数の main 要素を使う場合は、要素が無関係であることを表す hidden 属性を指定して、同時に複数の main 要素が表示されないようにする必要があります。main 要素を適切にマークアップすることで、たとえばスクリーンリーダーを使ってページを読み上げているユーザがすぐにメインコンテンツにアクセスできるようサポートすることもできます。

使い方 | main 要素の使い方

```
<main>
␣␣ページの主要コンテンツ
</main>
```

サンプル main 要素を使った例

```
<header>
␣␣<p><img␣src="images/logo-dummy-cafe.svg"␣alt="Dummy␣Cafe"></p>
␣␣<nav>
␣␣␣␣<ul>
␣␣␣␣␣␣<li><a␣href="commitment/">こだわり</a></li>
␣␣␣␣␣␣<li><a␣href="menu/">メニュー</a></li>
␣␣␣␣␣␣<li><a␣href="space/">空間</a></li>
␣␣␣␣␣␣<li><a␣href="blog/">ブログ</a></li>
␣␣␣␣␣␣<li><a␣href="contact/">お問い合わせ</a></li>
␣␣␣␣</ul>
␣␣</nav>
</header>
<main>
␣␣<h1>コーヒーを選ぶ</h1>
␣␣<p>お好きな飲み方やお好きなコーヒー豆から本日の最高の一杯をお選び下さい。</p>

␣␣<section>
␣␣␣␣<h2>飲み方から選ぶ</h2>
␣␣␣␣<p>コーヒーの抽出方法別にメニューをお選び頂けます。</p>

␣␣␣␣<section>
␣␣␣␣␣␣<h3>エスプレッソ</h3>
␣␣␣␣␣␣<p>圧力をかけてコーヒーを抽出する方法で濃厚な味わいです。</p>
```

```
        <section>
          <h4>カフェラテ</h4>
          <p>エスプレッソのコーヒーにスチームで温めたミルクをたっぷり加えたコーヒーです。</p>
        </section>

        <section>
          <h4>カプチーノ</h4>
          <p>カフェラテよりもミルクの泡が多く味わいが濃いコーヒーです。</p>

        ...　省略
        </section>
      </section>

      <section>
        <h3>ドリップ</h3>
        ...　省略
      </section>
    </section>

    <section>
      <h2>コーヒー豆から選ぶ</h2>
      ...　省略
    </section>
  </main>
  <footer>
    <ul>
      <li><a href="privacy/">プライバシーポリシー</a></li>
      <li><a href="sitemap/">サイトマップ</a></li>
    </ul>
    <p>
      〒100-XXXX<br>
      東京都架空区架空町1-1-1
    </p>
    <p><small>© 2022 Dummy Cafe</small></p>
  </footer>
```

main要素を複数使うことは、ほとんどないのでしょうか？

そうだね。基本的にはないと考えていいよ。ただし、JavaScriptなどを使って1つのページの中で複数のメインコンテンツを切り替える際などは、複数のmain要素が使われている場合も考えられるけどね。

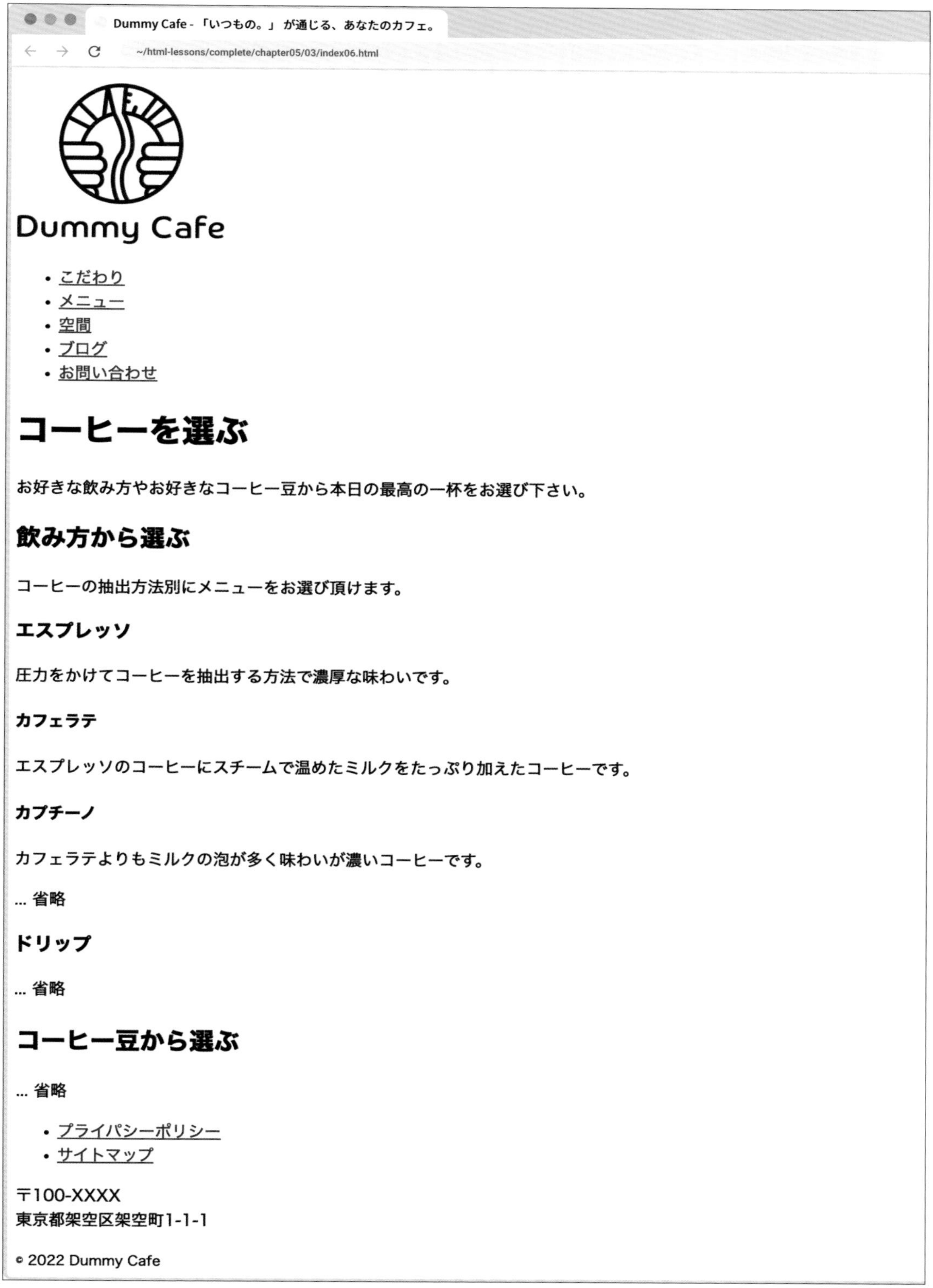
Dummy Cafe - 「いつもの。」が通じる、あなたのカフェ。
~/html-lessons/complete/chapter05/03/index06.html
Dummy Cafe
こだわり
メニュー
空間
ブログ
お問い合わせ
コーヒーを選ぶ
お好きな飲み方やお好きなコーヒー豆から本日の最高の一杯をお選び下さい。
飲み方から選ぶ
コーヒーの抽出方法別にメニューをお選び頂けます。
エスプレッソ
圧力をかけてコーヒーを抽出する方法で濃厚な味わいです。
カフェラテ
エスプレッソのコーヒーにスチームで温めたミルクをたっぷり加えたコーヒーです。
カプチーノ
カフェラテよりもミルクの泡が多く味わいが濃いコーヒーです。
... 省略
ドリップ
... 省略
コーヒー豆から選ぶ
... 省略
プライバシーポリシー
サイトマップ
〒100-XXXX
東京都架空区架空町1-1-1
© 2022 Dummy Cafe

それでは、実際にheader要素、footer要素、main要素を使ってみましょう。

❶「html-lessons」→「chapter05」フォルダ内にある「index.html」をテキストエディタで開く。

❷ファイルの中にある文章をよく読み、header要素、footer要素、main要素をマークアップする。

❸上書き保存する。

❹「html-lessons」→「chapter05」フォルダ内に保存した「index.html」をブラウザのウィンドウにドラッグ＆ドロップし、表示崩れが起きていないかどうかを確認する。

完成イメージ

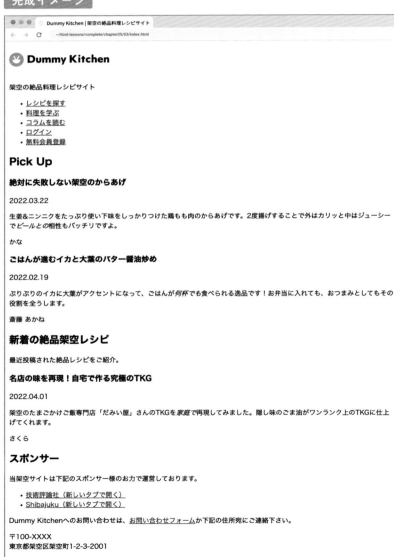

```
007  <body>
008    <header>
009      <h1><a href="index.html"><img src="images/logo-dummy-kitchen.svg"
         width="240" height="48" alt="Dummy Kitchen" decoding="async"></a></
       h1>
010      <p>架空の絶品料理レシピサイト</p>
011      <nav>
012        <ul>
013          <li><a href="recipe/index.html">レシピを探す</a></li>
014          <li><a href="lesson/index.html">料理を学ぶ</a></li>
015          <li><a href="column/index.html">コラムを読む</a></li>
016          <li><a href="login/index.html">ログイン</a></li>
017          <li><a href="register/index.html">無料会員登録</a></li>
018        </ul>
019      </nav>
020    </header>
021    <main>
022      <section>
023        <h2>Pick Up</h2>
024
025        <article>
026          <header>
027            <h3>絶対に失敗しない架空のからあげ</h3>
028            <p><time datetime="2022-03-22">2022.03.22</time></p>
029          </header>
030          <p>生姜&amp;ニンニクをたっぷり使い下味をしっかりつけた鶏もも肉のからあげです。2度
           揚げすることで外はカリッと中はジューシーで<em>ビールとの</em>相性もバッチリですよ。</p>
031          <footer>
032            <p>かな</p>
033          </footer>
034        </article>
035
036        <article>
037          <header>
038            <h3>ごはんが進むイカと大葉のバター醤油炒め</h3>
039            <p><time datetime="2022-02-19">2022.02.19</time></p>
040          </header>
041          <p>ぷりぷりのイカに大葉がアクセントになって、ごはんが<em>何杯でも</em>食べられ
           る逸品です！お弁当に入れても、おつまみとしてもその役割を全うします。</p>
042          <footer>
043            <p>斎藤 あかね</p>
044          </footer>
045        </article>
046      </section>
047
048      <section>
049        <h2>新着の絶品架空レシピ</h2>
```

347

```
050 ⎵⎵⎵⎵⎵⎵<p>最近投稿された絶品レシピをご紹介。</p>
051
052 ⎵⎵⎵⎵⎵⎵<article>
053 ⎵⎵⎵⎵⎵⎵⎵⎵<header>
054 ⎵⎵⎵⎵⎵⎵⎵⎵⎵⎵<h3>名店の味を再現！自宅で作る究極のTKG</h3>
055 ⎵⎵⎵⎵⎵⎵⎵⎵⎵⎵<p><time⎵datetime="2022-04-01">2022.04.01</time></p>
056 ⎵⎵⎵⎵⎵⎵⎵⎵</header>
057 ⎵⎵⎵⎵⎵⎵⎵⎵<p>架空のたまごかけご飯専門店「だみい屋」さんのTKGを<em>家庭で</em>再現してみま
    した。隠し味のごま油がワンランク上のTKGに仕上げてくれます。</p>
058 ⎵⎵⎵⎵⎵⎵⎵⎵<footer>
059 ⎵⎵⎵⎵⎵⎵⎵⎵⎵⎵<p>さくら</p>
060 ⎵⎵⎵⎵⎵⎵⎵⎵</footer>
061 ⎵⎵⎵⎵⎵⎵</article>
062 ⎵⎵⎵⎵</section>
063 ⎵⎵</main>
064
065 ⎵⎵<aside>
066 ⎵⎵⎵⎵<h2>スポンサー</h2>
067 ⎵⎵⎵⎵<p>当架空サイトは下記のスポンサー様のお力で運営しております。</p>
068 ⎵⎵⎵⎵<ul>
069 ⎵⎵⎵⎵⎵⎵<li><a⎵href="https://gihyo.jp/book"⎵target="_blank">技術評論社（新し
    いタブで開く）</a></li>
070 ⎵⎵⎵⎵⎵⎵<li><a⎵href="https://shibajuku.net"⎵target="_blank">Shibajuku（新
    しいタブで開く）</a></li>
071 ⎵⎵⎵⎵</ul>
072 ⎵⎵</aside>
073
074 ⎵⎵<footer>
075 ⎵⎵⎵⎵<p>Dummy⎵Kitchenへのお問い合わせは、<a⎵href="contact/index.html">お問い合
    わせフォーム</a>か下記の住所宛にご連絡下さい。</p>
076 ⎵⎵⎵⎵<p>
077 ⎵⎵⎵⎵⎵⎵〒100-XXXX<br>
078 ⎵⎵⎵⎵⎵⎵東京都架空区架空町1-2-3-2001
079 ⎵⎵⎵⎵</p>
080 ⎵⎵⎵⎵<p><small>©⎵<time>2022</time>⎵Dummy⎵Kitchen</small></p>
081 ⎵⎵</footer>
082 </body>
```

どう？うまくできたかな？

ページの構造を表せました。

よし。header要素やfooter要素、main要素を適切にマークアップすれば、それぞれの役割を伝えることもできるからね。

役割？

たとえば、header要素をbody要素に直接挟まれるような場所に配置した場合（祖先にmain要素やセクショニング・コンテンツの要素が無い場合）は、「サイト全体にある共通のヘッダー」を表す「banner」という役割が暗黙的に与えられるんだよ。

配置によっては、要素が元々持っている役割に加えて、別の役割を持たせられるということですか？

そうだよ。すべての要素ではないけれど、暗黙的に役割が与えられている要素もあるよ。先ほどのheader要素のbannerの場合は、<header role="banner">のように、role属性にbannerという値が指定されている時と同じ状況になるんだよ。

わざわざ値を指定しなくてもいいんですね。

role属性は、要素の役割を上書きしたり、役割を持っていない要素に役割を与えることもできるよ。

できることが多いなあ……ちょっと混乱してきました。

そうだね。これらは少し複雑な部分もあるから、HTMLの勉強がひととおり終わってから、アクセシビリティについて勉強する時に、深く知ってもらえたらいいと思うよ。

そうします！

5-4 | 連絡先情報

サイトの記載情報の1つに、連絡先情報があります。ここでは、サイト運営者の連絡先情報やブログ記事などの連絡先情報を表す要素について学習しましょう。

▶ Step❶ 連絡先情報を表す要素を知ろう

　　連絡先の情報は、address要素を使って表します。address要素はサイトやページの連絡先を表しますが、article要素内で使う場合は、その記事に対する連絡先であることを表します。また、addressという名前だからといって、住所であればすべてに使えるわけではありません。サイト（ページ）や記事の連絡先情報として有効な住所が含まれる場合にのみ使用することができます。

連絡先情報

📘 Keyword

address要素

●意味
連絡先情報を表す。

●カテゴリ
フロー・コンテンツ

●コンテンツ・モデル（内包可能な要素）
フロー・コンテンツ
　　ただし、子孫にヘディング・コンテンツ、セクショニング・コンテンツ、header要素、footer要素、address要素は配置不可

●利用できる属性
グローバル属性

▶ Step ❷ address要素の使い方を知ろう

　address要素では、サイト（ページ）の連絡先や、記事に対する連絡先を`<address>`〜`</address>`で挟みます。

使い方 │ address要素の使い方

```
<address>
␣␣連絡先情報
</address>
```

サンプル　サイトの連絡先にaddress要素を使った例

```
<footer>
␣␣<ul>
␣␣␣␣<li><a␣href="privacy/">プライバシーポリシー</a></li>
␣␣␣␣<li><a␣href="sitemap/">サイトマップ</a></li>
␣␣</ul>
␣␣<address>
␣␣␣␣<p>Dummy␣Cafe</p>
␣␣␣␣<p>
␣␣␣␣␣␣〒100-XXXX<br>
␣␣␣␣␣␣東京都架空区架空町1-1-1
␣␣␣␣</p>
␣␣</address>
␣␣<p><small>©␣2022␣Dummy␣Cafe</small></p>
</footer>
```

```
●●●   Dummy Cafe - 「いつもの。」が通じる、あなたのカフェ。
←  →  C     ~/html-lessons/sample/chapter05/04/index01.html

• プライバシーポリシー
• サイトマップ

Dummy Cafe

〒100-XXXX
東京都架空区架空町1-1-1
```

　上記は、サイト全体に共通するフッターの中にある連絡先情報を、address要素でマークアップした例です。この場合、address要素の中にある連絡先がこのページにおける連絡先情報となります。

また、以下のように article 要素の中で adress 要素を使った場合は その記事に対する連絡先情報になります。

```html
<h1>ブログ</h1>
<article>
__<header>
____<h2>常連さんに聞いた当店の好きなフードメニューベスト3</h2>
____<p><time_datetime="2022-01-10">2022.01.10</time></p>
__</header>

__<p>Dummy_Cafeの常連さんに当店の好きなフードメニューをお伺いし統計を取ってみました</p>
__<p>...</p>

__<footer>
____<address>
_____<p>この記事を書いた人（お問い合わせ先）:_<a_href="staff/store-manager/">店長</a></p>
____</address>
__</footer>
</article>
```

ブログ

常連さんに聞いた当店の好きなフードメニューベスト3

2022.01.10

Dummy Cafeの常連さんに当店の好きなフードメニューをお伺いし統計を取ってみました

...

この記事を書いた人（お問い合わせ先）: 店長

Memo

装飾の変更はCSSで行う
一般的なブラウザでは、address要素でマークアップした部分が斜体で表示（斜体表示が可能な書体で表示している場合）されますが、装飾の変更はCSSで行います。

addressって、住所をマークアップする要素なのかと思ったけど、違うんですか？

もちろん、サイトや記事の連絡先として表示する住所であればaddress要素を使っていいよ。でも、連絡先としての役割を持たない、単なる文章の一部としての住所には使わないよ。

サイトと無関係な連絡先には使えないのですね。

そうだね。

address要素の中に含められる連絡先の情報には、どのようなものがありますか？

明確に定義されているわけではないけれど、サイトの連絡先となる社名や担当者の名前に加えて、メールアドレスや電話番号、住所、SNSのアカウントなどかな。

ふむふむ。

address要素はarticle要素の中で使用した場合は、その記事の連絡先情報となり、article要素の外で使用した場合はドキュメント全体の連絡先になるよ。だから、どのコンテンツの連絡先として使用するのかを意識して使ってね。

連絡先じゃない住所は、何でマークアップしたらいいんですか？

その場合はp要素などで大丈夫だよ。リストの場合はli要素にしたり、用語説明の一部ならdd要素にしたり、適宜使い分けてね。

わかりました。

▶ Step ❸ address要素を使ってみよう

それでは、実際にaddress要素を使ってみましょう。

❶「html-lessons」→「chapter05」フォルダ内にある「index.html」をテキストエディタで開く。

❷ファイルの中にある文章をよく読み、連絡先情報をaddress要素でマークアップする。

❸上書き保存する。

❹「html-lessons」→「chapter05」フォルダ内の「index.html」をブラウザのウィンドウ内にドラッグ＆ドロップし、完成イメージのように表示されているかどうかを確認する。

完成イメージ

Dummy Kitchen | 架空の絶品料理レシピサイト

~/html-lessons/complete/chapter05/04/index.html

🌱 Dummy Kitchen

架空の絶品料理レシピサイト

- レシピを探す
- 料理を学ぶ
- コラムを読む
- ログイン
- 無料会員登録

Pick Up

絶対に失敗しない架空のからあげ

2022.03.22

生姜&ニンニクをたっぷり使い下味をしっかりつけた鶏もも肉のからあげです。2度揚げすることで外はカリッと中はジューシーでビールとの相性もバッチリですよ。

かな

ごはんが進むイカと大葉のバター醤油炒め

2022.02.19

ぷりぷりのイカに大葉がアクセントになって、ごはんが何杯でも食べられる逸品です！お弁当に入れても、おつまみとしてもその役割を全うします。

斎藤 あかね

新着の絶品架空レシピ

最近投稿された絶品レシピをご紹介。

名店の味を再現！自宅で作る究極のTKG

2022.04.01

架空のたまごかけご飯専門店「だみい屋」さんのTKGを家庭で再現してみました。隠し味のごま油がワンランク上のTKGに仕上げてくれます。

さくら

スポンサー

当架空サイトは下記のスポンサー様のお力で運営しております。

- 技術評論社（新しいタブで開く）
- Shibajuku（新しいタブで開く）

*Dummy Kitchen*へのお問い合わせは、*お問い合わせフォーム*か下記の住所宛にご連絡下さい。

〒100-XXXX
東京都架空区架空町1-2-3-2001

© 2022 Dummy Kitchen

```
007  <body>
008  ␣␣<header>
009  ␣␣␣␣<h1><a␣href="index.html"><img␣src="images/logo-dummy-kitchen.svg"
     ␣width="240"␣height="48"␣alt="Dummy␣Kitchen"␣decoding="async"></a></
     h1>
010  ␣␣␣␣<p>架空の絶品料理レシピサイト</p>
011  ␣␣␣␣<nav>
012  ␣␣␣␣␣␣<ul>
013  ␣␣␣␣␣␣␣␣<li><a␣href="recipe/index.html">レシピを探す</a></li>
014  ␣␣␣␣␣␣␣␣<li><a␣href="lesson/index.html">料理を学ぶ</a></li>
015  ␣␣␣␣␣␣␣␣<li><a␣href="column/index.html">コラムを読む</a></li>
016  ␣␣␣␣␣␣␣␣<li><a␣href="login/index.html">ログイン</a></li>
017  ␣␣␣␣␣␣␣␣<li><a␣href="register/index.html">無料会員登録</a></li>
018  ␣␣␣␣␣␣</ul>
019  ␣␣␣␣</nav>
020  ␣␣</header>
021  ␣␣<main>
022  ␣␣␣␣<section>
023  ␣␣␣␣␣␣<h2>Pick␣Up</h2>
024
025  ␣␣␣␣␣␣<article>
026  ␣␣␣␣␣␣␣␣<header>
027  ␣␣␣␣␣␣␣␣␣␣<h3>絶対に失敗しない架空のからあげ</h3>
028  ␣␣␣␣␣␣␣␣␣␣<p><time␣datetime="2022-03-22">2022.03.22</time></p>
029  ␣␣␣␣␣␣␣␣</header>
030  ␣␣␣␣␣␣␣␣<p>生姜&amp;ニンニクをたっぷり使い下味をしっかりつけた鶏もも肉のからあげです。2度
     揚げすることで外はカリッと中はジューシーで<em>ビールとの</em>相性もバッチリですよ。</p>
031  ␣␣␣␣␣␣␣␣<footer>
032  ␣␣␣␣␣␣␣␣␣␣<p>かな</p>
033  ␣␣␣␣␣␣␣␣</footer>
034  ␣␣␣␣␣␣</article>
035
036  ␣␣␣␣␣␣<article>
037  ␣␣␣␣␣␣␣␣<header>
038  ␣␣␣␣␣␣␣␣␣␣<h3>ごはんが進むイカと大葉のバター醤油炒め</h3>
039  ␣␣␣␣␣␣␣␣␣␣<p><time␣datetime="2022-02-19">2022.02.19</time></p>
040  ␣␣␣␣␣␣␣␣</header>
041  ␣␣␣␣␣␣␣␣<p>ぷりぷりのイカに大葉がアクセントになって、ごはんが<em>何杯でも</em>食べられ
     る逸品です！お弁当に入れても、おつまみとしてもその役割を全うします。</p>
042  ␣␣␣␣␣␣␣␣<footer>
043  ␣␣␣␣␣␣␣␣␣␣<p>斎藤␣あかね</p>
044  ␣␣␣␣␣␣␣␣</footer>
045  ␣␣␣␣␣␣</article>
046  ␣␣␣␣</section>
047
048  ␣␣␣␣<section>
049  ␣␣␣␣␣␣<h2>新着の絶品架空レシピ</h2>
```

```
050  ␣␣␣␣␣␣<p>最近投稿された絶品レシピをご紹介。</p>
051
052  ␣␣␣␣␣␣<article>
053  ␣␣␣␣␣␣␣␣<header>
054  ␣␣␣␣␣␣␣␣␣␣<h3>名店の味を再現！自宅で作る究極のTKG</h3>
055  ␣␣␣␣␣␣␣␣␣␣<p><time␣datetime="2022-04-01">2022.04.01</time></p>
056  ␣␣␣␣␣␣␣␣</header>
057  ␣␣␣␣␣␣␣␣<p>架空のたまごかけご飯専門店「だみい屋」さんのTKGを<em>家庭で</em>再現してみま
     した。隠し味のごま油がワンランク上のTKGに仕上げてくれます。</p>
058  ␣␣␣␣␣␣␣␣<footer>
059  ␣␣␣␣␣␣␣␣␣␣<p>さくら</p>
060  ␣␣␣␣␣␣␣␣</footer>
061  ␣␣␣␣␣␣</article>
062  ␣␣␣␣</section>
063  ␣␣</main>
064
065  ␣␣<aside>
066  ␣␣␣␣<h2>スポンサー</h2>
067  ␣␣␣␣<p>当架空サイトは下記のスポンサー様のお力で運営しております。</p>
068  ␣␣␣␣<ul>
069  ␣␣␣␣␣␣<li><a␣href="https://gihyo.jp/book"␣target="_blank">技術評論社(新し
     いタブで開く)</a></li>
070  ␣␣␣␣␣␣<li><a␣href="https://shibajuku.net"␣target="_blank">Shibajuku(新
     しいタブで開く)</a></li>
071  ␣␣␣␣</ul>
072  ␣␣</aside>
073
074  ␣␣<footer>
075  ␣␣␣␣<address>
076  ␣␣␣␣␣␣<p>Dummy␣Kitchenへのお問い合わせは、<a␣href="contact/index.html">お問い
     合わせフォーム</a>か下記の住所宛にご連絡下さい。</p>
077  ␣␣␣␣␣␣<p>
078  ␣␣␣␣␣␣␣␣〒100-XXXX<br>
079  ␣␣␣␣␣␣␣␣東京都架空区架空町1-2-3-2001
080  ␣␣␣␣␣␣</p>
081  ␣␣␣␣</address>
082  ␣␣␣␣<p><small>©␣<time>2022</time>␣Dummy␣Kitchen</small></p>
083  ␣␣</footer>
084  </body>
```

こんなふうに、サイト運営者の住所や電話番号、メールアドレスなど、サイトの連絡先となる情報にはaddress要素を使おうね。

はい！

汎用的な要素

さて、ここまで、さまざまな意味と役割を持った要素を紹介してきましたが、HTMLには特に意味を持たない汎用的な要素も存在します。それがdiv要素とspan要素です。

📖 Keyword

div要素

●意味
特に意味を持たない汎用的なブロックレベル。

●カテゴリ
フロー・コンテンツ

●コンテンツ・モデル（内包可能な要素）
・dl要素の子要素の場合…1つ以上のdt要素とそれに続くに1つ以上のdd要素、任意でスクリプトサポーティング要素
・dl要素の子要素ではない場合…フロー・コンテンツ

●利用できる属性
グローバル属性

span要素

●意味
特に意味を持たない汎用的なインラインレベル。

●カテゴリ
フロー・コンテンツ

フレージング・コンテンツ

●コンテンツ・モデル（内包可能な要素）
フレージング・コンテンツ

●利用できる属性
グローバル属性

このdiv要素とspan要素は、どちらも特別な意味を持たない要素です。div要素は用語説明リストの節でも少し触れましたが、要素をグループ化する際に使うもので、主にグループ化した複数の要素に対してCSSを使ってレイアウトする目的で利用されます。

サンプル CSSでレイアウトをするためにdiv要素を使った例

```
<section>
  <div class="grid">
    <div class="grid_item">
      <h2>厳選したコーヒー豆。</h2>
      <p>
        美味しいコーヒーをお客様にご提供するために、厳選された最高のコーヒー豆のみを焙煎して
使用しています。また、Dummy Cafeでは、お客様のお好みにあったコーヒ豆をご注文を承ってから一
粒一粒時間を掛けてお選びし、その場でブレンドしてご提供しています。
```

```
　　　　　　</p>
　　　　</div>

　　　　<div class="grid_item">
　　　　　　<figure>
　　　　　　　<img src="images/coffee.jpg" width="480" height="320" alt="
厳選したコーヒー豆を使った淹れたてのブレンドコーヒーをお召し上がり下さい。
" loading="lazy">
　　　　　　</figure>
　　　　</div>
　　</div>
</section>
```

　span要素に関しても同様ですが、こちらはフレージング・コンテンツの要素になります。したがって、こちらは主にp要素などの中で、複数の単語やフレーズをグループ化して、グループ化した単語やフレーズに対してCSSで装飾する目的などに利用します。

```
<p>
　<span lang="en">1st Anniversary</span> のキャンペーン開催中。
</p>
```

　なお、これらの要素を使う前には、必ずほかに適切な要素が無いかを確認してから使うようにしましょう。あくまでこれらの要素は、この範囲をマークアップするのにふさわしい要素がほかにないけれど、その範囲にCSSでレイアウトや装飾がしたかったり、グローバル属性を使って補足情報を設定したかったりする時に使える要素になります。

　話題の範囲を示したいのであれば、div要素よりもsection要素やarticle要素のほうがふさわしく、強調したいフレーズであれば、span要素よりもem要素のほうがよいでしょう。よりふさわしい要素がある場合は、そちらを利用しましょう。

CHAPTER 5 の理解度をチェック!

問 「html-lessons」›「chapter05」›「training」フォルダ内にある「index.html」をテキストエディタで開き、下記の問題を解いてこのチャプターの理解度をチェックしましょう。

1. ファイル内の文章をよく読み、適切だと思うセクショニング・コンテンツの要素をマークアップする。

2. ファイル内の文章をよく読み、適切だと思う範囲にheader要素、footer要素、main要素をマークアップする。

3. サイトの連絡先情報を address要素でマークアップする。

完成イメージ

```
007  <body>
008    <header>
009      <h1><a href="/"><img src="images/logo-dummy-creations.svg" w
         idth="323" height="32" alt="Dummy Creations" decoding="async"></
         a></h1>
010
011      <nav>
012        <ul>
013          <li><a href="about/">About Us</a></li>
014          <li><a href="service/">Service</a></li>
015          <li><a href="works/">Works</a></li>
016          <li><a href="contact/">Contact</a></li>
017        </ul>
018      </nav>
019    </header>
020    <main>
021      <p>私たちは<em>架空サイト</em>を作ることに、命を燃やすプロ集団です。</p>
022
023      <section>
024        <h2>最新の制作実績</h2>
025
026        <article>
027          <h3>Dummy Kitchen様</h3>
028          <p>架空の料理レシピサイトである、Dummy Kitchen様のWebサイトを制作させ
         て頂きました。</p>
029          <section>
030            <h4>担当</h4>
031            <ul>
032              <li>ディレクション</li>
033              <li>デザイン</li>
034              <li>コーディング</li>
035            </ul>
036          </section>
037        </article>
038
039        <article>
040          <h3>Dummy Cafe様</h3>
041          <p>架空のカフェ、Dummy Cafe様のWebサイトを制作させて頂きました。</p>
042          <section>
043            <h4>担当</h4>
044            <ul>
045              <li>ディレクション</li>
046              <li>デザイン</li>
047              <li>コーディング</li>
```

```
048          </ul>
049        </section>
050       </article>
051
052       <p><a␣href="works/">すべての制作実績を見る</a></p>
053     </section>
054   </main>
055   <footer>
056     <ul>
057       <li><a␣href="privacy/">プライバシーポリシー</a></li>
058       <li><a␣href="sitemap/">サイトマップ</a></li>
059     </ul>
060
061     <address>
062       <p>Dummy␣Creationsへのお問い合わせは、<a␣href="contact/">お問い合わ
せフォーム</a>よりお願い致します。</p>
063     </address>
064     <p><small>©␣<time>2022</time>␣<a␣href="contact/">Dummy␣Creat
ions</a></small></p>
065   </footer>
066 </body>
```

どうだった？

できました！そういえば、address要素でマークアップしたところは斜体で表示されるんですね。

そうだね。表示する環境によるけれど、基本的には斜体で表示されるよ。

きっと、この斜体もCSSを使って解除することができるんですよね？

もちろんできるよ！

よかった〜

CHAPTER
5
セクションとページ構成を整理しよう

HTML にメモを残す

div 要素などを何重にも入れ子構造にすると、div 要素の終了タグが連続して、どの終了タグがどの開始タグと対になっているかがわかりにくくなります。そういった時は、HTML にコメント（メモ）を残すことができます。コメントは「<!--」から始め「-->」で終わるように記述します。この範囲に書かれた文字はコメントとして扱われるため、画面には表示されません。

使い方 コメントの使い方

```
<!-- コメント -->
```

こうすることで、画面の表示に影響なく HTML 内にメモを残すことができます。

サンプル 開発用のメモをコメントした例

```
            <img src="images/coffee.jpg" width="480" height="320" alt="あなたの好みに合わせたあなた専用のブレンドコーヒー" loading="lazy">
      </figure>
    </div>
    <!-- grid_item ここまで -->
  </div>
  <!-- grid ここまで -->
</section>
```

また、一時的にコードを無効化することもできます。

サンプル 一時的にコードを無効化するためにコメントを活用した例

```
<!--
  <p>
    <span lang="en">1st Anniversary</span> のキャンペーン開催中。
  </p>
-->
```

開発時に便利なメモを残したり、開発者間でメモを共有することができたりと、便利です。

よりよいページにしよう

ここでは、公開したページが検索結果に表示される時や
SNSで紹介される時の紹介文を設定したり、ページを公
開する前の構文チェックやURLの統一について学習しま
しょう。ページをよりよくするための、総仕上げに必要な
内容を紹介します。

● このチャプターのゴール

このチャプターを通して、SNSや検索結果ページなどでの表示方法や、HTMLの文法に間違いが無いかどうかのエラーチェックを行う方法を学習しましょう。

▶ 完成イメージを確認

```
● ● ●    ✕ Dummy Creations | 架空サイトを作る架空のWeb制作会社
←  →  C    ~/html-lessons/complete/chapter06/training/index.html
```

✕ **Dummy** Creations

- About Us
- Service
- Works
- Contact

私たちは架空サイトを作ることに、命を燃やすプロ集団です。

最新の制作実績

Dummy Kitchen様

架空の料理レシピサイトである、Dummy Kitchen様のWebサイトを制作させて頂きました。

担当

- ディレクション
- デザイン
- コーディング

Dummy Cafe様

架空のカフェ、Dummy Cafe様のWebサイトを制作させて頂きました。

担当

- ディレクション
- デザイン
- コーディング

すべての制作実績を見る

- プライバシーポリシー
- サイトマップ

*Dummy Creations*へのお問い合わせは、お問い合わせフォームよりお願い致します。

© 2022 Dummy Creations

要素名	意味・役割	カテゴリ	コンテンツ・モデル
link	外部リソースへのリンクを表す	メタデータ・コンテンツ 要素がbody要素内で許可されている場合は、以下のカテゴリにも属する フロー・コンテンツ フレージング・コンテンツ	なし（空要素）

▶ 見えない部分のコーディング

　このチャプターでは、ページのhead要素内で使う要素を紹介していきます。CHAPTER1で学習したmeta要素や、このチャプターで紹介するlink要素を使って、Webページにさまざまな情報を指定しましょう。

　なお、ここで学習するほとんどの要素はhead要素内に記述するため、基本的に、目に見える部分には反映されません。したがって、左の「完成イメージを確認」に関しても、視覚で確認できる内容はほぼありません。唯一確認できるのは、ブラウザのタブに表示される、ファビコンと呼ばれるアイコンくらいでしょう。視覚で確認することが難しいため、記述内容が正しいかどうかの確認がしづらい内容でもあります。要素を記述する際は、より慎重に記述するようにしましょう。

　また、このチャプターの最後に、HTMLの構文をチェックするツールを紹介します。記述内容の細かな文脈まではチェックできませんが、自分が書いたHTMLの構文がルールを逸脱していないかどうかを、機械的にチェックすることができます。こうしたツールも活用しながら、学習を深めてもらえたらと思います。

ここからは、Web サイトをよりよくするための、工夫の部分になるよ。

Web サイト制作のステップの中でも、総仕上げの段階ですね！

ユーザにとって使いやすくしようと思えば、できることには限りが無いけれど、CHAPTER6までしっかり終わらせれば、基本的な Web サイトの HTML のコーディングはできる！といえるようになると思うよ。

CHAPTER

6

よりよいページにしよう

6-1 ページの紹介文を設定する

検索エンジンの検索結果ページなど、制作したページがほかのページで紹介される際に使われる紹介文を指定する方法を学習しましょう。

▶ Step❶ ページの紹介文を表す要素を知ろう

　　ページに紹介文を設定しておくと、検索結果の一覧ページなどで紹介される際の表示内容を指定することができます。ページの紹介文は 文字エンコーディングの指定でも紹介したmeta要素を使うことで指定できます。meta要素では、name属性の値にdescriptionを指定することで、content属性に紹介文の内容を指定することができます。

📖 Keyword

meta要素
●**意味**
メタデータを表す。
●**カテゴリ**
メターデータ・コンテンツ
　itemprop属性を指定した場合は、以下のカテゴリにも属する
　フロー・コンテンツ
　フレージング・コンテンツ
●**コンテンツ・モデル（内包可能な要素）**
なし（空要素）

●**利用できる主な属性**
グローバル属性
name属性················メタ情報の名前を指定する
http-equiv属性·······HTTPレスポンスヘッダーの
　　　　　　　　　　　情報を指定する
content属性···········name属性またはhttp-equiv
　　　　　　　　　　　属性で指定した情報の種類に
　　　　　　　　　　　対する内容を指定する
charset属性···········文字エンコーディングを指定
　　　　　　　　　　　する
　　　　　　　　　　　　　　　　　······など

---

meta要素を使って、紹介文を記述するのですね。

そうだね。meta要素を使って、各ページ固有の紹介文を指定するといいよ。

すべてのページで同じ紹介文にするのは駄目なんですね。ページごとに考えるのが大変そうです。あ、本文からそのままコピーしてしまえばいいんですかね？

ページの紹介文のためにちゃんと考えたほうがいいよ。この文だけ見ても、ユーザがサイトにアクセスしたくなるような紹介文にしてね！

meta要素は、基本的にhead要素内に配置する要素になります。紹介文を指定する場合は、name属性の属性値にdescriptionを指定し、続けてcontent属性に紹介文を記述します。紹介文は、ページの内容を表した各ページ固有の内容を指定しましょう。

📖 Keyword

name属性	content属性
●役割	**●役割**
情報の名前を指定する。	name属性またはhttp-equiv属性で指定した情報の種類に対する内容を指定する。
●主な属性値	**●主な属性値**
author……………ページの制作者	情報の種類に対する内容
description……ページの紹介文	……など
generator………ページ制作に使用したソフト	
keywords………ページのキーワード	
robots……………検索エンジンのクローラーの制御	
……など	

使い方 ページの紹介文を指定するmeta要素の使い方

```
<meta␣name="description"␣content="ページの紹介文">
```

サンプル ページの紹介文をmeta要素で指定した例

```
<meta␣name="description"␣content="Dummy␣Cafeは「いつもの。」の一言ですべてが通じる架
空のカフェです。一度でもご来店頂いたお客様は、次回から「いつもの。」というたったひとつの言葉で、最高の
ひとときをお過ごし頂けます。">
```

カフェ - SEARCH 検索

← → C https://search.example.com

SEARCH 　カフェ 　🔍

https://dummy-cafe.example.com
Dummy Cafe - 「いつもの。」 が通じる、あなたのカフェ。
Dummy Cafeは「いつもの。」の一言で全てが通じる架空のカフェです。一度でもご来店頂いた
お客様は、次回から「いつもの。」というたったひとつの言葉で、最高のひとときをお過ご…

CHAPTER **6** よりよいページにしよう

meta要素を使って指定したページの紹介文は、検索エンジンの検索結果ページのスニペットとして利用される可能性があります。スニペットとは、検索結果でWebページが表示された際に、タイトルの下に出てくる文のことです。ユーザにとってこの文は、アクセスするかどうかの重要な判断材料となるため、ページにどんな情報が含まれているかを適切に伝える紹介文にするとよいでしょう。ただし、あまりに長い文章の場合は、後半部分が「…」と省略されるので注意が必要です。

📝 Memo

meta要素の使い方

meta要素を使って文字エンコーディングを指定する際は、charset属性を使います。そのほかの情報を設定する際は、http-equiv属性またはname属性を使って情報の種類を指定し、それに対応する内容をcontent属性に指定します。なお、meta要素にcharset属性、name属性、http-equiv属性を使用する際は、いずれか1つのみを指定してください。これらの属性のうち2つ以上を同時に指定することはできません。

①文字エンコーディングを指定する場合

使い方 charset属性の使い方

```
<meta␣charset="文字エンコーディング">
```

※新規でHTMLを作成する場合の文字エンコーディングは「UTF-8」を使用してください。

サンプル 文字エンコーディングをUTF-8に指定する例

```
<meta␣charset="UTF-8">
```

②HTTPレスポンス（Webサーバからの応答）についての情報を指定する場合

使い方 http-equiv属性の使い方

```
<meta␣http-equiv="応答情報の種類"␣content="設定する内容">
```

サンプル Internet Explorerで表示した際に最新の環境で表示する指定をした例

```
<meta␣http-equiv="X-UA-Compatible"␣content="IE=edge">
```

③ページに任意のメタ情報を指定する場合

使い方 name属性の使い方

```
<meta␣name="メタ情報の種類"␣content="設定する内容">
```

サンプル モバイルデバイスなどに表示領域と初期の拡大倍率を指定した例

```
<meta␣name="viewport"␣content="width=device-width,␣initial-scale=1.0">
```

▶ Step ❸ ページの紹介文を指定してみよう

それでは、実際にページの紹介文を指定してみましょう。

❶「html-lessons」→「chapter06」フォルダ内にある「index.html」をテキストエディタで開く。

❷下記の紹介文を設定する。

紹介文	Dummy Kitchen は架空の絶品料理のレシピを公開しています。手軽に作れてとっても美味しい架空のレシピを多数公開していますので、今夜の献立に悩んだらぜひご活用下さい。

❸上書き保存する。

解答例　complete/chapter06/01/index.html

```
001 <head>
002   <meta charset="UTF-8">
003   <meta name="description" content="Dummy Kitchenは架空の絶品料理のレシピを
004 公開しています。手軽に作れてとっても美味しい架空のレシピを多数公開していますので、今夜の献立に悩
005 んだらぜひご活用下さい。">
006   <title>Dummy Kitchen | 架空の絶品料理レシピサイト</title>
007 </head>
```

これで、検索エンジンの検索結果ページに紹介文が表示されるのですね？

 確実ではなくて、あくまでも表示される可能性があるという感じだよ。

表示されないこともあるのですか？せっかく書いたのに！

 ユーザが検索したキーワードに対して、本文の中にもっと適切な文章があった場合は、そちらが表示されることもあるんだよ。

確かに、検索した言葉と一致した箇所が抜粋されて表示されているのを見たことがあります。

 でしょ？でも、こうやって紹介文を指定しておけば、一致した文がなかった時の備えになるよね。検索エンジンがいつでも利用できるように用意しておこう。

じゃあ、がんばって書いておくか……

CHAPTER

6

よりよいページにしよう

6-2 | SNSの共有情報を設定する

OGP（Open Graph Protocol）について知り、SNSでページをシェアする際に表示される画像や紹介文などの設定方法を学習しましょう。

▶ Step❶ SNSの共有情報を表す要素を知ろう

SNSのタイムラインにWebページのURLを貼りつけると、そのWebページのタイトルやサムネイル画像が表示されることがあります。これは、OGP（Open Graph Protocol）という仕組みを使って、WebページがSNSでシェアされた際に表示するサムネイル画像やページの紹介文をあらかじめ設定しているためです。このOGPもmeta要素を使って設定することができます。

▶ Step❷ OGPの使い方を知ろう

HTML Standardでは定義されていませんが、meta要素にproperty属性を使ってOGPの情報の種類を指定することで、content属性にその内容を記述できます。なお、OGPで利用される一般的なサムネイル画像のサイズは幅1200px ×高さ630pxです。

📖 Keyword

property属性

●役割
OGPなどの情報の種類を指定する。

●主な属性値
og:url………………………ページのURL
og:title……………………ページのタイトル
og:description………ページの紹介文
og:image………………ページのサムネイル画像の
　　　　　　　　　　URL

og:type………………ページの種類
og:locale……………ページの言語
og:site_name………サイト名
fb:app_id……………FacebookのApp ID

……など

OGPというのは、SNSにURLを貼りつけた時に、プレビュー情報のように表示される画像や文のことですか？

そうそう！ SNSでシェアした時に表示されるサムネイル画像やページの情報も、HTMLで指定することができるんだ。

```
<meta␣property="og:url"␣content="ページのURL">
<meta␣property="og:title"␣content="ページのタイトル">
<meta␣property="og:description"␣content="ページの紹介文">
<meta␣property="og:image"␣content="ページのサムネイル画像の
URL">
<meta␣property="og:type"␣content="ページの種類(website、
article、profile␣など)">
<meta␣property="og:locale"␣content="ページの言語(日本語:
ja_JP)">
<meta␣property="og:site_name"␣content="サイト名">
```

サンプル　OGPを設定した例

```
<meta␣property="og:url"␣content="https://dummy-cafe.example.com">
<meta␣property="og:title"␣content="Dummy␣Cafe␣-␣「いつもの。」が通じる、あなたのカ
フェ。">
<meta␣property="og:description"␣content="Dummy␣Cafeは「いつもの。」の一言で全てが
通じる架空のカフェです。一度でもご来店頂いたお客様は、次回から「いつもの。」というたったひとつの言葉で、
最高のひとときをお過ごし頂けます。">
<meta␣property="og:image"␣content="https://dummy-cafe.example.com/
images/ogp.png">
<meta␣property="og:type"␣content="website">
<meta␣property="og:locale"␣content="ja_JP">
<meta␣property="og:site_name"␣content="Dummy␣Cafe">
```

　ページの種類（og:type）の値には、「website」や「article」や「profile」など、いくつかの種類があります。「website」以外の値には、追加で複数の値を設定できます。たとえば「article」の場合は、記事の公開日時や更新日時、著者などの情報を追加することができます。

使い方 | ページの種類を「article」としてOGPを設定する方法

```
<meta␣property="og:type"␣content="article">
<meta␣property="article:published_time"␣content="記事の
公開日時">
<meta␣property="article:modified_time"␣content="記事の更
新日時">
<meta␣property="article:expiration_time"␣content="記事
の期限切れ日時">
<meta␣property="article:author"␣content="記事の著者">
<meta␣property="article:section"␣content="記事のカテゴリ">
<meta␣property="article:tag"␣content="記事のタグ">
```

CHAPTER
6

よりよいページにしよう

なお、「article」で指定する日時は、「ISO 8601」に基づいた表記で記述する必要があります。ハイフンで区切る形式になり、たとえば2022年3月9日の場合は「2022-03-09」となります。また、2022年3月9日10:25:30のように、時刻も併せて記述する場合は、日付の後を「T」で区切り、「2022-03-09T10:25:30+9:00」のように、記述します。また、ページの種類 (og:type) としてcontent属性に「profile」を指定することで、氏名や性別などの追加情報を指定することもできます。

使い方 | ページの種類を「profile」としてOGPを設定する方法

```
<meta property="og:type" content="profile">
<meta property="profile:first_name" content="ファーストネーム(名)">
<meta property="profile:last_name" content="ラストネーム(姓)">
<meta property="profile:username" content="ユーザ名">
<meta property="profile:gender" content="性別">
```

このほかにも、「og:type」で指定できる値には「video」や「music」などの種類があり、それぞれに追加プロパティが用意されています。このような追加プロパティを利用しないWebページの場合は「website」を指定しておけば問題ないでしょう。また「og:type」だけではなななく「og:image」などにも画像の幅や高さを指定する追加プロパティがあったりと、OGPで設定できる項目はまだまだたくさんありますので、必要に応じて調べてみてください。

参考 Webmasters - Sharing - Documentation - Facebook for Developers

https://developers.facebook.com/docs/sharing/webmasters

参考 OGP

https://ogp.me/

▶ **Facebookのトラフィック用の設定**

Facebookからサイトへのトラフィックの分析などを行う場合は、property属性に「fb:app_id」を指定し、content属性に「Facebook App ID」を指定します。

使い方 | Facebookのトラフィック用の設定方法

```
<meta property="fb:app_id" content="Facebook App ID">
```

サンプル Facebookのトラフィック用の設定例

```
<meta property="fb:app_id" content="XXXXXXXXXXXXXXXXX">
```

Facebook App ID を取得するには、「Meta for Developers (旧Facebook for Developers)」のサイトから登録を行う必要があります。

リンク Meta for Developers

https://developers.facebook.com/

▶ Twitter 用の設定

　Twitterには、URLを貼りつけるとそのWebページの情報がカード型に表示されるTwitterカードという機能があります。このカードの見え方を、meta要素のname属性を使って変更することができます。

使い方 ┃ twitter 用のカードタイプを設定する方法

```
<meta␣name="twitter:card"␣content="カードのタイプ">
```

カードタイプは、以下から選べます。

カードのタイプ	説明
summary	サムネイル画像とタイトル、説明文が表示される
summary_large_image	大きなサムネイル画像とタイトル、説明文が表示される
app	アプリのインストール画面が表示される
player	動画プレイヤーが埋め込まれて表示される

サンプル　カードのタイプをsummary_large_imageに指定した例

```
<meta␣name="twitter:card"␣content="summary_large_image">
```

　このほかにも、サイトのTwitterアカウントを示す「twitter:site」や、コンテンツを制作したTwitterアカウントを示す「twitter:creator」があります。

使い方 ┃ サイトやコンテンツの制作者のTwitterアカウントを指定する方法

```
<meta␣name="twitter:site"␣content="サイトの@Twitterのユー
ザ名">
<meta␣name="twitter:creator"␣content="コンテンツ制作者の@
Twitterのユーザ名">
```

サンプル　サイトの管理者のTwitterアカウントを「@hilosiva」に指定した例

```
<meta␣name="twitter:site"␣content="@hilosiva">
```

CHAPTER

6

よりよいページにしよう

それでは、実際に OGP や Twitter の情報を設定してみましょう。

❶「html-lessons」→「chapter06」フォルダ内にある「index.html」をテキストエディタで開く。

❷下記のように OGP と Twitter の情報を設定する。

ページのURL	https://dummy-kitchen.example.com
ページのタイトル	Dummy Kitchen | 架空の絶品料理レシピサイト
ページの概要文	Dummy Kitchen は架空の絶品料理のレシピを公開しています。手軽に作れてとっても美味しい架空のレシピを多数公開していますので、今夜の献立に悩んだらぜひご活用下さい。
ページのサムネイル画像のURL	https://dummy-kitchen.example.com/images/ogp.png
ページの種類	website
ページの言語	日本語
サイト名	Dummy Kitchen
Twitterのカードのタイプ	大きなサムネイル画像とタイトル、説明文が表示される
【Twitterアカウントをお持ちの場合】サイト管理者のTwitterアカウント	ご自身のTwitterアカウント

❸上書き保存する。

解答例　complete/chapter06/02/index.html

```
003  <head>
004    <meta charset="UTF-8">
005    <meta name="description" content="Dummy Kitchenは架空の絶品料理のレシピを
       公開しています。手軽に作れてとっても美味しい架空のレシピを多数公開していますので、今夜の献立に悩
       んだらぜひご活用下さい。">
006    <meta property="og:url" content="https://dummy-kitchen.example.com">
007    <meta property="og:title" content="Dummy Kitchen | 架空の絶品料理レシピ
       サイト">
008    <meta property="og:description" content="Dummy Kitchenは架空の絶品料理
       のレシピを公開しています。手軽に作れてとっても美味しい架空のレシピを多数公開していますので、今夜
       の献立に悩んだらぜひご活用下さい。">
009    <meta property="og:image" content="https://dummy-kitchen.example.
       com/images/ogp.png">
010    <meta property="og:type" content="website">
011    <meta property="og:locale" content="ja_JP">
012    <meta property="og:site_name" content="Dummy Kitchen">
013    <meta name="twitter:card" content="summary_large_image">
014    <meta name="twitter:site" content="@hilosiva">
015    <title>Dummy Kitchen | 架空の絶品料理レシピサイト</title>
016  </head>
```

6-3 ファビコンを設定する

ここでは、ブラウザのタブなどに表示され、サイトの識別に役立つファビコンの設定方法を学習しましょう。

▶ Step❶ ファビコンを設定する要素を知ろう

　Webサイトを閲覧していると、ブラウザのタブにアイコンが表示されているサイトをよく見かけると思います。あの画像は「ファビコン」と呼ばれ、複数のタブを同時に開く際に、サイトを識別する上で便利な画像になります。ファビコンは、一般的にICOという形式で作成します。拡張子は「.ico」となり、「favicon.ico」というファイル名で保存されることが多いです。通常はこの「favicon.ico」というファイル名で保存されたファビコンを、Webサイトのルートディレクトリ（サイトを公開するWebサーバの公開ディレクトリの直下）にアップロードするだけで表示されます。また、link要素を使って直接ファビコンを指定することも可能です。link要素は主にCSSファイルとのリンクに用いられるのですが、こういった設定にも利用できます。

スマートフォンやタブレットでの表示例

📖 Keyword

link要素
●意味
外部のリソースとのリンクを表す。
●カテゴリ
メタデータ・コンテンツ
　要素がbody要素内で許可されている場合は、以下のカテゴリにも属する
　フロー・コンテンツ
　フレージング・コンテンツ
●コンテンツ・モデル（内包可能な要素）
なし（空要素）

●利用できる主な属性
グローバル属性
href属性 … リンク先を指定する
rel属性 …… リンクするリソースとの関係を指定する
sizes属性 … rel属性にiconが指定されている際の、アイコンのサイズを指定する
　　　　　　　　　　　　　　　……など

link要素はmeta要素と同様にメタデータ・コンテンツに属しており、基本的にはhead要素内に配置します（itemprop属性を指定した場合、もしくはrel属性に「body-ok」が与えられているキーワードを指定した場合はbody要素内にも配置できる）。link要素にはrel属性を指定し、属性値としてリンクする外部のリソースの種類（関係性）をキーワードで示します。また、href属性を使ってその外部リソースのURLを指定します。なお、ここで紹介した以外にもさまざまなリンクの種類があります。

📖 Keyword

rel属性
●役割
リンクするリソースとの関係を指定する。
●主な属性値
canonical··········ページに対して正規化したいURL（381ページ参照）
icon··················アイコン
stylesheet·······スタイルシート（CSS）······など

href属性
●役割
リンク先を指定する。
●属性値
リンク先のURL

使い方 基本的なlink要素の使い方

```
<link rel="リンクする外部リソースの種類（関係性）" href="リンクする
外部リソースのパス">
```

●rel属性に指定できる主なリンクの種類

キーワード	簡単な説明
canonical	このページの優先URL
icon	このページのアイコンを読み込む
stylesheet	スタイルシートを読み込む（body-ok）

※body-okがあるリンクタイプに関しては、body要素内（フレージング・コンテンツが配置できるところ）にlink要素を配置することができます。

ファビコンをリンクにする場合はrel属性をiconにして、href属性にそのファビコンまでのURLを記述します。さらにtype属性を使ってファビコンの形式を加えることで、ブラウザにファイル形式を伝えることもできます。

```
<link rel="icon" href="favicon.ico">
```

● ● ●　🌐 Dummy Cafe - 「いつもの。」が通じる、あなたのカフェ。

←　→　C　　~/html-lessons/sample/chapter06/03/index01.html

Dummy Cafeに一度でもご来店頂いたお客様は、次回から「いつもの。」でご注文頂けます。もちろんあなたのお好きな、コーヒーの苦さ、お砂糖やミルクの量もちゃんと把握しています。 あなたがDummy Cafeにいる間は、「いつもの。」というたったひとつの魔法の言葉で全てが通じる。そんな架空のサービスを提供しています。

📝 Memo

ファビコンの作成

ファビコンの画像は、Photoshopなどの画像編集ソフトなどを用いて作成したものをICO形式に変換して利用することが多いです。ファビコンのサイズはデバイスによって異なりますが、基本的には16px×16pxと32px×32pxの2サイズのアイコンをマルチアイコン（複数のサイズのアイコンを1つのICO形式にする方法）にしておけば問題ないと思います。ICO形式への変換についてはさまざまなサービスが公開されているので、それらを活用することで簡単に作成できます。

▶ **ICO形式以外のファビコンを指定する**

ファビコンは一般的にICO形式が用いられますが、PNG形式やSVG形式でも指定できます。

サンプル　SVG形式のfaviconの設置例

```
<link rel="icon" href="favicon.png" type="image/png">
```

● ● ●　🌐 Dummy Cafe - 「いつもの。」が通じる、あなたのカフェ。

←　→　C　　~/html-lessons/sample/chapter06/03/index02.html

Dummy Cafeに一度でもご来店頂いたお客様は、次回から「いつもの。」でご注文頂けます。もちろんあなたのお好きな、コーヒーの苦さ、お砂糖やミルクの量もちゃんと把握しています。 あなたがDummy Cafeにいる間は、「いつもの。」というたったひとつの魔法の言葉で全てが通じる。そんな架空のサービスを提供しています。

　特にSVG形式はベクター形式のため、拡大しても画質が劣化せず便利です。SVG形式のファビコンを使う場合は、type属性に「image/svg+xml」とファイル形式を指定します。ただし、SVG形式のファビコンは対応ブラウザが限られている（執筆時点）ため、利用する際はブラウザの対応状況を確認してから利用するようにしましょう。

サンプル　PNG形式のfaviconの設置例

```
<link rel="icon" href="favicon.svg" type="image/svg+xml">
```

CHAPTER **6** よりよいページにしよう

Dummy Cafeに一度でもご来店頂いたお客様は、次回から「いつもの。」でご注文頂けます。もちろんあなたのお好きな、コーヒーの苦さ、お砂糖やミルクの量もちゃんと把握しています。 あなたがDummy Cafeにいる間は、「いつもの。」というたったひとつの魔法の言葉で全てが通じる。そんな架空のサービスを提供しています。

リンク SVG favicons" | Can I use… Support tables for HTML5, CSS3, etc
https://caniuse.com/?search=SVG favicons

▶ モバイルデバイス用のアイコン画像を指定

 　　　スマーフォンなどのモバイルデバイスでは、Webページをホーム画面などに登録するとアイコン画像が表示されます。このアイコン画像には、一般的に180px×180pxのPNG形式の画像が用いられることが多いです。モバイルデバイス用の画像については、HTML Standardで定義されていない方法ではありますが、link要素を使ってrel属性の属性値に「apple-touch-icon」を記述することで指定できます。また、sizes属性を使ってアイコンのサイズを「幅のピクセル数 × 高さのピクセル数」の形式で指定しておくと、複数のアイコンを配置した際に、ブラウザやOSに対してサイズの情報を提供することができます。

サンプル　モバイルデバイス用のアイコン画像を指定した例

```
<link rel="apple-touch-icon" sizes="180x180" href="apple-touch-icon.
png">
```

なお、「apple-touch-icon.png」というファイル名でWebサイトのルートディレクトリにアップロードしておくことで、link要素を使わずにホーム画面のアイコンとして反映されるデバイスもあります。

デバイスによってはアイコンが
角丸に処理されて表示されます

📝Memo

link要素を使ってCSSファイルを読み込む
ここではファビコンを設定する用途でlink要素を紹介してきましたが、link要素はCSSの読み込みなどにも利用します。

使い方 | CSSファイルをリンクする場合

```
<link rel="stylesheet" href="/css/style.css">
```

上記のように記述することで、CSSを記述したファイル「style.css」がページにリンクされ、Webページ上に反映されます。

それでは、実際にlink要素を使ってファビコンを設定してみましょう。

❶「html-lessons」→「chapter06」フォルダ内にある「index.html」をテキストエディタで開く。

❷下記のようにファビコンを設置する。

ファビコン	favicon.ico
モバイルデバイス用のアイコン画像（サイズ：180px × 180px）	apple-touch-icon.png

❸上書き保存する。

❹「html-lessons」→「chapter06」フォルダ内に保存した「index.html」をブラウザのウィンドウにドラッグ＆ドロップし、完成イメージのようにファビコンが表示されているかどうかを確認する。

完成イメージ

● ● ●　🌼 Dummy Kitchen｜架空の絶品料理レシピサイト

←　→　C　~/html-lessons/complete/chapter06/03/index.html

🌼 Dummy Kitchen

架空の絶品料理レシピサイト

- レシピを探す
- 料理を学ぶ
- コラムを読む
- ログイン
- 無料会員登録

Pick Up

絶対に失敗しない架空のからあげ

2022.03.22

生姜&ニンニクをたっぷり使い下味をしっかりつけた鶏もも肉のからあげです。2度揚げすることで外はカリッと中はジューシーでビールとの相性もバッチリですよ。

かな

ごはんが進むイカと大葉のバター醤油炒め

2022.02.19

ぷりぷりのイカに大葉がアクセントになって、ごはんが*何杯でも*食べられる逸品です！お弁当に入れても、おつまみとしてもその役割を全うします。

斎藤 あかね

新着の絶品架空レシピ

最近投稿された絶品レシピをご紹介。

```
003  <head>
004    <meta charset="UTF-8">
005    <meta name="description" content="Dummy Kitchenは架空の絶品料理のレシピを
       公開しています。手軽に作れてとっても美味しい架空のレシピを多数公開していますので、今夜の献立に悩
       んだらぜひご活用下さい。">
006    <meta property="og:url" content="https://dummy-kitchen.example.com">
007    <meta property="og:title" content="Dummy Kitchen | 架空の絶品料理レシピサ
       イト">
008    <meta property="og:description" content="Dummy Kitchenは架空の絶品料理
       のレシピを公開しています。手軽に作れてとっても美味しい架空のレシピを多数公開していますので、今夜
       の献立に悩んだらぜひご活用下さい。">
009    <meta property="og:image" content="https://dummy-kitchen.example.
       com/images/ogp.jpg">
010    <meta property="og:type" content="website">
011    <meta property="og:locale" content="ja_JP">
012    <meta property="og:site_name" content="Dummy Kitchen">
013    <meta name="twitter:card" content="summary_large_image">
014    <meta name="twitter:site" content="@hilosiva">
015    <title>Dummy Kitchen | 架空の絶品料理レシピサイト</title>
016    <link rel="icon" href="favicon.ico">
017    <link rel="apple-touch-icon" sizes="180x180" href="apple-touch-
       icon.png">
018  </head>
```

iPhoneでホーム画面に登録し
た時のイメージ

ファビコンがつくと、なんだかテンションが上がります。

 うんうん！わかるよ！これによってタブを複数同時に開いていても、自分のサイトがどれか、す
ぐにわかるね。

はい！

6-4 URLを正規化する

対策を行わない場合、通常は1つのWebページに対して、複数のアクセス可能なURLが存在することになります。ここでは、正規のURLを設定する方法を学習しましょう。

▶ Step❶ URLを正規化する要素を知ろう

Webページを公開すると、URLを使ってページにアクセスすることができるようになります。たとえば「example.com」というドメインで、トップページのファイル名が「index.html」の場合は、「http://example.com」というURLでアクセスできます。ただ、特に何も対策しなければ、同じページに複数のURLからアクセスできてしまいます。

たとえば、先ほどの例「example.com」の場合、いくつかのURLでアクセスが可能です。1つ目は、「http://www.example.com」のように「www.」という文字がついたURLです。この「www」は「Word Wide Web」の略で、省略することが可能なため表記されない場合もありますが、アクセスは可能です。2つ目は、「絶対URLと相対URL」のセクションで学んだ、「index.html」というファイル名をつけるパターンです。上記のURLであれば、「http://example.com/index.html」でも、「http://www.example.com/index.html」でもアクセスできます。さらに、SSL通信といって通信をセキュリティのため暗号化しているサイトには「https://example.com」と「https」から始まるURLが使えます。となると「https://www.example.com」でも「https://example.com/index.html」でも「https://www.example.com/index.html」でもアクセスできるということになります。

▶ 正規化をしないとどうなる？

では、同じページにアクセス可能なURLが複数あることの何が問題なのでしょうか？たとえば検索エンジンは、URLごとにページの評価を行います。複数のURLが存在することによって、ページが重複しているとみなされ、評価が分散してしまう可能性があるのです。

そこでlink要素にrel属性を使ってcanonical（カノニカル）を指定することで、正規のURLを指定することができます。これをURLの正規化といいます。ただし、canonicalを使って正規のURLを指定したとしても、それ以外の複数URLを使ってアクセスできないわけではなく、これまでどおりにページは表示されます。

▶ Step ❷ URL を正規化する方法を知ろう

　正規の URL を指定するには、link 要素を使います。link 要素の rel 属性に canonical を指定し、href 属性に正規の URL を指定します。

使い方 | rel属性「canonical」の使い方

```
<link␣rel="canonical"␣href="正規のURL">
```

サンプル　rel属性「canonical」を使った例

```
<link␣rel="canonical"␣href="https://dummy-cafe.example.com">
```

> link 要素で設定できるのですね。

> そうだね。これを設定しておくことで、検索結果ページに表示する URL を指定できるよ。

▶ Step ❸ URL を正規化してみよう

　それでは、実際に URL を正規化してみましょう。

❶「html-lessons」→「chapter06」フォルダ内にある「index.html」をテキストエディタで開く。

❷このページの正規の URL として下記の URL を指定する。

URL	https://dummy-kitchen.example.com

❸上書き保存する。

解答例　complete/chapter06/04/index.html

```
003  <head>
004  ␣␣<meta␣charset="UTF-8">
005  ␣␣<meta␣name="description"␣content="Dummy Kitchenは架空の絶品料理のレシピを公
     開しています。手軽に作れてとっても美味しい架空のレシピを多数公開していますので、今夜の献立に悩ん
     だらぜひご活用下さい。">
006  ␣␣<meta␣property="og:url"␣content="https://dummy-kitchen.example.
     com">
007  ␣␣<meta␣property="og:title"␣content="Dummy Kitchen | 架空の絶品料理レシピサ
     イト">
008  ␣␣<meta␣property="og:description" content="Dummy Kitchenは架空の絶品料理の
     レシピを公開しています。手軽に作れてとっても美味しい架空のレシピを多数公開していますので、今夜の
     献立に悩んだらぜひご活用下さい。">
```

```
009  __<meta_property="og:image"_content="https://dummy-kitchen.example.
     com/images/ogp.jpg">
010  __<meta_property="og:type"_content="website">
011  __<meta_property="og:locale"_content="ja_JP">
012  __<meta_property="og:site_name"_content="Dummy Kitchen">
013  __<meta_name="twitter:card"_content="summary_large_image">
014  __<meta_name="twitter:site"_content="@hilosiva">
015  __<title>Dummy_Kitchen_|_架空の絶品料理レシピサイト</title>
016  __<link_rel="canonical"_href="https://dummy-kitchen.example.com">
017  __<link_rel="icon"_href="favicon.ico">
018  __<link_rel="apple-touch-icon"_sizes="180x180"_href="apple-touch-
     icon.png">
019  </head>
```

ちゃんとできたかな？

できました！

正規で使う URL を 1 つに決めて、サイト内や名刺などに書く時にも、その URL に統一しておくことが大事だね。

確かにそうですね。印刷物も含め、どこかに表記する時にも統一するように心がけます。

でも、指定した以外の URL を使ってアクセスできなくなるわけではないので、覚えておいてね。

わかりました。

正規の URL 以外からアクセスした時に、正規の URL のアクセスとして転送するための「301 リダイレクト」という転居届のような方法もあるので、必要に応じて調べてみてね。

正規の URL 以外からアクセスしても、転送してもらえるようになるのですね。

便利だよね〜

6-5 検索エンジンの クローラーを制御する

インターネット上を巡回している検索エンジンのクローラーにサイトの情報をインデックスされないよう、HTMLで制御する方法を学習しましょう。

▶ Step❶ 検索エンジンに関する設定を知ろう

Googleなどの検索エンジンでは、クローラーと呼ばれるロボットプログラムがインターネット上のWebサイトを巡回しています。巡回したWebサイトの内容は検索エンジンに登録され、検索しやすいように情報が整理され、索引が作られます。これを「インデックス」と呼びます。したがって、制限をしない限り、クローラーはあなたのWebページを見つけ、コンテンツが適切かどうか判断し、誰かが検索した時のために、インデックスします。そして、いつか誰かが検索し、ヒットした際に、その内容が検索結果として表示される仕組みです。会員専用のWebページなど、検索エンジンに登録されたくないWebページの場合は、meta要素を使ってクローラーを制御することができます。

▶ Step❷ クローラーを制御する方法を知ろう

HTMLを使ってクローラーを制御するには、meta要素のname属性にrobotsと指定し、content属性に制御内容を示したキーワードを記述します。複数の制御を行う場合は、「,(半角カンマ)」区切りで指定します。

> **使い方** クローラーを制御するmeta要素の使い方
>
> `<meta␣name="robots"␣content="クローラーの制御を表すキーワード">`

● 主なキーワード

キーワード	説明
all	制限なし
noindex	インデックスを拒否
nofollow	ページ内のリンクの追跡を拒否
none	noindex, nofollowと同じ意味

このほかにも、Googleの「robots メタタグの指定」ページにはさまざまなキーワードが掲載されていますので、必要に応じて確認してみてください。

参考 robots メタタグの指定 | Google 検索セントラル | ドキュメント | Google Developers
https://developers.google.com/search/docs/advanced/robots/robots_meta_tag?hl=ja

サンプル meta要素を使ってインデックスとリンクの追跡を拒否する例

```
<meta name="robots" content="noindex, nofollow">
```

上記のサンプルでは、クローラーに対してインデックスとリンクの追跡を拒否しています。そのため検索エンジンには登録されず、検索結果にも表示されません。

📝 Memo

特定の検索エンジンのクローラーだけ制御する
name属性のrobotsは、すべてのクローラーに対しての制御になりますが、指定を変更することで特定の検索エンジンのクローラーだけを制御することもできます。たとえばGoogleのクローラーのみを制御する場合は、name属性をgooglebotにします。

サンプル Googleのクローラーに対してインデックスを拒否する指定をした例

```
<meta name="googlebot" content="noindex">
```

また、目的ごとにクローラーが用意されているので、必要に応じてご確認ください。

リンク Google クローラの概要（ユーザー エージェント）| Google 検索セントラル | ドキュメント | Google Developers
https://developers.google.com/search/docs/advanced/crawling/overview-google-crawlers?hl=ja

こうやって、検索エンジンに登録しないようにすることもできるのですね。

 一般的なサイトでは、あまりそういうことはしないと思うけれど、会員サイトやエラー用のページや、検索結果に出てきてほしくないページがあれば対策することができるよ。

検索エンジンに登録してほしくないページを公開する機会があれば、忘れずに設定したいと思います！

 そうしてね。それから、name 属性に指定する「robots」の「s」をつけ忘れている人をよく見かけるので、「s」のつけ忘れに気をつけてね。

うわあ……つけ忘れてしまったら、検索されたくない場合でも、検索結果に表示されてしまうかもしれないということですよね。気をつけます！

▶ Step ❸ クローラーを制御してみよう

それでは、実際にクローラを制御してみましょう。

❶「html-lessons」→「chapter06」フォルダ内にある「index.html」をテキストエディタで開く。

❷クローラーに対して以下の制限をつける。

インデックス	拒否
リンクの追跡	拒否

❸上書き保存する。

解答例　complete/chapter06/05/index.html

```
003  <head>
004    <meta charset="UTF-8">
005    <meta name="robots" content="noindex, nofollow">
006    <meta name="description" content="Dummy Kitchenは架空の絶品料理のレシピを公
       開しています。手軽に作れてとっても美味しい架空のレシピを多数公開していますので、今夜の献立に悩ん
       だらぜひご活用下さい。">
007    <meta property="og:url" content="https://dummy-kitchen.example.
       com">
008    <meta property="og:title" content="Dummy Kitchen | 架空の絶品料理レシピ
       サイト">
009    <meta property="og:description" content="Dummy Kitchenは架空の絶品料理の
       レシピを公開しています。手軽に作れてとっても美味しい架空のレシピを多数公開していますので、今夜の
       献立に悩んだらぜひご活用下さい。">
010    <meta property="og:image" content="https://dummy-kitchen.example.
       com/images/ogp.jpg">
011    <meta property="og:type" content="website">
012    <meta property="og:locale" content="ja_JP">
013    <meta property="og:site_name" content="Dummy Kitchen">
014    <meta name="twitter:card" content="summary_large_image">
015    <meta name="twitter:site" content="@hilosiva">
016    <title>Dummy Kitchen | 架空の絶品料理レシピサイト</title>
017    <link rel="canonical" href="https://dummy-kitchen.example.com">
018    <link rel="icon" href="favicon.ico">
019    <link rel="apple-touch-icon" sizes="180x180" href="apple-touch-
       icon.png">
020  </head>
```

特に問題なくできたと思います。

 どれどれ？……うん！細かなタイプミスもなく、完璧だね！

6-6 | 構文をチェックする

最後に、HTMLの構文をチェックする方法を覚えておきましょう。書き終えたHTMLに間違いが無いかどうか、確認する習慣をつけることが大切です。

▶ Step❶ 構文チェックの必要性を知ろう

HTMLは、構文のミスがあっても画面にエラーが表示されず、ミスに気づきにくいことが多いです。そこで、マークアップが完了しWebサイトを公開する前に、自身の書いたHTMLに間違いが無いかチェックするようにしましょう。HTMLの構文チェックには、W3Cが提供している「Nu Html Checker」というツールを使うのが便利です。

参考 Nu Html Checker
https://validator.w3.org/nu/

▶ Step❷ 「Nu Html Checker」の使い方を知ろう

具体的な手順は以下のとおりです。

❶「Nu Html Checker」のサイトにアクセスする。

❷「Checker Input」にある「Show」のチェックボックスから、表示したい項目を選ぶ。たとえば「outline」にチェックを入れると、アウトライン構造も表示されるようになる。

❸「Check by」から、チェック方法を選択する。すでに公開されているサイトをチェックする場合は「address」を選択し、ページのURLを入力する。HTMLファイルをアップロードしてチェックする場合は「file upload」を選択し、「ファイルを選択」ボタンからチェックしたいHTMLファイルを選択する。直接HTMLを入力してチェックする場合は「text input」を選択し、テキストエリアにHTMLを入力する。

❹「Check」ボタンをクリックする。

▶ チェック結果を確認する

Error は構文のミス

Error がある箇所は、HTMLの構文として間違っている部分になります。エラー内容を和訳しながら解決しましょう。

Warning は警告

Warning はエラーではなく警告ですが、できる限り対応したほうがよいでしょう。

📝 Memo

テキストエディタの構文チェック機能
テキストエディタによっては、拡張機能をインストールすることでエディタ上で構文をチェックできます。こういった拡張機能を使うことで、HTML をマークアップしながら構文のチェックができ、効率よくコーディングをすることができます。お使いのテキストエディタの拡張機能を調べてみるとよいでしょう。

こんなツールがあるのですね。

お客様に納品する前やWebサイトを公開する前にはなるべくチェックするといいよ。ただし、「Nu Html Checker」はあくまでも文法的なミスを教えてくれるものなので、文章に対してその要素が本当に適切かどうかなどは、自分でも確認するようにしようね。

わかりました!

Visual Studio Code などのテキストエディタにはチェックに役立つ拡張機能もあるので、自分にあったものを使ってみてね。また、HTML の仕様は日々変化しているので、しっかりと仕様を確認することを心がけるようにしようね。

▶ 本書での学習はここまで

　これでHTMLの基本的な学習はおしまいです。HTMLには、本書で紹介したもののほかにもたくさんの要素があり、その仕様は常にアップデートされています。実際にHTMLをマークアップする際は、文章に対してより適切な要素が無いか、仕様が変更されていないかを仕様書などで調べてマークアップするように心がけてもらえたら幸いです。

CHAPTER 6 の理解度をチェック!

問 「html-lessons」→「chapter06」→「training」フォルダ内にある「index.html」をテキストエディタで開き、下記の問題を解いてこのチャプターの理解度をチェックしましょう。

1. 下記のとおりページの紹介文を設定する。

設定項目	設定内容
ページの紹介文	Dummy Creationsは架空サイトを作る架空のWeb制作会社です。お客様が抱える問題点や課題点を解決する架空のWebサイトを制作します。

2. 下記のとおりOGPや、Twitterの情報を設定する。

ページのURL	https://dummy-creations.example.com
ページのタイトル	Dummy Creations | 架空サイトを作る架空のWeb制作会社
ページの概要文	Dummy Creationsは架空サイトを作る架空のWeb制作会社です。お客様が抱える問題点や課題点を解決する架空のWebサイトを制作します。
ページのサムネイル画像のURL	https://dummy-creations.example.com/images/ogp.png
ページの種類	website
ページの言語	日本語
サイト名	Dummy Creations
Twitterのカードのタイプ	大きなサイズのサムネイル画像とタイトル、説明文が表示される
【Twitterアカウントをお持ちの場合】サイト管理者のTwitterアカウント	ご自身のTwitterアカウント

3. 下記のとおりファビコンとモバイルデバイス用のアイコンを設定する。

ファビコン	favicon.ico
モバイルデバイス用のアイコン画像（サイズ：180px × 180px）	apple-touch-icon.png

4. 下記のとおりページの正規の URL を設定する。

URL	https://dummy-creations.example.com

5. すべてのクローラーに対して以下の制限をつける。

インデックス	拒否
リンクの追跡	拒否

6. 「Nu Html Checker」（https://validator.w3.org/nu/）にアクセスし、構文チェックを行う。その際、Error や Warning がある場合は必要に応じて修正し、すべての問題をクリアする。

完成イメージ

✕ Dummy Creations | 架空サイトを作る架空のWeb制作会社

~/html-lessons/complete/chapter06/training/index.html

✕ Dummy Creations

- About Us
- Service
- Works
- Contact

私たちは*架空サイトを作ること*に、命を燃やすプロ集団です。

最新の制作実績

Dummy Kitchen様

架空の料理レシピサイトである、Dummy Kitchen様のWebサイトを制作させて頂きました。

担当

- ディレクション
- デザイン
- コーディング

Dummy Cafe様

架空のカフェ、Dummy Cafe様のWebサイトを制作させて頂きました。

担当

- ディレクション
- デザイン
- コーディング

すべての制作実績を見る

- プライバシーポリシー
- サイトマップ

*Dummy Creations*へのお問い合わせは、お問い合わせフォームよりお願い致します。

© 2022 Dummy Creations

```
001  <!DOCTYPE␣html>
002  <html␣lang="ja">
003  <head>
004  ␣␣<meta␣charset="UTF-8">
005  ␣␣<meta␣name="robots"␣content="noindex,␣nofollow">
006  ␣␣<meta␣name="description"␣content="Dummy␣Creationsは架空サイトを作る
     架空のWeb制作会社です。お客様が抱える問題点や課題点を解決する架空のWebサイトを制作しま
     す。">
007  ␣␣<meta␣property="og:url"␣content="https://dummy-creations.
     example.com">
008  ␣␣<meta␣property="og:title"␣content="Dummy␣Creations␣|␣架空サイト
     を作る架空のWeb制作会社">
009  ␣␣<meta␣property="og:description"␣content="Dummy␣Creationsは架空サイ
     トを作る架空のWeb制作会社です。お客様が抱える問題点や課題点を解決する架空のWebサイト
     を制作します。">
010  ␣␣<meta␣property="og:image"␣content="https://dummy-creations.
     example.com/images/ogp.png">
011  ␣␣<meta␣property="og:type"␣content="website">
012  ␣␣<meta␣property="og:locale"␣content="ja_JP">
013  ␣␣<meta␣property="og:site_name"␣content="Dummy␣Creations">
014  ␣␣<meta␣name="twitter:card"␣content="summary_large_image">
015  ␣␣<meta␣name="twitter:site"␣content="@hilosiva">
016  ␣␣<title>Dummy␣Creations␣|␣架空サイトを作る架空のWeb制作会社</title>
017  ␣␣<link␣rel="canonical"␣href="https://dummy-creations.example.
     com">
018  ␣␣<link␣rel="icon"␣href="favicon.ico">
019  ␣␣<link␣rel="apple-touch-icon"␣sizes="180x180"␣href="apple-touch-
     icon.png">
020  </head>
021  <body>
022  ␣␣・・・省略
080  </body>
081  </html>
```

CHAPTER

6

よりよいページにしよう

ページの紹介文、Twitter の情報、クローラーに対して、meta 要素の name 属性を使うことで情報の種類を指定し、content 属性にその設定内容を指定するよ。

ファビコンや正規 URL を指定する場合、link 要素にはどの属性を使うんだっけ……

ファビコンと正規 URL に関しては、link 要素の rel 属性でリンクする種類を指定して、href 属性でリンクする URL やパスを記述するんだったね。覚えることがたくさんあって混乱するかもしれないけれど、焦らずに、復習を繰り返せば大丈夫だからね。

自走する力

　本書では、使用頻度の高い内容を中心に、HTMLをできるだけ深く掘り下げて解説しました。ただし、本書で掲載している要素は一部であり、ほかにもさまざまな要素があります。また、本書の中で何度もお伝えしているように、HTMLの仕様は常にアップデートされており、今後も新しい要素や属性が登場したり、意味や役割、使い方が変更されたり、廃止されたりする可能性があります。つまり、HTMLの勉強に終わりはありません。

　また、HTMLに限らず、Web業界はものすごいスピードで進化しており、技術が日々アップデートされたり、新しく登場したりしています。

　そこで必要になってくるのが、「自走力」になります。必要な知識や技術を自ら調べて解決したり、自分自身の力で乗り越えたりしながら、スキルを身につけていく必要があるのです。もしコードがうまくいかなかったり、エラーが解決できなかったりしても、ほとんどの解決策は検索サイトで検索すれば見つけることができます。わからないことや問題があっても、自ら疑問に思い、根気強く調べる力さえあれば、問題を解決することができるのです。

　ただし、検索して見つけた情報が古い場合や、誤っている場合もあるかもしれません。Web制作の技術の多くはWeb上に公式ドキュメントが公開されていますので、なるべくそちらも併せて読み、より正確な知識を身につけるようにするといいでしょう。公式ドキュメントのほとんどは英語で公開されており、多くの専門用語が登場します。読む際には前提となる知識が必要になるなど、なかなか初学者の方にとってはとっつきにくいことが多いですが、ブラウザの翻訳機能などを活用しながら少しずつ読むようにすると、今後の技術習得に役立つと思います。

PRACTICE

ページを
まるごとマークアップしよう!

ここでは、今まで学習してきた内容を活かして、お店の
Webサイトを題材としたHTMLコーディングに挑戦して
みましょう。テーマは「架空のたまごかけご飯のお店」です！

SECTION 7-1 架空のお店の Webページを マークアップしてみよう！

CHAPTER1〜6で学習した内容を使って、WebページのHTMLを実際にマークアップしてみましょう。わからない時は、〈ヒント〉のページに戻って復習しましょう。

▶ Step❶ 完成デザインを確認しよう

❶「html-lessons」→「practice」フォルダ内にある「design.png」を開いてデザインを確認する。

お品書き

3種類のたまごをご用意しています。
厳選したたまごを使った架空のTKG
をご賞味ください。

だみたま
黄身がとっても濃厚な一番人気の架空のたまご
¥800（税込み）

かくうの卵
甘みとコクがクセになる架空のたまご
¥800（税込み）

くうそう卵
濃厚な味わいで栄養価も高い空想のたまご
¥800（税込み）

アクセス

所在地　〒100-XXXX
　　　　東京都架空区架空町1-2-1

道順　　1. 地下鉄架空線架空駅を下車
　　　　2. 南改札口を出て、架空通りを東に
　　　　　 500mほど直進
　　　　3. 右手に当店の看板が見えたら到着

当店に駐車場はありません。

今週の予約状況

	4/3 (日)	4/4 (月)	4/5 (火)	4/6 (水)	4/7 (木)	4/8 (金)	4/9 (土)
11:00	空なし	空なし	空なし	空あり	空なし	定休日	空なし
12:00	空なし	空なし	空なし	空あり	空あり	定休日	空なし

ご予約

当店は完全予約制です。下記の予約フォームよりご予約の上ご来店下さい。

お名前 (必須項目)	架空 太郎
フリガナ (必須項目)	カクウ タロウ
メールアドレス (必須項目)	kakuu@example.com
電話番号 (必須項目)	000-0000-0000
ご予約日 (必須項目)	年 / 月 / 日
ご予約時間 (必須項目)	-- : --
ご予約人数 (必須項目)	＿＿＿ 人
備考 (ご要望やお持ちのアレルギーなど)	ネギアレルギーがある

予約する

📝 Memo

デザインを見ながら進めるのが一般的

実際の制作では、デザインツールで作ったデザインの見本に沿ってコーディングしていく流れになることが多いです。今回は、Step1 で確認したデザインのサイトを制作すると仮定し、進めてみましょう。

▶ Step❷ 全体構造をマークアップしよう

❶「html-lessons」→「practice」→「public」フォルダ内に新規ファイルを作成する。

ファイル名	index.html

❷ブラウザが互換モードで表示しないようにする対策や全体構造の要素を、作成したHTMLファイルに記述する。なお、ページのタイトルは下記の文字列にする。

タイトルの文字列	だみい屋 - 架空の場所にある架空のたまごかけご飯専門店

ヒント　42ページ参照

❸「practice」フォルダ内にある「contents.txt」を開き、ページの本文としてコピー＆ペーストで貼りつける。

▶ Step❸ 文章に役割や意味を与えよう

❶ファイル内の文章をよく読み、文章に対して適切だと思う意味や役割を与える。

ヒント　64、72、82、88、93、98、102、108、118ページ参照

▶ Step❹ リンクを設定しよう

❶下記の「index.html」内にある文字列にリンクを設定し、リンク先ページを表示する。表示するウィンドウやそのほかの属性は必要に応じて適切だと思うものを指定する。

リンクにする箇所	リンク先
だみい屋のロゴ	「index.html」
リスト項目「こだわり」	「index.html」内の「こだわり」
リスト項目「お品書き」	「index.html」内の「お品書き」
リスト項目「アクセス」	「index.html」内の「アクセス」
リスト項目「ご予約」	「index.html」内の「ご予約」
リスト項目「プライバシー・ポリシー」	「privacy-policy」フォルダ内の「index.html」
リスト項目「運営会社：技術評論社」（新しいタブで開く）	「https://gihyo.jp/book」

ヒント　132、143ページ参照

❶下記のとおり「index.html」内にある文字列を画像に置き換え、適切な代替テキストを指定する。また必要に応じてそのほかの属性を設定する。本文から切り離せる画像の場合、ふさわしい要素で囲む。

画像にする箇所	参照ファイル
だみい屋のロゴ	「public」→「images」フォルダ内の「logo-damiiya. svg」
美味しそうなたまごかけご飯の写真	「public」→「images」フォルダ内の「photo-tkg.jpg」（デバイスピクセル比「2」用：「photo-tkg@2x.jpg」）
だみたまの写真	「public」→「images」フォルダ内の「photo-damitama. jpg」（デバイスピクセル比「2」用：「photo-damitama@2x.jpg」）
かくうの卵の写真	「public」→「images」フォルダ内の「photo-kakuu. jpg」（デバイスピクセル比「2」用：「photo-kakuu@2x. jpg」）
くうそう卵の写真	「public」→「images」フォルダ内の「photo-kuusou. jpg」（デバイスピクセル比「2」用：「photo-kuusou@2x. jpg」）

ヒント　169ページ参照

❷下記のとおり「index.html」にある文字列を Google Map に置き換える。

Google Map にする箇所	だみい屋の地図
表示する地図の住所	ご自宅や職場など任意の場所

ヒント　208ページ参照

▶ Step ❻ 営業日カレンダーを作成しよう

❶下記のとおり「index.html」内の文字列を表に置き換える。

表を配置する箇所	今週の予約状況の表

作成する表（2022年4月）

今週の予約状況							
	4/3 (日)	4/4 (月)	4/5 (火)	4/6 (水)	4/7 (木)	4/8 (金)	4/9 (土)
11:00	空なし	空なし	空なし	空あり	空なし	定休日	空なし
12:00	空なし	空なし	空なし	空あり	空あり	定休日	空なし

ヒント　239ページ参照

▶ Step ❼ 予約フォームを作成しよう

❶下記のとおり「index.html」内の文字列をフォームに置き換える。なお、必要に応じてラベルに入力のヒントを記述し、適切なコントロール部品を指定する。

フォームを配置する箇所	予約フォームのフォームとコントロール部品
フォームの送信場所	receive.php

ラベル	プレースホルダー	必須項目
お名前	架空 太郎	○
フリガナ	カクウ タロウ	○
メールアドレス	kakuu@example.com	○
電話番号	000-0000-0000	○
ご予約日		○
ご予約時間		○
ご予約人数		○
備考（ご要望やお持ちのアレルギーなど）	ネギアレルギーがある	

ヒント　259ページ参照

❷フォーム内の最後に、下記の文字列の送信ボタンを配置する。

ボタンの文字列	予約する

ヒント　261、271ページ参照

▶ Step❽ 話題の範囲やページの構造を明示しよう

❶ファイル内の文章をよく読み、話題の範囲やページの構造を明示する。

ヒント　320、338ページ参照

❷連絡は情報と明示する。

ヒント　351ページ参照

▶ Step❾ ページを完成させよう

❶下記のとおりページの紹介文を設定する。

設定項目	設定内容
ページの紹介文	だみい屋は架空の場所にある架空のたまごかけご飯専門店です。3種類の架空のたまごからお好みのたまごをお選び頂き、究極のTKGをご堪能下さい。

ヒント　367ページ参照

❷下記のとおりOGPとTwitterの情報を設定する。

ページのURL	https://damiiya.example.com
ページのタイトル	だみい屋 - 架空の場所にある架空のたまごかけご飯専門店
ページの概要文	だみい屋は架空の場所にある架空のたまごかけご飯専門店です。3種類の架空のたまごからお好みのたまごをお選び頂き、究極のTKGをご堪能下さい。
ページのサムネイル画像のURL	https://damiiya.example.com/images/ogp.png
ページの種類	website
ページの言語	日本語
サイト名	だみい屋
Twitterのカードのタイプ	大きなサイズのサムネイル画像とタイトル、説明文が表示される
【Twitterアカウントをお持ちの場合】サイトのTwitterアカウント	ご自身のTwitterアカウント

ヒント　370ページ参照

❸下記のとおりファビコンとモバイルデバイス用のアイコンを設定する。

ファビコン	favicon.ico

モバイルデバイス用のアイコン画像（サイズ：180px × 180px）	apple-touch-icon.png

ヒント　376ページ参照

❹下記のとおり、このページに正規のURLを設定する。

URL	https://damiiya.example.com

ヒント　382ページ参照

❺すべてのクローラーに対して以下のとおり制限をつける。

インデックス	拒否
リンクの追跡	拒否

ヒント　384ページ参照

▶ Step⓾ 構文をチェックしよう

❶「Nu Html Checker」（https://validator.w3.org/nu/）にアクセスし、構文チェックを行う。その際、ErrorやWarningがある場合は必要に応じて修正し、すべての問題をクリアする。

どうだった？

学習して「わかった」と思っていたのに、最初から自分で書かなければいけなくなると、どこから手をつければいいのかわからなくて……頭が真っ白になりました。

うんうん。そうだよね。インプットするだけでは、いざ自分で書いてみようと思った時に、どうすればいいのかわからなくなることは結構あるんだよね。

先生でも、そういうことがあるんですか？

たくさんあるよ！だから、アウトプットが大事なんだ。自分で考えて、何度も書いてみる。うまくいかないところは、なぜうまくいかないのかを調べて、検証して、トライ＆エラーを繰り返す。そうすれば、少しずつできるようになっていくよ。

はい……

本書を有効に使ってもらうためには、1度読んで、頭で理解するだけではなく、つまずく度に何度も読み返すようにしてほしい。今後、HTMLを書いてうまくいかない時や、自身のマークアップに対して疑問を感じた時に、この本を開くと、ヒントが見つかるかもしれないよ。そのために、初学者にとっては少し難しい内容も、できるかぎり深く解説したからね。

7-2 | 解答例を確認しよう

下記に筆者のマークアップを掲載しますが、HTMLに絶対的な正解はないため、ご自身のマークアップと必ずしも同じである必要はありません。Webページの内容をよく読み、よく解釈・理解した上で適切だと思う要素をマークアップできていれば問題ありません。

解答例	complete/practice/public/index.html

```
001  <!DOCTYPE html>
002  <html lang="ja">
003  <head>
004    <meta charset="UTF-8">
005    <meta name="robots" content="noindex, nofollow">
006    <meta name="description" content="だみい屋は架空の場所にある架空のたまごかけご
       飯専門店です。3種類の架空のたまごからお好みのたまごをお選び頂き、究極のTKGをご堪能下さい。">
007    <meta property="og:url" content="https://damiiya.example.com">
008    <meta property="og:title" content="だみい屋 − 架空の場所にある架空のたまごか
       けご飯専門店">
009    <meta property="og:description" content="だみい屋は架空の場所にある架空のたま
       ごかけご飯専門店です。3種類の架空のたまごからお好みのたまごをお選び頂き、究極のTKGをご堪能下さ
       い。">
010    <meta property="og:image" content="https://damiiya.example.com/
       images/ogp.png">
011    <meta property="og:type" content="website">
012    <meta property="og:locale" content="ja_JP">
013    <meta property="og:site_name" content="だみい屋">
014    <meta name="twitter:card" content="summary_large_image">
015    <meta name="twitter:site" content="@hilosiva">
016    <title>だみい屋 − 架空の場所にある架空のたまごかけご飯専門店</title>
017    <link rel="canonical" href="https://damiiya.example.com">
018    <link rel="icon" href="favicon.ico">
019    <link rel="apple-touch-icon" sizes="180x180" href="apple-touch-
       icon.png">
020  </head>
021  <body>
022    <header>
023      <h1>
024        <a href="index.html">
025          <img src="images/logo-damiiya.svg" width="104" height="128" a
             lt="たまごかけご飯のだみい屋" decoding="async">
```

```
026             </a>
027           </h1>
028
029        <nav>
030           <ul>
031              <li><a href="#commitment">こだわり</a></li>
032              <li><a href="#menu">お品書き</a></li>
033              <li><a href="#access">アクセス</a></li>
034              <li><a href="#reserve">ご予約</a></li>
035           </ul>
036        </nav>
037     </header>
038     <main>
039        <p>たまごと、<em>きみ</em>に溺れる時がきた。</p>
040        <figure>
041           <img src="images/photo-tkg.jpg" srcset="images/photo-tkg@2x.jpg 2x" width="720" height="553" decoding="async" alt="あったかいご飯に厳選したたまごをかけてネギを添えた美味しそうなたまごかけごはん">
042        </figure>
043
044        <section>
045           <h2>お知らせ</h2>
046           <dl>
047              <dt><time datetime="2022-04-02">2022.04.02</time></dt>
048              <dd><time datetime="2022-04-02">本日</time>の卵かけご飯は終了いたしました。</dd>
049              <dt><time datetime="2022-03-30">2022.03.30</time></dt>
050              <dd><time datetime="2022-03-31">明日</time>は臨時休業させて頂きます。</dd>
051              <dt><time datetime="2022-03-25">2022.03.25</time></dt>
052              <dd>Webサイトをリニューアルしました。</dd>
053           </dl>
054        </section>
055        <section id="commitment">
056           <h2>こだわり</h2>
057           <p>
058              だみい屋は、架空のたまごかけご飯専門店です。たまごかけご飯に合うたまご、お米、醤油を探し続け、ついに自信を持ってご提供できるたまごかけご飯が完成しました。当店にはたまごかけご飯しかありませんが、厳選した素材のみを使った架空のたまごかけご飯がここにあります。
059           </p>
060        </section>
061        <section id="menu">
062           <h2>お品書き</h2>
063           <p>
064              3種類のたまごをご用意しています。厳選したたまごを使った架空のTKGをご賞味ください。
065           </p>
066           <article>
067              <h3>だみたま</h3>
```

```
068            <figure>
069              <img src="images/photo-damitama.jpg" srcset="images/photo-
     damitama@2x.jpg 2x" width="284" height="219" alt="熱々ごはんの上にだみたまを
     かけて、ネギと鰹節をトッピング。" decoding="async">
070            </figure>
071            <p>黄身がとっても濃厚な一番人気の架空のたまご</p>
072            <p>¥ 800<small>（税込み）</small></p>
073          </article>
074          <article>
075            <h3>かくうの卵</h3>
076            <figure>
077              <img src="images/photo-kakuu.jpg" srcset="images/photo-
     kakuu@2x.jpg 2x" width="284" height="219" alt="熱々ごはんの上にかくうの卵をか
     けて、ネギと鰹節をトッピング。" decoding="async">
078            </figure>
079            <p>甘みとコクがクセになる架空のたまご</p>
080            <p>¥ 800<small>（税込み）</small></p>
081          </article>
082          <article>
083            <h3>くうそう卵</h3>
084            <figure>
085              <img src="images/photo-kuusou.jpg" srcset="images/photo-
     kuusou@2x.jpg 2x" width="284" height="219" alt="熱々ごはんの上に空想卵をかけ
     て、ネギと鰹節をトッピング。" decoding="async">
086            </figure>
088            <p>濃厚な味わいで栄養価も高い空想のたまご</p>
089            <p>¥ 800<small>（税込み）</small></p>
090          </article>
091        </section>
092        <section id="access">
093          <h2>アクセス</h2>
094          <iframe src="https://www.google.com/maps/embed?pb=!1m18!1m12!1m3
     !1d865.2205601477515!2d139.73556507251465!3d35.693545405696995!2m3!1f0
     !2f0!3f0!3m2!1i1024!2i768!4f13.1!3m3!1m2!1s0x60188c5e412329bb%3A0x7db3
     8e6732953dc!2z44CSMTYyLTA4NDYg5p2x5Lqs6YO95paw5a6_5Yy65biC6LC35bem5YaF
     55S677yS77yR4oiS77yR77yT!5e0!3m2!1sja!2sjp!4v1646019011084!5m2!1sja!2s
     jp" title="東京都新宿区市谷左内町２１−１３" width="600" height="450" style="b
     order:0;" allowfullscreen="" loading="lazy"></iframe>
095
096        <dl>
097          <dt>所在地</dt>
098          <dd>
099            〒100−XXXX<br>
100            東京都架空区架空町1−2−1
101          </dd>
102          <dt>道順</dt>
103          <dd>
104            <ol>
```

ページをまるごとマークアップしよう！

405

```
105              <li>地下鉄架空線架空駅を下車</li>
106              <li>南改札口を出て、架空通りを東に500mほど直進</li>
107              <li>右手に当店の看板が見えたら到着</li>
108            </ol>
109          </dd>
110        </dl>
111        <p><strong>当店に駐車場はありません。</strong></p>
112
113      <table>
114        <caption>今週の予約状況</caption>
115        <thead>
116          <tr>
117            <th></th>
118            <th scope="col"><time datetime="2022-04-03">4/3(日)</time></th>
119            <th scope="col"><time datetime="2022-04-04">4/4(月)</time></th>
120            <th scope="col"><time datetime="2022-04-05">4/5(火)</time></th>
121            <th scope="col"><time datetime="2022-04-06">4/6(水)</time></th>
122            <th scope="col"><time datetime="2022-04-07">4/7(木)</time></th>
123            <th scope="col"><time datetime="2022-04-08">4/8(金)</time></th>
124            <th scope="col"><time datetime="2022-04-09">4/9(土)</time></th>
125          </tr>
126        </thead>
127        <tbody>
128          <tr>
129            <th scope="row"><time>11:00</time></th>
130            <td>空なし</td>
131            <td>空なし</td>
132            <td>空なし</td>
133            <td>空あり</td>
134            <td>空なし</td>
135            <td>定休日</td>
136            <td>空なし</td>
137          </tr>
138          <tr>
139            <th scope="row"><time>12:00</time></th>
140            <td>空なし</td>
141            <td>空なし</td>
142            <td>空なし</td>
143            <td>空あり</td>
144            <td>空あり</td>
              <td>定休日</td>
```

```
145 ␣␣␣␣␣␣␣␣␣␣␣␣<td>空なし</td>
146 ␣␣␣␣␣␣␣␣␣␣</tr>
147 ␣␣␣␣␣␣␣␣</tbody>
148 ␣␣␣␣␣␣</table>
149 ␣␣␣␣</section>
150 ␣␣␣␣<section␣id="reserve">
151 ␣␣␣␣␣␣<h2>ご予約</h2>
152 ␣␣␣␣␣␣<p><strong>当店は完全予約制です。</strong>下記の予約フォームよりご予約の上ご来店
    下さい。</p>
153
154 ␣␣␣␣␣␣<form␣action="receive.php"␣method="post">
155 ␣␣␣␣␣␣␣␣<p>
156 ␣␣␣␣␣␣␣␣␣␣<label>
157 ␣␣␣␣␣␣␣␣␣␣お名前(必須項目)
158 ␣␣␣␣␣␣␣␣␣␣<input␣type="text"␣name="name"␣placeholder="架空␣太郎
    "␣required>
159 ␣␣␣␣␣␣␣␣␣␣</label>
160 ␣␣␣␣␣␣␣␣</p>
161 ␣␣␣␣␣␣␣␣<p>
162 ␣␣␣␣␣␣␣␣␣␣<label>
163 ␣␣␣␣␣␣␣␣␣␣フリガナ(必須項目)
164 ␣␣␣␣␣␣␣␣␣␣<input␣type="text"␣name="furigana"␣placeholder="カクウ␣タロ
    ウ"␣required>
165 ␣␣␣␣␣␣␣␣␣␣</label>
166 ␣␣␣␣␣␣␣␣</p>
167 ␣␣␣␣␣␣␣␣<p>
168 ␣␣␣␣␣␣␣␣␣␣<label>
169 ␣␣␣␣␣␣␣␣␣␣メールアドレス(必須項目)
170 ␣␣␣␣␣␣␣␣␣␣<input␣type="email"␣name="email"␣placeholder="kakuu@
    example.com"␣required>
171 ␣␣␣␣␣␣␣␣␣␣</label>
172 ␣␣␣␣␣␣␣␣</p>
173 ␣␣␣␣␣␣␣␣<p>
174 ␣␣␣␣␣␣␣␣␣␣<label>
175 ␣␣␣␣␣␣␣␣␣␣電話番号(必須項目)
176 ␣␣␣␣␣␣␣␣␣␣<input␣type="tel"␣name="tel"␣placeholder="000-0000-
    0000"␣required>
177 ␣␣␣␣␣␣␣␣␣␣</label>
178 ␣␣␣␣␣␣␣␣</p>
179 ␣␣␣␣␣␣␣␣<p>
180 ␣␣␣␣␣␣␣␣␣␣<label>
181 ␣␣␣␣␣␣␣␣␣␣ご予約日(必須項目)
182 ␣␣␣␣␣␣␣␣␣␣<input␣type="date"␣name="date"␣required>
183 ␣␣␣␣␣␣␣␣␣␣</label>
184 ␣␣␣␣␣␣␣␣</p>
185 ␣␣␣␣␣␣␣␣<p>
186 ␣␣␣␣␣␣␣␣␣␣<label>
187 ␣␣␣␣␣␣␣␣␣␣ご予約時間(必須項目)
```

```
188                <input type="time" name="time" required>
189            </label>
190          </p>
191          <p>
192            <label>
193              ご予約人数（必須項目）
194              <input type="number" name="people" required> 人
195            </label>
196          </p>
197          <p>
198            備考（ご要望やお持ちのアレルギーなど）
199            <textarea name="note" cols="30" rows="10" placeholder="ネギ
     アレルギーがある "></textarea>
200          </p>
201          <p><button>予約する</button></p>
202        </form>
203      </section>
204    </main>
205
206    <footer>
207      <address>
208        <p>
209          <a href="index.html">
210            <img src="images/logo-damiiya.svg" width="104" height="128" 
     alt="たまごかけご飯のだみい屋 " decoding="async">
211          </a>
212        </p>
213        <p>営業時間 ： <time>11:00</time> 〜 <time>13:00</time>（金曜日定休日）
     </p>
214        <p>お気軽にお問い合わせ下さい。</p>
215        <p><a href="tel:000-0000-0000">000-0000-0000</a></p>
216      </address>
217
218      <ul>
219        <li><a href="privacy-policy/index.html">プライバシーポリシー </a></li>
220        <li><a href="https://gihyo.jp/book" target="_blank">運営会社：技術評
     論社（新しいタブで開く）</a></li>
221      </ul>
222      <p><small>© <time>2022</time> だみい屋 </small></p>
223    </footer>
224  </body>
225  </html>
```

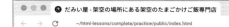

- こだわり
- お品書き
- アクセス
- ご予約

たまごと、きみに溺れる時がきた。

ヘッダーとメインビジュアル部分

お知らせ

2022.04.02
　本日の卵かけご飯は終了いたしました。
2022.03.30
　明日は臨時休業させて頂きます。
2022.03.25
　Webサイトをリニューアルしました。

こだわり

だみい屋は、架空のたまごかけご飯専門店です。たまごかけご飯に合うたまご、お米、醤油を探し続け、ついに自信を持ってご提供できるたまごかけご飯が完成しました。当店にはたまごかけご飯しかありませんが、厳選した素材のみを使った架空のたまごかけご飯がここにあります。

お知らせとこだわり部分

お品書き

3種類のたまごをご用意しています。厳選したたまごを使った架空のTKGをご賞味ください。

だみたま

黄身がとっても濃厚な一番人気の架空のたまご

￥800（税込み）

かくうの卵

甘みとコクがクセになる架空のたまご

￥800（税込み）

くうそう卵

濃厚な味わいで栄養価も高い空想のたまご

￥800（税込み）

お品書き部分

アクセス

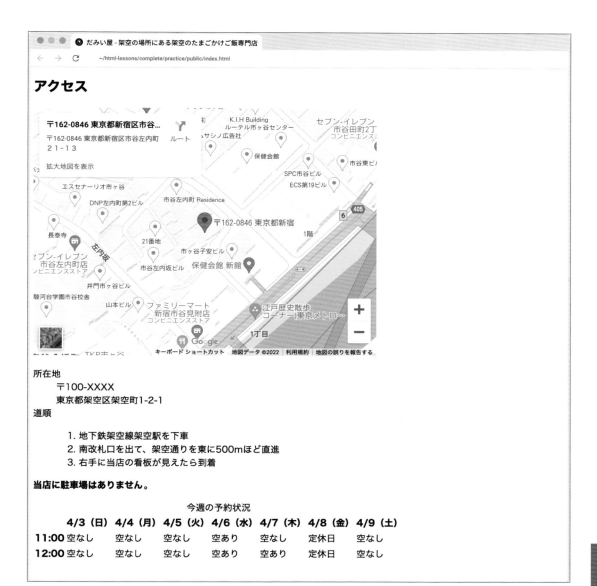

所在地
〒100-XXXX
東京都架空区架空町1-2-1

道順

1. 地下鉄架空線架空駅を下車
2. 南改札口を出て、架空通りを東に500mほど直進
3. 右手に当店の看板が見えたら到着

当店に駐車場はありません。

	今週の予約状況						
	4/3（日）	**4/4（月）**	**4/5（火）**	**4/6（水）**	**4/7（木）**	**4/8（金）**	**4/9（土）**
11:00	空なし	空なし	空なし	空あり	空なし	定休日	空なし
12:00	空なし	空なし	空なし	空あり	空あり	定休日	空なし

アクセス部分

ご予約

当店は完全予約制です。下記の予約フォームよりご予約の上ご来店下さい。

お名前（必須項目） 架空 太郎

フリガナ（必須項目） カクウ タロウ

メールアドレス（必須項目） kakuu@example.com

電話番号（必須項目） 000-0000-0000

ご予約日（必須項目） 年 /月/日

ご予約時間（必須項目） --:--

ご予約人数（必須項目） 人

備考（ご要望やお持ちのアレルギーなど） ネギアレルギーがある

予約する

営業時間：11:00 〜 13:00（金曜日定休日）

お気軽にお問い合わせ下さい。

000-0000-0000

- プライバシーポリシー
- 運営会社：技術評論社（新しいタブで開く）

© 2022 だみい屋

ご予約とフッター部分

412

付録

カテゴリ一覧表

コンテンツ・モデルの指定に使われている、主なカテゴリに属している要素の一覧です。

Metadata content（メタデータ・コンテンツ）

ページの情報を指定する要素などが分類されている。要素内容は、基本的には画面に表示されない。

B base

L link

M meta

N noscript

S script　style

T template　title

Flow content（フロー・コンテンツ）

body要素の中で使うほとんどの要素が分類されている。

A a　abbr　address　area（map要素の子孫である場合）
article　aside　audio

B b　bdi　bdo　blockquote　br　button

C canvas　cite　code

D data　datalist　del　details　dfn　dialog　div
dl

E em　embed

F fieldset　figure　footer　form

H h1　h2　h3　h4　h5　h6　header
hgroup　hr

I i　iframe　img　input　ins

K kbd

L label　link（body要素内での使用が許可されている場合）

M main（階層の正しさが保たれる場合）　map　mark　math　menu
meta（itemprop属性がある場合）　meter

N nav　noscript

Ⓞ object　ol　output

Ⓟ p　picture　pre　progress

Ⓠ q

Ⓡ ruby

Ⓢ s　samp　script　section　select　slot　small
span　strong　sub　sup　svg

Ⓣ table　template　textarea　time

Ⓤ u　ul

Ⓥ var　video

Ⓦ wbr

自律型カスタム要素　テキスト

Sectioning content（セクショニング・コンテンツ）

章・節・項などのように話題の範囲を示す要素が分類されている。

Ⓐ article　aside　　　　Ⓢ section

Ⓝ nav

Heading content（ヘディング・コンテンツ）

見出しを示す要素が分類されている。

Ⓗ h1　h2　h3　h4　h5　h6　hgroup（子孫にh1～h6要素がある場合）

Phrasing content（フレージング・コンテンツ）

主に段落内のテキストに意味や役割を与える要素が分類されている。

Ⓐ a　abbr　area（map要素の子孫である場合）　audio

Ⓑ b　bdi　bdo　br　button

Ⓒ canvas　cite　code

Ⓓ data　datalist　del　dfn

E	em　　embed
I	i　　iframe　　img　　input　　ins
K	kbd
L	label　　link（body要素内の利用が許可されている場合）
M	map　　mark　　math　　meta（itemprop属性がある場合）　　meter
N	noscript
O	object　　output
P	picture　　progress
Q	q
R	ruby
S	s　　samp　　script　　select　　slot　　small　　span strong　　sub　　sup　　svg
T	template　　textarea　　time
U	u
V	var　　video
W	wbr
	自律型カスタム要素　　テキスト

Embedded content（エンベディッド・コンテンツ）

外部のファイルや、HTML以外の言語で生成されたコンテンツを埋め込む要素が分類されている。

A	audio		**O**	object
C	canvas		**P**	picture
E	embed		**S**	svg
I	iframe　　img		**V**	video
M	math			

Interactive content（インタラクティブ・コンテンツ）

ユーザが何かしらの操作（クリックなど）をすることができる要素が分類されている。

A a（href属性がある場合）　audio（controls属性がある場合）

B button

D details

E embed

I iframe　img（usemap属性がある場合）
input（type属性がhidden状態でない場合）

L label

S select

T textarea

V video（controls属性がある場合）

参照 HTML Standard - 3.2.5.2 kinds of content

https://html.spec.whatwg.org/multipage/dom.html#kinds-of-content

※本書における日本語訳および解釈は著者による非公式なもので、WHATWGによる公式のものではありません。

グローバル属性一覧表

どの要素にも指定することができる、グローバル属性の一覧です。

	属性名	説明
A	accesskey	要素にショートカットキーを割り当てる
	autocapitalize	仮想キーボードなどによるテキスト入力時の自動大文字化の制御を行う
	autofocus	ページ表示時にフォーカスが当たるようにする
C	class	要素に分類名 (種類) を指定する
	contenteditable	要素の内容を編集可能かを指定する
D	data-*	要素にカスタムデータを指定する
	dir	要素内のテキストの方向を指定する
	draggable	要素がドラッグ可能かを指定する
E	enterkeyhint	仮想キーボードの Enter に表示するアクションラベルを指定する
H	hidden	要素が無関係であることを示す
I	id	要素に固有の名前を指定する
	inert	不活性化することを示す
	is	カスタマイズされた組み込み要素の名前を指定する
	inputmode	仮想キーボードの入力モードのヒントを指定する
	itemid	マイクロデータモデルのアイテムに識別子を指定する
	itemprop	マイクロデータモデルのアイテムの特性を指定する
	itemref	マイクロデータモデルのアイテムと関連づける
	itemscope	マイクロデータモデルのアイテムの範囲であることを示す
	itemtype	マイクロデータモデルのアイテムの種類を指定する
L	lang	要素内の言語を指定する ("ja"：日本語、"en"：英語、……など)
N	nonce	暗号化されたトークンを指定する
S	spellcheck	要素内をスペルチェックするかを指定する
	style	要素にCSSを指定する
T	tabindex	要素の範囲に Tab でフォーカスが当たるようにし、Tab で移動する順番を指定する
	title	要素に補足情報を指定する
	translate	ローカライズ時に要素を翻訳対象にするかを指定する

※イベントハンドラコンテンツ属性やWAI-ARIAで定義されている属性、slot属性は除きます。

参照 HTML Standard - 3.2.6 Global attributes

https://html.spec.whatwg.org/multipage/dom.html#global-attributes

※本書における日本語訳および解釈は著者による非公式なもので、WHATWG公式のものではありません。

索引

要素名